Quito. — Vue d'ensemble du couvent des Dominicains.

PRÉFACE

La République de l'Équateur, rendue célèbre par son Président Garcia Moreno, assassiné, il y a quelques années, par les sectaires, pour avoir voulu maintenir son gouvernement dans les traditions de la foi catholique, est un pays d'une étendue considérable. Une partie seulement de son immense territoire est habitée par des populations civilisées. Le reste est encore en possession des tribus d'Indiens, qui vivent de la vie sauvage, et dont les expéditions sur les terres des colons équatoriaux constituent pour ce pays un véritable danger.

Nous possédons à l'heure actuelle dans la partie civilisée de l'Équateur une Province dominicaine, rétablie en 1870, et dont le principal couvent se trouve situé dans la capitale, à Quito. Les religieux de cette Province, sur les instances réunies du gouvernement civil et de l'archevêque de Quito, avaient résolu depuis longtemps d'envoyer des missionnaires parmi les Indiens encore infidèles. Je me suis rendu à Rome pour soumettre ce projet à la double autorité du Maître de l'Ordre et de la Congrégation de la Propagande. Muni de leur approbation, j'ai pu ramener avec moi, en Amérique, quelques recrues venues d'Europe et principalement de France.

Aujourd'hui notre entreprise est entrée en voie d'exécution. Le 4 octobre 1886, Mgr Benjamin Cavicchioni, archevêque d'Améda et Délégué Apostolique du Saint-Siège pour l'Équateur, a confié officiellement à notre Province la mission de Canélos, qui a été, à cette occasion, érigée en Préfecture Apostolique. Le Provincial de l'Équateur *pro tempore* en sera désormais le Préfet.

J'ai envoyé un des futurs apôtres de la Mission explorer les vastes territoires confiés désormais à notre zèle.

Dans le récit qu'il a fait lui-même de son voyage, le lecteur verra quelles difficultés attendent ceux qui reçoivent mission de porter à ces pauvres

Indiens les lumières de la foi. Le missionnaire, dans ces parages, doit souvent, pour se transporter d'un endroit à l'autre de la mission, faire vingt, trente, quarante jours de marche, traverser les fleuves à gué avec de l'eau jusqu'à la ceinture, passer la nuit à la belle étoile, pendant que l'un de ses compagnons entretient le feu et monte la garde contre les carnassiers et les fauves.

Et ces difficultés matérielles ne sont pas les plus grandes parmi toutes celles qui attendent l'apôtre des Indiens. Ceux-ci ont un caractère mobile et fantasque. On s'est abouché avec eux par l'intermédiaire de quelque Jivaros déjà converti : ils sont venus ; on les a groupés autour de soi. Depuis quinze, vingt jours, on les catéchise eux et leurs enfants. Tout à coup, un beau matin, le missionnaire, en se réveillant, ne trouve plus trace du campement, au milieu duquel il s'était endormi la veille. Un vent, un souffle a passé dans la tête de ses néophytes. Sans avertir, pendant la nuit, ils ont décampé. Ils sont maintenant à douze ou quinze lieues plus loin. Heureux encore le missionnaire qui, dans ces occurrences, a conservé avec lui son interprète et ses guides !

Et puis, l'Indien qui erre en liberté à travers ses forêts a peu d'attraits pour l'étude des vérités qui ne tombent point sous les sens. Quand le mis-

sionnaire veut lui apprendre à lire : « Nos aïeux,
« répond-il, ont grandi sans aller à l'école. Nous-
« mêmes, nous avons vécu sans savoir lire jusqu'ici.
« Pour défendre la tribu, cultiver la terre, cueillir
« les fruits, aller à la chasse, nos enfants n'ont pas
« besoin de savoir le catéchisme. »

Enfin, pour comble d'infortune, le missionnaire
doit encore combattre la funeste influence des mar-
chands de race blanche, qui, par leurs mœurs
impies, leur brutalité et leurs vices, scandalisent
les Indiens et les détournent de la religion chrétienne.

Ajoutez à cela que nous sommes obligés de
demander à nos néophytes d'abandonner la polygamie qui est généralement en usage parmi eux,
et vous aurez une idée des obstacles de tout genre
que le missionnaire rencontre dans la tâche qui lui
incombe.

C'est bien le cas pour lui de redire avec saint
Paul : « *En toutes choses, nous avons à nous montrer
vrais ministres de Dieu, dans une grande patience,
au milieu des difficultés, des angoisses. — In multa
patientia, in tribulationibus, in necessitatibus,
sicut Dei ministros.* » Mais, d'autre part, comme la
grâce de Dieu ne peut pas manquer à ceux qui, pour

lui, auront affronté ces périls, il faut aussi ajouter avec saint Paul : « *Si Dieu est avec nous, qui pourra résister à notre entreprise ? — Si Deus pro nobis, quis contra nos ?* »

Du reste, notre Province de l'Équateur ne fait en réalité que reprendre une mission qui est le bien propre de l'Ordre de Saint-Dominique, puisqu'il s'agit d'un pays où les Frères-Prêcheurs ont été les premiers à publier le nom de Notre-Seigneur Jésus-Christ. Depuis des siècles nous évangélisons Canélos et le souvenir de nos pères s'est tellement identifié jusqu'à nos jours avec la pensée du christianisme dans l'esprit des Indiens, que, lorsque de nouveaux missionnaires appartenant à la Compagnie de Jésus sont venus depuis pour prêcher aux indigènes les vérités de la foi, plusieurs d'entre eux avaient revêtu l'habit blanc, afin de se présenter aux Canélos sous les dehors de leurs premiers apôtres.

Il y a là un champ immense d'évangélisation, bien capable de tenter le zèle de ceux qui ont reçu de Dieu la vocation de prêcher les vérités de la foi aux peuples encore infidèles.

Malheureusement notre petit nombre ne nous permet d'envoyer pour le moment que quelques missionnaires. Nous espérons qu'on nous viendra en aide des pays d'Europe, car nulle part on ne saurait faire une application plus juste des paroles du Maitre : *Messis quidem multa, operarii autem pauci ;* et nous conjurons tous ceux qu'intéressera le récit qu'on va lire de prier avec nous le Maitre de la moisson d'envoyer de nouveaux ouvriers dans sa vigne, *Rogate ergo Dominum messis ut mittat operarios in messem suam.*

Fr. Joseph M. MAGALLI,

des Frères-Prêcheurs, Provincial de l'Équateur.

PREMIÈRE PARTIE

DE QUITO A ARCHIDONA

Couvent des Dominicains à Quito (Équateur).

VOYAGE D'EXPLORATION

CHEZ LES

TRIBUS SAUVAGES DE L'ÉQUATEUR

AVANT-PROPOS

Qu'on ne s'étonne pas du titre : Voyage d'exploration.
Les contrées situées à l'est de la Cordillière sont, ici même,
un peu moins connues que le centre de l'Afrique ou les
déserts glacés du pôle. Quelques rares voyageurs ont, il
est vrai, franchi la distance immense qui, dans cette partie
de l'Amérique, sépare les deux Océans ; mais c'est à tire
d'aile, par une voie facile et déjà connue, et par conséquent
sans grande utilité pour l'ethnographie ou la science. Le
Napo, qui est navigable presque jusqu'à sa source, les conduisit à l'Amazone, et l'Amazone à l'Atlantique. Emportés
comme la flèche par la pirogue de l'Indien, ils n'ont guère
vu de la forêt que les rives verdoyantes du fleuve ; mais,

des êtres vivants qui s'y meuvent, des peuples nombreux qui l'habitent, des scènes sanglantes ou burlesques qui s'y jouent, des races et des langues qui se partagent ces territoires, de la topographie elle-même, que pourraient-ils dire qui ne fût superficiel ou fantaisiste ?

Nous ne pouvions nous contenter d'une exploration aussi succincte. Destinés à vivre avec l'Indien, à courir avec lui le dédale de la forêt, à partager sa vie aventureuse, à nous incorporer en quelque sorte à chaque tribu, adoptant ses coutumes, nous pliant à ses caprices; en un mot, à la veille de créer une mission, c'eût été s'exposer à de graves déconvenues, peut-être même à la ruine totale de l'œuvre et de ses ouvriers, que de s'aventurer à l'aveugle dans ces contrées réputées impraticables, parmi des peuples renommés par leur férocité. Le Très Révérend Père Magalli, Provincial et Préfet Apostolique de la Mission, daigna donc m'envoyer en éclaireur au mois d'avril dernier. C'est à cette circonstance providentielle que je dois de pouvoir initier mes lecteurs aux mystères qui enveloppent ces solitudes.

PREMIÈRE PARTIE

DE QUITO A ARCHIDONA

CHAPITRE PREMIER

DE QUITO A PAPAILLACTA

Du nord au sud de la République, la chaîne orientale de
la Cordillière des Andes s'étend comme une gigantesque
muraille, comme un rempart infranchissable. C'est une
frontière si formidable qu'on se demande, non sans raison,
si ces deux moitiés d'une même nation, si invinciblement
écartées l'une de l'autre, se fondront jamais dans une
même unité politique. A l'ouest, sur les hauts plateaux,
dans les vallées fertiles situées entre les deux branches de
la Cordillière ; puis, sur les plans inclinés qui de la chaîne
occidentale descendent vers le Pacifique, se trouve la partie
civilisée du pays, les provinces avec leurs capitales : Esme-
raldas, Guayaquil, Cuença, Ambato et Quito, la reine des
provinces.

A l'est, c'est la barbarie. Tournons le dos à la civilisation
qui, de nos jours, ressemble si souvent à la barbarie, et
entrons de plein pied dans les contrées orientales.

De plein pied ! la chose n'est pas si facile. Devant nous

se dressent des montagnes de cinq à six mille mètres; et comme ici l'art n'est pas encore **venu au secours de la** nature, c'est en vain que nous chercherions un chemin, **un** sentier, quelque chose qui rappelât les tracés pittoresques qui facilitent au touriste européen l'accès des Alpes et des Pyrénées.

Pour entrer dans ce monde nouveau, le voyageur n'a d'autre porte que la trouée faite à la montagne par les fleuves qui se précipitent en cascades écumantes des sommets neigeux du Cayambi, de l'Antisana, du Cotopaxi, du Sangaï; il n'a d'autre route que la gorge étroite et profonde qui sert de lit au torrent. Resserrée, obscure, humide et froide à son origine, la gorge s'élargit au fur et à mesure qu'on s'éloigne de la Cordillière; elle s'égaye, se remplit de soleil, elle s'épanouit enfin en une large et magnifique vallée. Le torrent fougueux qu'elle enserrait dans ses murailles de pierre s'y étale avec complaisance, heureux de respirer après une aussi rude étreinte. Les obstacles vaincus pendant cette course affolée, les roches roulées et broyées, les arbres déracinés, hachés, emportés comme des fétus de paille, les bonds prodigieux des cascades lui donnent droit à un nom plus glorieux : ce n'est plus un torrent, c'est un fleuve, c'est le Coca, le Napo, le Curaray, le Bobonaza, le Pastazza; nommons-les de suite, car nous les rencontrerons tous sur notre route (1). Nous résolûmes de pénétrer dans le pays indien par le rio Coca. Pourquoi? Parce que, nous disait-on, nous rencontrerions des obstacles moins invincibles; parce que Archidona se trouve dans cette direction, et qu'Archidona, centre de la mission des Révérends Pères Jésuites au nord du Napo, m'offrait en perspective quelques jours d'une fraternelle et reli-

(1) Nous ne mentionnons ici que les grands cours d'eau situés au nord et nord-ouest du Pastazza. Là, en effet, s'est arrêté notre voyage d'exploration. Du Morona et du Santiago, situés plus au sud, nous ne dirons donc rien.

A cheval à travers la Cordillère.

gïeuse hospitalité, une base de ravitaillement, tout une moisson de renseignements sur les territoires et les populations ; enfin et surtout, un guide expérimenté qui m'accompagnât jusqu'à Canelos. On verra comment la Providence m'exauça au delà de toute espérance.

Le rio Coca, appelé à son origine le Maspa, descend par mille ruisselets des glaciers de l'Antisana. Presque au sommet du versant oriental de la Cordillière, à une altitude d'au moins quatre mille mètres, et à l'extrémité du long col de Guamani qui relie l'orient et l'occident de l'Equateur, il rencontre un vaste réservoir creusé par la nature, s'y répand en nappes cristallines et forme l'un des lacs les plus gracieux, les plus superbement encadrés qu'il soit possible de voir, le lac de Papaillacta, près du village indien qui porte ce nom. Le trop plein du lac s'épanche par une large brèche faite au roc : c'est le Maspa qui se réveille et reprend sa course, qui se précipite bondissant et tonnant sur les pentes rapides de la Cordillière de Guacamayo. Un instant il ralentit sa course, comme pour reprendre haleine, sur le plateau verdoyant que surplombe le village de Papaillacta ; il se divise, dessine dans la prairie mille figures capricieuses, se joue en mille méandres ; puis s'enfonce de nouveau dans la gorge étroite et profonde de Guacamayo, rencontre le Quijos, le Vermijo et le Cosanga, comme lui descendus des cimes neigeuses de l'Antisana, devient un grand fleuve et prend le nom de Coca.

Je me dirigeai donc vers le col de Guamani et Papaillacta.

Trois jours de cheval suffisent pour atteindre le village. Le soir du deuxième jour, je me trouvai à l'entrée du col, dans un lieu sauvage appelé le corral de l'Inga. Déjà la vallée s'emplissait de ténèbres, et je cherchais en vain un réduit quelconque pour y préparer ma maigre pitance et passer la nuit. Je rencontrai bien une étable abandonnée, mais la toiture défoncée avait livré passage aux averses des jours précédents ; les fumiers détrempés par la pluie la rendaient inhabitable. Grande était ma perplexité, lorsque j'aperçus à quelque cent mètres une légère colonne de fumée, indice certain d'une habitation humaine : c'était une hutte de charbonniers.

Ces braves gens m'accueillirent avec une cordialité touchante, me firent les honneurs de leur misérable logis avec un empressement. une délicatesse qui m'émurent jusqu'au fond de l'âme. Au centre de la hutte pétiliait un grand feu : on étendit sur le sol une poignée d'herbe sèche, et comme il faisait froid, je m'y installai le plus près possible du feu.

Pendant qu'une cuisinière, vraie maritorne au teint bistré, aux membres herculéens, à la longue crinière flottante, s'occupe à me préparer un peu de riz, je fais l'inventaire de notre rustique palais et lie conversation avec mes hôtes. Un toit de feuillage dont les bords viennent presque effleurer le sol, une enceinte d'environ quatre mètres carrés, formée par une palissade à travers laquelle sifflent des vents coulis, telle est notre cabane. Ni porte, ni cheminée : la fumée se cherche une issue à travers les fissures du toit, nous aveugle et nous suffoque de ses noirs tourbillons. L'ameublement intérieur, assez semblable à celui de l'époque quaternaire, consiste en trois pots de terre et quelques écuelles de bois. Ni chaises, ni banc, ni table, ni rien de ce qui constitue en Europe les éléments essentiels des ménages les plus misérables, pas même un grabat !

Or, il y avait là deux familles de charbonniers : hommes, femmes et enfants, cela faisait en tout treize personnes ! Trois robustes mâtins se tenaient en sentinelle aux alentours, prêts à nous défendre contre les loups qui, presque chaque nuit, descendent du col et font irruption dans la vallée. — « Mes braves amis, pourquoi ne pas vous construire une hutte plus spacieuse et plus confortable ? » — « Ah ! Monsieur, si c'était à nous ! » — « Mais il y a tant de bois dans la forêt ! » — « Oui, Monsieur, mais il n'est pas à nous ! » Toujours ce terrible *nous !* Il y a donc des êtres assez dénaturés pour disputer à ces braves gens l'espace qu'ils occupent et l'air qu'ils respirent ! L'oiseau se fait un nid pour ses petits, un nid spacieux, capitonné, enguirlandé ; il le place dans un rayon de soleil, au bord d'une source limpide. La bête sauvage se creuse une tanière, se choisit un domicile au fond des bois. Tout, dans la nature, a son chez-soi, son espace libre et indépendant, depuis les sphères qui se meuvent dans les espaces célestes jusqu'à l'atome qui vibre au sein de la matière : des lois inflexibles s'opposent à l'empiétement de l'un sur l'autre. L'homme seul est assez infortuné pour se voir disputer et refuser par son semblable et l'air et l'espace, et les matériaux nécessaires à la construction du nid qui doit abriter sa famille !

J'étais en présence d'Indiens, de ces Indiens de l'intérieur de la République que l'on veut bien appeler *civilisés*, sans doute parce qu'ils vivent dans un milieu civilisé : race abrutie, dégradée, l'une des plus maltraitées, des plus infortunées qu'il y ait sous le soleil ! Plus d'une fois déjà, mon cœur s'était serré en entendant raconter leur triste sort ; mais combien il se serra davantage pendant cette nuit de tortures physiques et morales passée au milieu d'eux ! A moitié asphyxiés par la fumée, grelottants de froid, malgré la flamme pétillante, sans lit, sans couverture, je les vis dîner de quelques grains de maïs, puis s'étendre sur le sol comme les animaux d'une étable, dans la plus révoltante promiscuité ! — « Mes pauvres amis, mais vous ne songez donc pas à prier Dieu ? » — « Ah ! c'est vrai, Monsieur ! » — Et nous récitâmes ensemble le Rosaire. J'essayai bien ensuite de les décider à se confesser, mais sans arriver à mes fins.

Il y a donc des esclaves en Amérique ! Cette république de l'Equateur, si célèbre par sa foi, si justement vantée pour la douceur de ses mœurs, l'urbanité de ses habitants, ferait donc exception à l'ensemble des nations civilisées ? Non, si vous étudiez les lois ; oui, si vous considérez les faits. L'Indien est libre en droit ; en fait, il est esclave ! C'est une matière mercantile, un objet de commerce que l'on vend, que l'on achète, qu'on reçoit en héritage, qu'on saisit chez le débiteur insolvable, tout comme le cheval et le mulet ! L'Indien est libre en droit, c'est vrai, la loi consacre sa liberté ; mais la même loi autorise aussi sa servitude et son oppression. La loi lui permet de se vendre pour payer une dette, pour vivre, pour se marier, pour obtenir un lopin de terre, un gite pour sa progéniture. Une fois le pacte infâme conclu, une fois les quelques piastres encaissées, le pauvre homme est esclave, sa femme et ses enfants sont esclaves, et les enfants de ses enfants, et de là indéfiniment, jusqu'à complète extinction d'une dette que sa misère et celle de ses survivants rendra toujours insolvable. On lui construit une hutte dans le style que je viens de décrire, on lui concède l'usage de quelques arpents de terre, et le voilà attaché à la glèbe plus étroitement, plus durement que le serf des temps féodaux, transformé en bête de somme, moins bien nourri que le cheval ou l'âne de son maître et plus maltraité. Ici, ce pacte odieux s'appelle un *concierto*, c'est le terme consacré! Triste concert, n'est-il pas vrai ? Lugubres accords, que ceux où la voix grave et autoritaire du maître qui commande se mêle aux notes aiguës des malheureux que l'on opprime, où le sifflement des fouets et le roulement de la bastonnade servent d'accompagnement aux gémissements et aux sanglots des victimes que l'on torture ; concert assez semblable à celui qui fit d'Abel la victime de Caïn et valut au fratricide une tache dont son front ne s'est jamais lavé.

Le lendemain à six heures, j'étais en selle. Tous mes

Indien porteur d'eau à Quito.

hôtes m'entouraient : je les remerciai, leur laissai une
aumône, et me séparai d'eux avec attendrissement.

Le col de Guamani n'a rien de poétique ni d'attrayant
pour le voyageur. C'est un long et interminable ravin où
tous les vents soufflent en tempête. Au fur et à mesure
que vous avancez dans ce couloir et gravissez ces pentes
abruptes, la végétation ralentit sa sève et perd de sa vigueur. Bientôt ce ne sont plus que de maigres arbrisseaux (1) au feuillage dur et luisant ; puis les arbrisseaux
eux-mêmes disparaissent, et l'on ne rencontre plus qu'une
herbe pâle, à la tige longue et fibreuse, assez semblable à
l'alfa. C'est le désert, avec sa solitude et sa désolation.
Toujours dans la direction de l'est, et toujours en montant,
— c'est la consigne, — je m'avance vers l'est, consultant
de temps à autre ma boussole, plein de confiance dans les
jarrets d'acier de mon cheval. Le noble animal fait de véritables prodiges de gymnastique, escaladent (le mot n'est
pas exagéré) des rochers inaccessibles, se risquant sur des
pentes tellement glissantes qu'il est obligé de s'accroupir
et de s'arc-bouter pour ne pas être entraîné dans l'abime ;
souvent embourbé jusqu'au poitrail, mais infatigable, toujours fier d'allure. On ne sait pas, en Europe, ce dont est
capable un cheval dans ces régions les plus montagneuses,
les plus inaccessibles du globe !

Tout était si triste et si sombre autour de moi, le cadre
que j'avais sous les yeux respirait une telle mélancolie ; il
y avait dans la bise glaciale qui me fouettait le visage
quelque chose de si énervant, de si décevant ; quelque
chose de si écrasant, de si désespérant aussi dans ces
gigantesques murailles de rochers aux arêtes dures et
inflexibles, que fatalement et sans que j'en eusse conscience, je me mis à l'unisson de cette nature désolée.

Heureusement la Providence m'envoya juste à point un

____

(1) Le *Capparis indifolia* des botanistes.

compagnon de route : je le rencontrai sur le bord d'une fondrière, les pattes dans l'eau ; il me regardait de l'unique œil qui lui restait, mais d'un regard si doux, si suppliant, si désespéré, que je sautai de cheval et le pris dans mes bras.

C'était un pauvre petit chien, souffreteux, mourant de faim, perdu dans la montagne, blessé peut-être par quelque bête sauvage, un être abandonné, voué à la mort. Pauvre animal, il était si malheureux, que de suite je lui donnai mon amitié. — Périco, Périco ! il ne faut pas mourir, mon ami ! Tiens, voilà de quoi te restaurer ! — Et tout en le caressant, je lui donne du pain et quelques friandises. Périco, c'est le nom d'une jolie perruche aux ailes d'azur ; pourquoi appelai-je mon nouvel ami « Périco ? » je ne saurais le dire, ce fut tout spontané. Tout heureux de ma trouvaille, je l'enveloppe dans ma couverture de voyage, le place sur le devant de la selle et reprends galment ma route, lui faisant mille caresses et mille déclarations d'amitié. Jamais chien ne fut plus aimé, plus choyé que Périco ! Pendant les deux mois que nous courûmes ensemble la forêt, il m'arriva souvent de manquer du nécessaire, Périco ne jeûna jamais ! Toujours j'avais en réserve quelques débris, quelques reliefs de la veille, de quoi ranimer ses forces et apaiser sa faim. Aussi le pauvre animal me prit en telle affection que, ni le jour ni la nuit, il ne me quitta plus d'une semelle, il s'attacha à mes pas avec la même fidélité que le chien de l'aveugle ; cela, jusqu'au jour à jamais néfaste où une bête cruelle me le dévora !

. . . .

A la tombée du jour, j'atteins le sommet du vaste amphithéâtre, au fond duquel miroitent, comme l'arène dorée d'un cirque, les eaux paisibles du lac de Papaillacta. J'en descends les gradins verdoyants, tapissés d'épais buissons de mimosas et de fuschias sauvages, et d'où s'élancent, semblables aux colonnes d'un cirque antique, les troncs puissants d'érythrinas centenaires. Puis, glissant comme une ombre sur les bords silencieux et recueillis du lac, je m'enfonce dans l'étroit et opaque sentier qui conduit au village. A cinq heures et demie j'entrai à Papaillacta.

Papaillacta ! c'est un village d'Indiens, à cheval sur les deux versants, sur les deux mondes, le monde sauvage situé à l'est et le monde civilisé qui s'étend à l'ouest. Le caractère de l'Indien de Papaillacta se ressent naturellement de la topographie de son village : c'est un être hybride, c'est un sauvage enté sur une souche civilisée ; mais la sève amère du sauvage prédomine, et ses fruits sont d'une âpreté extrême au palais du voyageur. Défiez-vous, m'avait-on dit mille fois, défiez-vous de Papaillacta, c'est un nid de vautours ! Et effectivement, toutes ces huttes suspendues aux flancs de la montagne, isolées les unes des autres, appuyées aux roches qui surplombent la vallée, ressemblent étrangement à des nids de vautours. Tenez, les voici qui s'élancent de leurs nids ! L'instinct est infaillible ; ils ont flairé une proie et tout une volée d'Indiens me tombe sur le dos. Ce sont des cris, des gestes, des menaces, un tumulte et une confusion inexprimables ! on se dispute évidemment l'honneur de m'héberger, de me guider à travers la forêt, de porter mon bagage.... on se dispute surtout mon argent ! Pour calmer cette tempête et sortir sain et sauf de cette bagarre, je soulève tout simplement l'un des pans de mon puncho et exhibe mon habit blanc. Ce fut fini, les chefs m'entourent avec respect ; les vautours, métamorphosés en colombes, me baisent la main et me promettent monts et merveilles.... le tout à des prix *très modérés* !

Disons-le à leur décharge, ces rudes natures ne sont si rudes que parce qu'on néglige de les polir ; ces forbans du désert n'attendent qu'une chose pour devenir des hommes loyaux et de fervents chrétiens : des prêtres qui consentent à les instruire, à vivre au milieu d'eux. Que vite ils dépouilleraient leur rudesse et se laisseraient apprivoiser par un prêtre prudent et patient ! Que de démarches, que d'instances n'ont-ils pas faites pour obtenir un instituteur et un curé ! Mais jusqu'ici l'instituteur leur a été refusé, et le prêtre ne leur est accordé que fort rarement, pendant les dernières semaines du carême.

Le jour qui suivit mon arrivée se passa en pourparlers, en négociations avec les chefs, en achats de vivres, en préparatifs de toutes sortes. Je ne connais pas d'êtres plus soupçonneux, plus amis de la chicane, plus revêches et plus fourbes que ces Indiens ; véritable association de hiboux commandés par un Rominagrobis à l'air patelin, au regard oblique, à la voix criarde et moqueuse : froid, égoïste, âpre au gain, d'autant plus implacable qu'il vous sait à la merci de son omnipotence ! Si jamais vous traitez avec eux, gardez-vous de faire une concession, sinon vous êtes perdu ! toute concession est un nœud coulant que vous vous passez bénévolement au cou ; leurs exigences croissent en proportion de votre faiblesse, ils finiront par vous étrangler. Je le compris vite ; aussi revenant promptement sur mes pas et reconquérant d'un bond le terrain perdu, je me plantai devant eux en homme qui commande et entend être obéi. — « Vous ne voulez pas ? eh bien, c'est entendu ! mais sachez bien qu'aucun prêtre ne mettra plus jamais les pieds dans votre repaire ! » Cette menace eut bientôt raison de leur résistance.

Il fut enfin décidé que l'on me donnerait quatre Indiens pour m'accompagner jusqu'à Archidona et que chacun d'eux recevrait trois piastres (12 francs). Le départ fut fixé au lendemain, à six heures précises.

Délivré de cette nuée d'oiseaux de proie, j'employai les dernières heures de la soirée à reconnaître la vallée, à visiter les eaux thermales qui y jaillissent avec abondance. Personne ici n'utilise ces sources dont la température élevée et la forte odeur de sulfure attestent l'énergie et l'efficacité ; tout cela coule en pure perte et va rejoindre le Maspa. On dit ce versant de la montagne riche en mines de sel gemme : le fait est qu'il en sort une nappe d'eau tellement saturée de sel que les Indiens s'en servent pour assaisonner leurs aliments.

Le village est situé au pied du cône neigeux de l'Antisana, à l'entrée de la gorge de Guacamayo ; il est emprisonné dans une sorte de cul-de-sac dont l'unique ouverture regarde les glaciers. Aussi toutes les bourrasques, toutes les tempêtes d'eau ou de neige dont l'Antisana est le centre **y** font rage : il n'est pas de climat plus humide, plus froid et plus désagréable dans tout l'Equateur. Et cela à deux pas d'un Eden qui est le lac de Papaillacta et sur la lisière même de la forêt vierge !

CHAPITRE II

LA TOILETTE DE VOYAGE — LE DÉPART

Je l'ai déjà dit, Papaillacta, c'est la transition entre la civilisation et la barbarie, entre l'occident et l'orient de l'Equateur. Un pas en avant et vous êtes en pleine forêt, dans un monde absolument nouveau ; aussi ce pas ne doit point se faire à la légère, il faut subir certaines formalités désagréables, mais essentielles. Et d'abord, il est impossible de voyager à cheval dans la forêt vierge ! Adieu donc, ma chère monture ! C'est déjà miracle que le pauvre animal ait pu me conduire sain et sauf jusqu'à Papaillacta. Un brave Indien se chargea de le reconduire à Quito.

Et puis il y a la toilette de voyage, l'uniforme de circonstance, quelque chose de pittoresque et de réjouissant au suprême degré. Les journaux de modes parisiennes n'en soufflant mot, on me saura gré de la décrire.

C'est un *panama* aux larges bords, quelque chose de mitoyen entre le parasol et le parapluie, un en-cas. Il subira bien des accrocs lorsque vous traverserez les fourrés épineux ; plus d'une fois, dépité, exaspéré, vous serez tenté de le jeter aux gémonies. Mais gardez-vous-en bien ! Lorsque vous traverserez le fleuve, lorsque vous en suivrez les plages, vous ne braveriez pas impunément les rayons ardents d'un soleil de feu. Je m'aperçois que j'ai commencé par où j'aurais dû finir ; mais n'importe, passons au veston. Il le faut de toile blanche, court et s'ajustant bien à la taille ; une blouse de chasseur serait l'idéal. Une large

Un contrefort de la Cordillière.

ceinture de cuir est chose essentielle : songez à la gymnastique violente, aux efforts presque continuels que vous aurez à faire pour grimper, pour sauter, pour vous maintenir en équilibre, et aux blessures internes qui s'ensuivraient si les reins et l'abdomen n'étaient étroitement sanglés !

Adieu la robe, la soutane et le vulgaire pantalon ! remplacez-moi cela par un caleçon de bain, quelque chose de court et de léger qu'une éclaircie puisse sécher après une averse ou un bain forcé. Ni bas, ni guêtres, ni chaussures en cuir, mais de solides espadrilles. Laissez donc vos bottes au vestiaire, à moins que vous ne préfériez les laisser dans les fondrières ; il faut que le pied soit libre et puisse se mouvoir en tous sens, sans gêne aucune, sinon vous perdrez l'équilibre à chaque pas.

Garnissez plutôt vos poches d'une excellente boussole et d'un baromètre, cela vous procurera le plaisir de faire de temps à autre quelques études géographiques. Plus d'une fois, si vous êtes habile, vous donnerez à l'Indien de précieuses indications sur la direction à suivre ; car dans ce dédale inextricable, l'Indien lui-même n'est pas toujours infaillible.

N'oubliez pas votre revolver, et ne vous en séparez ni jour ni nuit. Ajoutez-y un excellent fusil de chasse, arme au tir rapide et à longue portée : ce sera votre salut contre les bêtes féroces, votre gagne-pain lorsque la disette se fera sentir.

Et puis?... et puis c'est tout ; c'est même déjà trop, car c'est le cas où jamais d'éviter la surcharge et l'encombrement.

Le jour du départ était arrivé, je me levai à trois heures du matin pour dire la sainte messe, bonheur dont j'allais être privé si longtemps, et mettre la dernière main à mes préparatifs. A six heures j'étais en uniforme de voyage, mes quatre Indiens avaient sac au dos et n'attendaient plus que le signal. — En avant donc, et que Dieu nous garde ! — Et mes rusés compères de partir à fond de train ! J'ai beau me démener, supplier, menacer, rien n'y fait : les voilà déjà dans la vallée et bientôt dans la forêt. Tout vrai Papaillactain connaît cette tactique, il n'y manque jamais. Cela lui permet de distancer de quelques cents mètres l'infortuné voyageur, d'inventorier son bagage et de s'en adjuger certains articles. Mais j'étais prévenu, et partant moi-même au pas de course, glissant, trébuchant, roulant sur cette pente rapide et glissante, je parviens néanmoins à les rejoindre juste au moment où, ravis de leur prouesse, ils se disposaient à en recueillir les fruits. — « Race de vauriens, je vous y prends donc ! Ah ! vous allez me payer votre escapade ! » Et saisissant mon fusil par le canon, je leur administrai dans une certaine partie de leur individu un coup de crosse si bien appliqué qu'ils en perdirent l'équilibre et donnèrent du nez dans la boue. Extrémité douloureuse ! mais qu'y faire ? c'est le seul argument que comprennent ces natures grossières pour qui la force est la loi suprême. Du reste, loin de se fâcher du procédé, mes Indiens se relevèrent en riant ; puis me baisant gentiment la main, ils s'emparent de mon bagage et reprennent leur chemin, gais comme des pinsons ! Je dois avouer, à leur honneur, qu'ils me furent dès lors d'une fidélité à toute épreuve ; plus d'une fois même ils se dévouèrent pour me sauver. Mon énergie les avait matés. Que le cœur humain a d'étranges secrets, et qui oserait après cela se flatter d'en connaître les ressorts et d'en scruter les profondeurs !

CHAPITRE III

Pour arriver au but de mon voyage, en fait de routes je n'avais pas l'embarras du choix. L'unique chemin qui s'offrait à moi était la gorge qui sert de lit au torrent! Je n'avais qu'un parti à prendre, m'enfoncer avec le fleuve dans ces profondeurs obscures où les rayons du soleil ne pénètrent qu'à de rares intervalles. Aussi souvent que la rive est accessible, il n'y a qu'à la suivre en se cramponnant aux arbres, aux racines, aux lianes, aux saillies des roches, pour ne pas glisser dans l'abîme, qui mugit à vos pieds; maintes fois, on est obligé de frapper de droite et de gauche avec le matchec pour rompre le réseau inextricable des bambous, des lianes, des palmiers à tiges épineuses.

Mais il n'est pas rare que les bords soient trop escarpés et deviennent inaccessibles. De chaque côté du fleuve les rives se dressent comme des murailles lisses, perpendiculaires, sans autre végétation que les scolopendres, les capillaires et les fougères naines; murailles ruisselantes, tapissées de mousses et de moisissures multicolores. Alors il n'y a pas à hésiter, il ne reste plus qu'à descendre bravement dans le torrent lui-même, en choisissant, pour cette traversée périlleuse, la ligne blanche d'écume des brisants: l'eau y fait rage, mais c'est une rage impuissante, elle manque de profondeur. Plantez votre long bâton dans les interstices des pierres, appuyez-vous y fortement et en avant! Si le bruit assourdissant du torrent, si la poussière d'eau qu'il vous jette aux yeux, si les violentes secousses qu'il vous imprime vous donnent le vertige, si la tête tourne et que les jambes flageolent, alors, poussez vite un cri, appelez au secours! Si l'Indien tarde une minute, vous êtes perdu!

Cet accident m'arriva deux fois pendant le trajet de l'apaillacta à Archidona. Nous passions à gué deux terribles cours d'eau : le *Cosanga*, affluent du *Coca*, et le *Jandache*, tributaire du *Misagualli*. Une crue subite nous surprit au milieu de la rivière ; l'eau, une eau torrentueuse, m'atteignit tout à coup la poitrine, et je me sentis emporté tel qu'une plume légère par un tourbillon. Grâce à Dieu, mes fidèles Indiens, ceux que le coup de crosse avait si subitement, si radicalement transformés, veillaient sur moi : ils me saisissent par les pieds et me remorquent ainsi jusqu'à la rive, non sans péril pour leur propre vie. Comme de bon cœur je leur abandonnai, à l'instant même, le pillage de mon bagage, étalant moi-même devant eux les quelques friandises qu'on y avait glissées, jouissant de leur allégresse et de leur gourmandise !

Lorsque le fleuve dessine de trop nombreux méandres, s'obstiner à le suivre, se plier à ses caprices serait une perte de temps, un jeu périlleux. Vous coupez alors au plus court, franchissez l'une ou plusieurs des Cordillières latérales et rejoignez quelques kilomètres plus bas le fleuve qui sert de fil conducteur. Mais les Cordillières ne se laissent pas gravir sans résistance : il faut en faire l'escalade, s'aider des mains presque autant que des pieds, s'élever à force de bras et en rampant sur les roches gluantes, se suspendre aux lianes comme les singes, ou mieux encore comme les matelots aux cordages de leur navire.

Et si vous rencontrez, étendu sur le sol et vous barrant le passage, l'un de ces arbres gigantesques tombé sous le poids des ans ou déraciné par le cyclone (et rien n'est

plus ordinaire), oh ! alors, c'est un supplice inexprimable !
Perdu dans ce chaos végétal, emprisonné par les lianes,
obligé de marcher sur des branches que la chute formidable du géant a fracturées, que votre propre poids achève
de rompre, vous tombez avec elles au plus profond de cet
éboulis de branches, de racines, de parasites de toutes
sortes, et vous en sortez déchiré, contusionné, méconnais-
sable !.... Enfin la Cordillière est gravie, mais au prix
de quels travaux, de quelles épreuves ! Regardez vos pieds
et vos mains déchirés, ensanglantés, vos jambes meurtries,
tous vos vêtements en lambeaux. Les mousses, les lichens,
les feuilles pourries, les moisissures de toutes nuances
sur lesquelles vous vous êtes traîné si violemment ont
déteint sur vos vêtements, elles s'y sont collées, tous les
tissus en sont imprégnés ! Allons, allons, fermons les yeux
et continuons !

Cependant, lorsque la montagne devient colline, lorsque
les pentes abruptes s'adoucissent et s'abaissent vers la
plaine, le voyage change d'aspect et devient moins fati-
gant; en est-il plus agréable ?

Il n'y a plus d'escalade, mais il faut patauger des heures
entières dans l'eau et la boue ! Ne trouvant plus d'écoulement suffisant, les eaux des pluies séjournent dans ces bas-
fonds, elles s'y accumulent, s'y pourrissent, mêlées aux
détritus de la végétation. Ce sont des marais fangeux, des
boues infectes aux teintes verdâtres et bleuâtres, saturées
des gaz les plus toxiques, les plus nauséabonds, où
grouille tout un monde d'insectes et d'animaux aux formes étranges, repoussantes ! Il faut cependant traverser ces
cloaques, s'enfoncer dans ces ordures ! Quelquefois cela
vous monte jusqu'à mi-corps : à la fin le cœur vous manque; c'est un commencement d'asphyxie ! Lorsque la fondrière est trop profonde, l'Indien y jette un long bambou
qui surnage : et sur ce bambou tremblottant et plongeant,
vous vous avancez par des prodiges d'équilibre. Un faux

mouvement, une épouvante, le déplacement du radeau cylindrique qui vous porte, une secousse de celui qui précède ou de celui qui suit, et vous voilà à plat ventre dans la fondrière, barbottant comme un canard, gluant et malpropre des pieds à la tête, comme une anguille ! Cela fait les délices de l'Indien, il en rit à gorge déployée, jusqu'à se détendre la mâchoire, il pousse des hourras frénétiques ; mais combien vous en êtes piteux, triste et décontenancé !

Ces marécages sont le séjour de prédilection des moustiques. Le moustique, vous le rencontrez partout : le jour, la nuit, il ne vous laisse aucun repos ; mais ici il s'appelle légion, il y en a des nuées ! Leur musique infernale vous exaspère, vous rend fou ; lorsqu'ils vous tombent sur le corps, c'est par milliers : vous en avez les jambes, les mains et le visage couverts ! C'est une démangeaison insupportable, une cuisson de tout votre être : mieux vaut être dévoré par les lions que piqué par les moustiques ! Il semblerait qu'une longue habitude dût rendre les Indiens moins sensibles à ce supplice, et cependant que de fois je les vis se rouler pas terre dans de véritables accès de rage et se mettre le corps en sang !

Et si la pluie, l'une de ces pluies torrentielles comme il en tombe là-bas, vient s'ajouter encore aux supplices que je viens de décrire, oh ! alors, je ne connais pas de situation plus lamentable ! L'Indien voyage nu (1), les averses lui glissent sur la peau qui se sèche à la première éclaircie. Mais il n'en va pas ainsi du missionnaire : il est vêtu et ses vêtements lui collant à la peau, entretiennent une humidité pernicieuse. Quelle que soit l'élévation de la température, après deux ou trois heures de cette hydrothérapie à contre-temps, il se sent froid, il tremble de tous ses membres, les dents lui claquent : si Dieu ne l'aide, ou s'il

____

(1) L'Indien ne porte qu'un très court et très étroit caleçon de toile, encore s'en dépouille-t-il souvent au passage des rivières.

ne trouve dans le fond de son sac quelque cordial énergique pour provoquer la réaction, c'est la fièvre !

Cependant, le premier jour de marche est terminé. Il est
six heures du soir et nous marchons depuis six ou sept
heures du matin (1). Admettons que nous nous soyons
accordé deux heures de repos pendant la journée, cela fait
un minimum de dix heures de marche. Nous nous arrêtons dans le voisinage d'un ruisseau, et généralement au
milieu des palmiers. — « Allons, enfants, vite du feu
et un *tambo!* » — Et les Indiens de se répandre dans
la forêt pour chercher quelques parcelles de bois sec et
des feuilles de palmier qui nous serviront d'abri pendant
la nuit.

Pendant ce temps, je descends au ruisseau pour me
laver. Mes espadrilles sont en pièces : les plus solides
font à peine un ou deux jours. Je les jette à l'eau. Mais
jetterai-je aussi mes pieds et mes jambes ? Ils sont en-
flés, meurtris, déchirés, au point de m'inspirer les plus
grandes inquiétudes! Les boues infectes dans lesquelles
nous avons marché y ont fait naître deux plaies. Je me
baigne dans l'eau limpide du ruisseau, j'arrose les plaies
d'acide phénique et me tamponne tous les membres avec
de l'alcool camphré.

Je me sens un appétit féroce. Voilà qui est de bon
augure ! Quelles que soient les meurtrissures, si l'appétit persiste, le mal n'est que superficiel, au fond vous
êtes en santé, vous n'avez rien à craindre. — « Joseph
(c'est le nom de l'Indien chargé des vivres), prépare vite
le riz. » — Mais Joseph souffle inutilement sur le feu
depuis trois quarts d'heure, ses joues se gonflent comme
un ballon, il s'en échappe une tempête, mais le feu ne
s'allume pas. Tout est mouillé dans la forêt, il y pleut

(1) A l'Équateur, le soleil se lève invariablement à six heures du
matin pour se coucher à six heures du soir.

sept jours sur dix! L'habileté de l'Indien pour faire du feu est cependant extraordinaire, il réussit où vous échoueriez infailliblement. Il commence par abattre un vieux tronc de palmier moitié vermoulu, puis il le fend, et dans la partie creuse de l'arbre, dans le canal médullaire qui nécessairement a échappé à la pluie, cherche tous les éclats de bois que la sève a abandonnés. Il les divise en fragments de la grosseur d'une paille, sort de sa *sigra*(1) le charbon qu'il a conservé de la veille et le silex qui lui sert de briquet, et tout aussitôt les étincelles de jaillir et le charbon de devenir braise. Oui, mais comment communiquer l'incendie au bois s'il est mouillé? Ce sera plus difficile et demandera deux ou trois heures. Le voyageur devra s'armer de patience en attendant le succès de l'opération.'

C'est l'Indien porteur du vêtement qui est chargé de construire le *tambo*, c'est-à-dire l'abri où vous passerez la nuit. Lecteurs, n'allez pas rêver d'une cabane à la Robinson, ni même d'une hutte de charbonnier, ce luxe ne nous est plus possible. Notre *tambo* est un simple toit en feuillage de palmier : l'un de ses bords repose sur le sol avec lequel il forme un angle aigu; l'autre, soulevé à une hauteur d'environ deux mètres, est supporté par deux pieux solidement fixés en terre. Il est donc ouvert sur le devant et sur les côtés. On y jette quelques feuilles de palmier ou de balisier, et sur ce feuillage vous étendez votre couchette.

Tout cela est bien, si le temps est beau ; mais s'il pleut ou s'il vente pendant la nuit, si l'ouragan se déchaine? Alors le voyageur est à plaindre : le léger toit qui l'abrite est emporté comme une feuille d'arbre. En vain essaie-t-il de se débrouiller sous les trombes d'eau qui le surprennent

---

(1) La *sigra* est un sac en filet, une sorte de gibecière que les Indiens portent en bandoulière.

en plein sommeil, de recueillir les pièces éparses de son
bagage, au sein de ces ténèbres épaisses. En vain appelle-
t-il ses Indiens ; les sifflements de l'ouragan, le craquement
des branches qui se heurtent, se brisent et tombent avec
fracas, le crépitement de la pluie sur les arbres et des
gouttières innombrables sur le sol, couvrent sa voix.
D'ailleurs, ces braves gens sont eux-mêmes bien en peine,
et tout leur dévouement serait impuissant à le soulager.

Cependant des craquements épouvantables se font entendre, puis c'est un bruit sourd, mais un bruit formidable, tel que celui d'une montagne qui s'écroule. — Il est
tombé, murmurent les Indiens. — Mais qui ? quoi ? —
Jatunyma, le grand arbre. — C'est ainsi qu'ils désignent
l'un de ces arbres géants, hauts d'au moins soixante mètres,
et dont la base, étayée des arêtes en biseau qui lui servent de contreforts, ne mesure pas moins de vingt à vingt-
cinq mètres de circonférence. Oui, il est tombé ! tombé sous
le poids des siècles accumulés sur sa tête et sous la pous-
sée de l'ouragan ; mais en tombant, quels affreux ravages
n'a-t-il pas faits ! Ce roi détrôné ne s'est pas laissé vaincre
sans résistance : à ses pieds et tout autour de son cadavre gît,
prosterné dans la poudre et dans la mort, le peuple entier
de ses sujets ! Ce tronc monstrueux a broyé, haché, aplati,
fait rentrer sous terre tout ce qui s'est rencontré devant
lui. Avec ses branches, véritables bras gigantesques,
il s'est accroché, cramponné aux arbres voisins. Projetées
dans l'espace comme les cordages d'un navire désemparé,
sifflant comme des serpents en furie, ses innombrables
lianes viennent elles-mêmes s'y entortiller et s'y nouer.
Les malheureuses victimes de cet égoïste suzerain s'en prennent elles-mêmes aux arbres qui les environnent, et tout
cela se renouvelant de proche en proche et d'arbre à arbre,
c'est tout un coin de la forêt qui s'abîme dans les ténèbres,
qui s'effondre dans la nuit ! Lorsque l'aube blanchira
l'horizon, les Indiens vous conduisent sur le lieu du

sinistre, et vous restez bouche béante devant ce spectacle grandiose !

Nous eûmes occasion de le voir quatre ou cinq fois pendant notre voyage d'exploration, chaque fois que l'ouragan nous surprit au milieu de la forêt. Habitué à ces tragiques événements, l'Indien est d'une prudence extrême dans le choix du campement. Vous le voyez sonder du fer de sa lance tous les arbres du voisinage pour s'assurer qu'ils sont sains. Ce n'est pas lui qui s'en rapportera aux apparences ou aux vains ornements dont les arbres sont chargés. Il sait que ce luxe de végétations, que cette armée de parasites aux fleurs éclatantes, que ce fond trompeur est ordinairement l'indice d'une sève affaiblie, d'une décrépitude menaçante. Il préfère s'abriter à l'ombre des palmiers dont le tronc, robuste et souple en même temps, libre de toute végétation d'emprunt, ne lui réserve aucune surprise désagréable. Nous, au contraire, fasciné par ces arbres géants, nous inclinions à nous abriter sous les arcades que la nature elle-même a façonnées à leur base. Pourquoi s'acharner à construire de misérables *tambos*, quand on en trouve de si confortables et de si attrayants ? Mais les Indiens ne me donnaient d'aise que je ne fusse sorti de ces réduits dangereux : « Père, Père, tu seras mordu par les serpents ou écrasé par l'ouragan ! » C'est qu'en effet, outre le péril déjà mentionné, il y a celui des serpents. C'est entre les racines des grands arbres qu'ils établissent d'ordinaire leur domicile, et malheur à qui les trouble dans leurs retraites ; homme ou fauve, il payera cher son audace !

Lorsque l'ouragan vous laisse en repos, les fourmis, les scorpions, les scolopendres, mille insectes ailés ou rampants se chargent de vous persécuter. Oh ! les fourmis ! c'est le supplice des supplices ! elles se mettent partout, dans vos vivres, dans votre lit, dans vos vêtements. Certaines espèces aux mandibules énormes font des blessures si dangereuses, qu'outre la douleur cuisante qui en résulte, il

reste encore dans les membres atteints une sorte d'engourdissement et comme un commencement de paralysie.

Et que dirai-je du vampire, ce rôdeur de nuit, ce buveur
de sang? Qu'on ne croie pas qu'il soit rare : comme le moustique, il est partout! Il ne se passe pas de nuit qu'il ne
fasse de nombreuses victimes; que d'enfants, que d'animaux meurent d'épuisement à la suite de ses morsures! Il
s'attaque de préférence aux animaux, aux chiens par exemple; mais s'il n'y a pas d'animaux dans le voisinage, c'est
sur le voyageur qu'il applique ses hideuses mâchoires.
Les pieds, les mains, le visage, toutes les parties visibles
du corps sont l'objet de sa convoitise; il les saigne d'importance et ne se retire que quand il est ivre de sang.
Presque chaque nuit nous eûmes des victimes du vampire;
à peine étendus sur nos lits de feuillages, ses ailes malpropres nous frôlaient le visage, le premier endormi rece-
vait sa visite et le festin commençait. On s'en apercevait,
au lever, à l'air consterné du patient, à son peu d'entrain
pour la marche, à son humeur massacrante. Dieu merci,
cette bête hideuse ne me fit aucune saignée, et c'est à
Périco que je dois d'en avoir été préservé. Mon petit compagnon s'étendait invariablement sur mes pieds, et ce fut
lui qui reçut toutes les blessures. Il me payait donc de son
sang le service que je lui avais rendu : c'est ainsi que la
Providence récompense une bonne action !

Lecteur, je ne dirai rien du tigre, ou du léopard, ou de
cette armée de fauves qui remplit la forêt de carnage. Nous
rencontrâmes souvent leurs pistes, mais jamais leurs aimables personnes ; si peu de voyageurs ont eu cette bonne
fortune, que je ne puis m'empêcher d'y voir une protection
spéciale de la Providence. Celui qui me ravit Périco le fit
si lestement que les Indiens eux-mêmes n'y virent que du
feu; les traces seules nous attestèrent le crime. Au reste,
nous voyageâmes toujours avec une extrême prudence, ne
nous séparant jamais du gros de la troupe; la nuit, je m'ins-

tallais au centre même de mon bagage, ayant toujours à ma portée mon fusil, mon revolver et un matchec long comme un sabre.

Le lever est toujours triste dans la forêt. Vous avez mal dormi et par conséquent mal reposé! Et puis tout est humide autour de vous. Il vous faut reprendre les vêtements de la veille, remettre sur le corps ces guenilles malpropres et mouillées, et le cœur vous manque! on s'en aperçoit à votre moue, à votre silence, à l'engourdissement général de votre personne. Allons, *sursum corda*, et en avant!

CHAPITRE IV

Maintenant que nous connaissons d'une façon générale
les épreuves et les périls qui nous attendent, que nous avons
quelque idée de ce que cela veut dire : voyager dans la
forêt vierge, ne perdons plus un instant, marchons vers
Archidona.

Et d'abord, sortons au plus tôt de la gorge resserrée où
coule le *Maspa*. Nous y sommes comme dans le goulot d'une
bouteille, sans horizon, sans perspective. On y étouffe,
l'humidité pénétrante qui s'en dégage produit une sorte
d'engourdissement. C'est le séjour de prédilection des
prêles, des fougères arborescentes, de mousses de toutes
nuances et de toutes formes, en un mot de tous les cryp-
togames amis de l'ombre et de l'humidité. C'est à peine
si nous rencontrons quelques palmiers rustiques (1), les
seuls qui puissent végéter dans cette atmosphère trop tem-
pérée. De temps à autre cependant, lorsque la rive s'apla-
nit et permet au soleil de baigner de ses rayons cette végétation si touffue, la scène s'égaye : les ricins étalent au
soleil leurs baies écarlates et les buissons d'héliotrope nous
envoient leurs senteurs exquises. Je reconnais les datu-
ras (2) à leurs fleurs blanches tubulaires, semblables à des
cloches de cristal, les bégonias à leurs larges feuilles multicolores : il y en a de si admirablement nuancées que, vues

(1) Palmiers du genre chamœcrops.
(2) Datura arborea.

de loin, elles vous donnent l'illusion des fleurs les plus
richement diaprées. Mais la reine de cette région humide
et sombre, c'est incontestablement la fougère arborescente,
rivale du palmier par la légèreté et l'élégance de son
stipe, par la fine dentelle de son feuillage. L'Indien, qui
ne sait rien des classifications de Jussieu et ne s'en rapporte
qu'à ses sens, a rangé la fougère arborescente dans cette
catégorie de plantes appelées par lui *Choula*, et dont le
palmier est le type le plus parfait. Le tronc de la fougère
est si long et si robuste que nous nous en servîmes souvent
comme de pont pour passer les torrents.

Au sortir de la gorge de Guacamays, sur un promontoire que trois puissantes rivières : le *Maspa*, le *Quijos* et
le *Vermejo* viennent ceindre de leurs eaux comme d'un
rempart, nous rencontrons Baéza. Ce fut jadis une ville
florissante, la capitale de la province de Quijos qui em-
brassait alors tous les territoires compris entre le Pastazza
et la Cordillière de Putumayo. Avouons que la nuée
d'aventuriers espagnols qui s'abattit sur ce coin de terre
privilégiée avait du coup d'œil et l'instinct de sa conservation ! Indépendamment de la beauté du site, de la proximité de nombreuses rivières aurifères, c'est encore une
position défensive de premier ordre. Et cependant, à la
première nouvelle des terribles représailles exercées par
les Jivaws contre les cités populeuses de Logroño, Valla-
dolid et Sévilla de Oro, la panique des habitants de Baéza
fut telle que tous s'enfuirent à la Sierra, délaissant leurs
plantations, sacrifiant leur fortune. Bon nombre d'Indiens
timides les suivirent dans leur fuite précipitée, et j'imagine
que Papaillacta doit son existence à quelques-uns de ces
émigrés : les traditions encore vivaces parmi les Indiens
ne permettent guère d'en douter.

Cela se passait en 1599 (1), et quarante et un ans seule-

---

(1) La première ville importante fondée par les Espagnols dans

ment après que cette ville eut été fondée. Aujourd'hui Baéza n'est même plus un village : nous y trouvâmes trois cabanes d'Indiens ! Des splendides plantations que la main de l'homme avait créées dans ces solitudes, il ne reste plus que la grenadille (1), la naranjilla (2), l'avocatier et la pomme cannelle. Leur vigueur native leur a permis de résister à l'envahissement des plantes agrestes. Tout le reste a été étouffé et remplacé par la végétation luxuriante mais improductive de la forêt vierge.

Baéza marque le point de départ d'une nouvelle étape. Jusqu'ici, nous nous sommes avancés constamment dans la direction de l'est, les Cordillières latérales ne nous permettant pas de couper au plus court et de voyager en diagonale de Papaillacta à Archidona. Mais le sol prend tout à coup une allure plus calme, ses convulsions s'apaisent, ses pentes s'adoucissent. Aussi tournant brusquement au sud, franchissant, non sans de grands dangers, le Cosangaa et le Jondaché, nous marchons directement sur Archidona.

Comment décrire les scènes merveilleuses qui se succèdent sous nos yeux et nous font oublier fatigues et blessures ! Ce n'est plus la gorge sombre et humide, c'est la vallée riante, ensoleillée, parée comme pour une fête ! Le fleuve y court rapide encore et tout blanc d'écume ; toutefois sa fougue s'est calmée, le tonnerre de sa voix s'est apaisé : au lieu de déraciner et d'entraîner les roches dans son effort impétueux, il les enlace et les caresse de ses mille remous aimables, il les ceint d'une frange d'écume

---

cette contrée sauvage fut Quijos, sur la rive sud du rio Quijos, à 0°30' de latitude sud et 0°45' de longitude est. Cette cité, qui fut la première capitale de la riche province de Quijos, n'eut qu'une existence éphémère : fondée en 1552, elle disparut en 1558 et fut remplacée par Baéza. L'imperfection du site primitivement choisi fut sans doute la cause de sa ruine.

(1) Passiflora edulis.
(2) Solanum quitense.

blanche comme la neige, dépose à leurs pieds ou sur leurs fronts les feuilles verdoyantes et les rameaux fleuris que les arbrisseaux ont laissé tomber dans son sein ou que lui-même leur a ravis au passage. Et pourquoi sa colère résisterait-elle à tant de charmes irrésistibles, à tant d'apprêts somptueux ? Ne semble-t-il pas que toute cette fête de la nature soit pour lui ? Des arbres géants, siphonias (1) et bombax qui bordent ses rives, retombent mille festons fleuris. D'innombrables arbustes chargés de fleurs et de parfums se sont penchés sur ses eaux comme pour leur faire cortège, pour les nuancer de leurs reflets, pour y imprimer leurs images. Les bras immenses des grands arbres se sont cherchés, se sont tendu la main d'une rive à l'autre, ils ont marié leur feuillage, associé leur parure étincelante : bras robustes et charmants d'où pendent d'innombrables bracelets, lianes et sarmenteuses au feuillage multicolore, aux fleurs de pourpre, aux entrelacs fins, déliés et compliqués comme des filigranes, aux torsades magnifiques.

Des arcs de verdure se sont formés, arcs festonnés, enguirlandés, parés de tout le luxe d'une végétation sans rivale ; et sous ces arcs il s'avance en triomphateur !..... Allons, asseyons-nous quelques instants, jouissons de ce spectacle enchanteur ! Regardons les grands papillons aux ailes d'azur sur lesquelles scintille une poussière plus resplendissante que l'or, le diamant et toutes les pierres précieuses. Ils passent d'une rive à l'autre, lentement, en décrivant mille courbes capricieuses : pour les suivre dans leur course aérienne, pas n'est besoin de lever les yeux, il suffit de regarder leur image dans le cristal de la rivière.

Les colibris remplissent les buissons en fleurs, c'est un bruissement d'ailes comparable à celui d'un essaim sorti de

____

(1) Siphonia elastica.

L'entrée de la forêt vierge.

la ruche! Il y en a de blancs, de verts, d'azurés; d'autres étincellent comme de l'or liquide, passent et repassent devant nos yeux comme des jets de flamme. Quelle palette de magicien a versé ces couleurs sur cette miniature d'oiseau! Quelle fée, quel génie a donné des ailes à ces pierreries animées, lancé dans l'espace ces turquoises et ces émeraudes, fait éclore ces rubis!

La vie de ces oiseaux-abeilles se passe à butiner le suc des fleurs; on les voit voleter de l'une à l'autre, y plonger leur bec si finement effilé, mais on ne les voit jamais y poser les pieds. L'abeille gourmande se vautre dans le calice des fleurs; elle en sort alourdie, à moitié ivre, toute maculée de pollen; le colibri en aspire la substance, mais n'en subit pas le contact : c'est le seul oiseau qui ne redoute pas la présence de l'homme; il ne daigne même pas s'en apercevoir. Il passe si près de vous que ses ailes vous frôlent le visage : vous pouvez donc assister sans crainte à ses évolutions, à ses manèges, à son travail, il ne s'esquivera que si vous avancez la main pour le saisir. Nous trouvâmes un nid de colibris, un nid si petit, si mignon, que celui du roitelet eût semblé un Louvre, quelque monument fameux en comparaison! Au lieu d'être arrondi comme le sont généralement les nids d'oiseaux, celui-ci avait une forme elliptique. L'intérieur était garni de fine mousse, de brins d'herbe et d'effluves de coton : on eût dit une valve de coquillage aux reflets nacrés! Dans ce berceau minuscule reposait un seul petit : le colibri n'en a jamais plus de deux. Au lieu de s'effrayer de ma présence, de voler d'un air inquiet en poussant les cris d'appel habituels aux oiseaux en pareil cas, le père et la mère continuèrent tranquillement le service de leur nourrisson, lui apportant la becquée, ajustant les plumes naissantes, composant son nid! Que de jolies choses la Providence a cachées au fond des bois! et comme, pour celui qui sait lire ce livre inspiré par l'amour du Créateur, tout dans la nature est

matière à observation, enseignement pour l'esprit, joie
pure pour le cœur, adoration, amour, reconnaissance pour
l'âme éclairée des lumières d'en haut !

Cependant une sensation pénible, celle de la faim, nous
arracha bientôt aux contemplations et aux émotions qu'exci-
taient en nous les scènes grandioses et gracieuses à la
fois que nous avions sous les yeux. Nos provisions de
bouche s'étaient gâtées ; parfaitement salées et séchées au
départ, les viandes s'étaient néanmoins décomposées sous
la double influence combinée de l'humidité et de la cha-
leur. Que devenir dans ce désert où, quoi qu'on ait dit, ni
le lait ni le miel ne coulent à flots, où les arbres ne distil-
lent qu'une sève amère, où les fruits sont rares et se tiennent à des hauteurs inaccessibles ? Nous n'étions qu'à trois
jours d'Archidona, mais encore fallait-il se nourrir pendant ces trois jours et ne pas tomber de fatigue et d'inanition ! Je résolus de chasser, et cette circonstance me permit d'apprécier l'habileté et l'instinct de mes Indiens.

Nous nous mîmes à l'affût dans un fourré que traversait un
ruisseau limpide, et aussitôt mes Indiens d'imiter, qui les
piaulements du singe, qui les gloussements des dindes sauvages ; celui-ci brame comme un cerf, celui-là fait entendre
les cris rauques des perroquets et des mangos. Tous les
bipèdes et quadrupèdes du voisinage se laissèrent piper :
en moins de cinq minutes, singes, perroquets et dindes
couvraient, joyeux et babillards, les arbres qui dominaient
le fourré où nous étions blottis. Pan! pan ! j'envoie une
double décharge ; deux dindes et un singe de grande
taille (1) tombent lourdement sur le sol.

La joie de mes Indiens est indescriptible ! Ce sont des
bonds, des cris, des sauts périlleux, des exclamations inénarrables. En un clin d'œil les dindes sont déplumées et
vidées ; en guise de broche on leur passe à travers le

____

(1) Un ateles rufus.

corps une longue tige de *choula* (bois de fer), et les voilà
prêtes pour la cuisson.

Mais le singe! comment décrire les apprêts du festin
du singe! Ils le saisissent par les mains, par la queue, par
le menton, le secouant violemment, vociférant toutes les
injures que les Indiens ont coutume de prodiguer aux ennemis morts sur le champ de bataille. Puis ils lui coupent
la tête qu'ils plantent au bout d'une pique et promènent en
hurlant autour du brasier. Ils s'emparent des mains,
dont ils tenaillent les nerfs et contractent les muscles. Évidemment mes Papaillactains reviennent à l'état
de nature ; les scènes d'anthropophagie de leurs ancêtres
hantent leur cerveau, exaltent leur imagination. C'était
un jeu périlleux, car déjà leur insolence prenait des proportions inquiétantes ; je résolus donc de le faire cesser au
plus tôt. Saisissant l'animal par la queue, je déclarai crâ-
nement que j'entendais avoir ma part du festin. Cette ouverture inattendue coupa court à leur gaieté sauvage et
sanguinaire : ils en restèrent visiblement déconcertés, se
regardant comme des gens qui n'ont pas bien compris ou
qui ont peine à vous prendre au sérieux. Mais quand ils
me virent, le matchec à la main, procéder au dépouille-
ment de l'animal, alors leur incrédulité cessa et ils m'aidè-
rent tranquillement dans la besogne désagréable que je
m'étais imposée. Je m'adjugeai les deux bras ; eux s'em-
parèrent du reste. La tête, les mains, le tronc, les intes-
tins, rien, absolument rien, n'échappa à leur appétit de
cannibales. Puis ce fut la peau qu'ils soumirent à une gril-
lade prolongée et dévorèrent avec ses poils rôtis et nauséabonds. Plus d'une fois il me fut impossible de dissimuler
ma répugnance. Mais lorsque je les vis plonger leurs mains
malpropres et sanglantes dans la cervelle fumante du singe,
puis se jeter comme des fauves sur les cartilages de la
tête et du visage, mon dégoût ne connut plus de bornes et
j'éclatai en imprécations contre cette race de vautours et

de chacals! Eux, satisfaits et repus, s'étendirent lourdement sur le sol et, pour toute réponse, s'abandonnèrent au
sommeil pesant du boa qui digère sa proie.

Après le Cosanga et le Jondache, nous passons le Mon-
dayacu et quelques cours d'eau de médiocre importance.
Les mouvements du sol sont presque insensibles; il est
évident que nous touchons à la plaine. Plus nous avançons, plus la végétation prend des proportions grandioses,
plus aussi le chemin s'obstrue et résiste à nos efforts pour
rompre les broussailles qui s'y sont enchevêtrées. A moitié
enterrés dans les boues visqueuses qui couvrent le sol dans
cette partie de la forêt, nous sommes encore emprisonnés
dans les bambous et autres graminées ligneuses qui riva-
lisent de hauteur avec les arbres et les palmiers. Puis ce
sont des solanées, des borraginées, des malvacées et une
foule d'autres plantes devenues ligneuses quand, dans les
pays tempérés, les mêmes familles ne contiennent que des
espèces humbles et herbacées. Armés du matchec, nous
fauchons à droite et à gauche tout ce qui s'oppose à notre
marche, mais les broussailles abattues et foulées aux pieds
s'attachent à nos jambes et se vengent cruellement de
l'émondage auquel nous les soumettons.

Dérangés dans leur retraite et leurs habitudes, les serpents s'échappent en sifflant. Quelques-uns, plus hardis,
attendent fièrement, le cou dressé, prêts à s'élancer en
avant; mais, prompt comme l'éclair, l'Indien s'élance lui-
même armé du matchec et met en pièces son dangereux adversaire. Les grandes espèces ne sont pas celles que
l'Indien redoute le plus : il les voit, il les entend, il a d'ordinaire le temps d'échapper ou de se préparer au combat.
Les petites espèces sont bien autrement dangereuses : silen-
cieuses et rusées, tapies dans la touffe d'herbe, sous la
branche pourrie, dans les feuilles mortes qui jonchent
le sol, elles se tiennent en embuscade. Malheur à l'Indien
s'il pose son pied nu dans le voisinage de son ennemi! les

crocs aigus de la vipère s'y enfoncent et le pauvre homme tombe à terre en poussant des cris lamentables. Toutefois son sang-froid ne l'a pas abandonné. Il commence par tuer la bête traîtresse qui l'a mordu ; homœopathe à son insu, il se servira de la chair de la vipère pour composer l'antidote qui expulsera de ses veines le poison ; il obligera celle qui lui inocula la mort à lui rendre la vie. En attendant, il applique ses lèvres palpitantes sur la blessure pour en aspirer le venin. De retour à sa cabane, il compose l'onguent dont nous avons recueilli la formule, et d'ordinaire il se guérit.

CHAPITRE V

Oui, nous y sommes enfin ! Voilà dix jours que nous marchons, que nous couchons à la belle étoile, recevant les averses, essuyant les boues, laissant aux buissons des lambeaux de nos vêtements et quelquefois, hélas ! des lambeaux de chair... Dieu, que cela paraît long ! — « Enfants, où est le village, montrez-moi le village. » — Pour toute réponse, les Indiens m'indiquent du doigt une longue case couverte en feuilles de bananier et clôturée par une palissade de palmier : c'est l'église ! Puis, tout auprès, une cabane construite dans le même style, derrière laquelle s'étend un terrain cultivé planté de bananiers et de cannes à sucre : c'est le couvent des Pères jésuites !

Ce couvent eût-il été la dernière bicoque du monde, pour moi c'était plus qu'une oasis, plus qu'un Eden ; dans le délabrement, dans l'état lamentable où j'étais après cette rude étape, c'était comme une île fortunée pour le pauvre naufragé ! J'y entrai comme une trombe, comme si j'eusse eu peur qu'il ne m'échappât ou ne s'évanouît à mes yeux comme un rêve. Grande fut la surprise des religieux : personne ne comptait sur moi ! Grande aussi fut leur joie. Tout le monde, Pères et Frères, accourt autour de moi, me questionne, me félicite, s'empresse à me servir. Comme aux jours de l'antique hospitalité, si divinement décrite dans l'*Odyssée*, on apporte de l'eau pour le bain, des vêtements pour remplacer les haillons hideux et sor-

dides dont j'étais revêtu. Ce sont de jeunes Indiens qui
me rendent ce service, avec toutes les précautions exi-
gées par les meurtrissures dont j'étais couvert ; mon pauvre
bagage est débouclé, on en sort tout ce que l'eau des
rivières et des averses, tout ce que les boues des fondrières
ont respecté. Puis on me présente des fruits rafraîchis-
sants, on exprime dans de grandes coupes le jus parfumé
de l'ananas et je bois cette liqueur avec délices.

Il faut avoir passé par où j'avais passé, souffert ce que
j'avais souffert, il faut avoir vécu dans cette solitude
effrayante, pour comprendre ce qu'il y a d'indicible joie à
revoir, au fond des forêts, si loin du monde civilisé, un
visage humain, un visage intelligent et aimable qui vous
accueille le sourire sur les lèvres! Vînt-on des pôles les
plus opposés de la naissance, de l'éducation, de la politique, cût-on l'esprit rempli de préjugés, tout cela disparaît,
tout cela se fond dans un cordial embrassement, comme la
neige sous un chaud rayon de soleil, et la fusion des cœurs
s'opère comme par enchantement. Mais mes hôtes étaient
mes frères dans l'apostolat, mes frères aînés ; une même
vocation nous rassemblait au fond du désert ; aussi notre
rencontre prit-elle de suite un caractère d'intimité que je
n'oublierai jamais.

Pendant que l'on prépare le repas, les Pères me font
asseoir sur un large banc placé dans la galerie de bambou
qui rayonne autour du couvent, et sert à la fois de corridor
et de promenoir. La maison des Pères est orientée de l'est
à l'ouest : la façade principale donne sur la place de
l'église et regarde l'occident. C'est là que nous nous
asseyons pour jouir des derniers rayons du soleil couchant,
pour contempler les lignes austères de la grande Cordillière qui se dessinent en traits sombres sur un ciel de feu.
Nous embrassons alors d'un seul coup d'œil tout ce massif
montagneux, dont j'avais suivi les pentes pour descendre
à la plaine d'Archidona, depuis l'arête puissante qui sert

de centre à cette multitude infinie de montagnes secondaires et de collines, jusqu'aux dernières ondulations du sol qui viennent expirer dans la plaine. Toutes les montagnes minuscules, gouttelettes échappées de la mer de feu dont les vagues refroidies donnèrent naissance à la grande Cordillière, ressemblent à de paisibles agneaux mollement étendus près de leurs mères sur l'herbe de la prairie. Le paysage d'Archidona a donc quelque chose de gracieux et d'aimable : le voyageur, épuisé par dix jours de marche dans des chemins boueux, épineux et rocailleux, s'y repose avec complaisance, comme au sortir du chardon, où elle s'est fourvoyée maladroitement, l'abeille se repose dans une rose fraiche et parfumée.

Cependant, tout en admirant, tout en m'enivrant du spectacle de cette belle nature, j'étais préoccupé. Des montagnes, j'en avais plein les yeux ; j'entendais la voix puissante du Misagualli, rivière qui coule à quelques cent mètres de l'église ; mais je cherchais vainement les habitations des Indiens ; il n'y avait trace de village. — « Père, où sont les Indiens, où est le village ? » — « Mais vous savez bien qu'il n'y en a pas ! » — Non, certes, je ne le savais pas ! C'est qu'en effet, lecteur, Archidona, comme Canélos, comme tous les prétendus villages, dont on peut lire les noms en grosses italiques sur une carte de l'Equateur, Archidona est un village sans habitants. Cela étonne ; n'importe, il faut en prendre son parti : cela est ainsi ! L'Indien vit solitaire dans la forêt ; il vit à deux, trois, huit ou même quinze jours de l'église, qui sert de centre de ralliement. Jusqu'ici, tous les efforts des missionnaires pour inspirer à leurs néophytes le goût de la vie sociale ont échoué. Que l'on parcoure l'immense territoire qui, des rives de l'Amazone et des frontières du Brésil, s'étend jusqu'à la Cordillière ; que l'on sonde les dernières profondeurs de la forêt ; que l'on fouille toutes les sinuosités des innombrables fleuves qui arrosent cette région, l'on n'y trouvera pas la plus légère ébauche de vie sociale, pas un village, pas un hameau, pas même deux cabanes juxtaposées !

Pour édifier son *tambo*, l'Indien choisit un lieu solitaire, où personne ne puisse le voir, ni l'entendre, ni l'épier dans sa vie de famille, ni le troubler dans ses orgies. Il le place à proximité d'un ruisseau, et quand cela lui est possible, dans le voisinage d'une rivière navigable.

Le site choisi, il fixe en terre les colonnes de l'édifice : ce sont les troncs noirs et robustes de la *chouta* (bois de fer), et sur ces colonnes on établit un toit de feuillage supporté par des traverses de bambou. S'il vit dans le voisinage d'une tribu féroce avec laquelle il soit en guerre, il se clôture d'une haute et solide palissade, sinon le *tambo* reste ouvert sur toutes ses faces. Autour de la cabane se trouve la *chacra*, c'est-à-dire la plantation de yuca, de bananiers et de rocouyers. Si l'Indien est infidèle, il ne sort de sa demeure que pour la chasse et la pêche, il ne fusionne avec les autres membres de la tribu que dans les grandes circonstances : pour la guerre ou la rapine, pour les fêtes sanglantes ou burlesques que la tradition a consacrées. S'il est catholique, et qu'il y ait un missionnaire dans le voisinage, on l'amène assez facilement à assister à la messe tous les huit ou quinze jours.

Le fond de ces natures ombrageuses, c'est un amour exclusif de la liberté : ni contrôle ni témoin ! cette maxime de sauvage indépendance résume toutes leurs aspirations.

CHAPITRE VI

LES INDIENS, LEUR PHYSIQUE ET LEUR MORAL

Le lendemain était un dimanche, j'allais donc avoir l'occasion de voir les Indiens !

Il en vint environ trois cents. Jugez de leur stupéfaction, lorsqu'ils aperçurent mon habit ! Jamais ils n'avaient rien vu de semblable. Aussi, lorsqu'au sortir de la forêt ils débouchèrent sur la place où je me promenais en compagnie d'un Père, ce fut une panique générale : femmes et enfants rentrent précipitamment dans la forêt, les hommes restent en place et comme cloués au sol. Le Père m'ayant pris par la main, nous allâmes au-devant d'eux pour les enhardir et les ramener. Leur effarement fut de courte durée ; on ne leur eût pas plus tôt dit que j'étais un Père, qu'il fit place à une familiarité naïve et quelque peu gênante. Ils me prennent les mains, me caressent la barbe, ils veulent savoir de quel bois est mon rosaire, si mon habit est une peau d'animal.... Puis c'est mon capuce et mon scapulaire dont ils s'emparent, qu'ils retournent en tous sens, dont la forme les intrigue visiblement. Ils s'oublient jusqu'à plonger leurs mains dans mes poches et mes manches, jusqu'à me poser les questions les plus ridicules et les plus désopilantes ! Décidément j'ai affaire à de grands enfants ! N'y tenant plus et voulant faire cesser une inquisition aussi minutieuse, aussi indiscrète, je me réfugie dans ma chambre. Mais ils m'y suivent en courant et me voilà pris comme dans un guêpier. Tout mon bagage est inventorié, retourné, éparpillé ; le moindre objet, un brin de fil, un bouton, une épingle, est matière à exclamations, à un long examen..... — « Ah ! vous voulez tout voir, eh bien, tenez, voici mon fusil ! » — et le sortant de sa gaîne, je l'étale sur ma table..... Ma cellule se vide comme par enchantement, mes Indiens se précipitent tous ensemble vers la porte, au risque d'emporter dans leur élan la fragile cloison de bambou ; et me voilà seul remettant un peu d'ordre dans mon domicile.

. . . .

En réalité, les Indiens sont de grands enfants, enfants par l'intelligence, par le caractère, par les habitudes, mais non pas par les passions ! Lorsque l'une d'elles leur gronde au cœur, lorsque la colère ou la vengeance allume un feu sombre dans leurs prunelles, lorsque le libertinage les rend soupçonneux et défiants, lorsque les fumées de la chicha leur montent au cerveau, il faut les approcher avec une extrême prudence, éviter surtout de les déranger dans leurs habitudes, de s'égarer dans les buissons touffus où s'élèvent leurs tambos : ce ne sont plus des enfants, ce sont des fauves ! Voilà dix-huit ans que la Compagnie de Jésus est rentrée en possession de la mission d'Archidona ; pendant cette période, bien des missionnaires se sont succédé sur les rives du Misagualli, du Coca et du Napo ; en est-il un seul qui n'ait eu à subir les plus graves outrages, qui n'ait été menacé par le matchec ou la lance de l'Indien ? Je ne le crois pas. Un jour, le R. P. Perez veut les contraindre à la vie commune ; il essaye de les sortir de leur forêt et de les établir autour de l'église : tout aussitôt quarante bras armés de long coutelas se lèvent sur sa tête, il échappe comme par miracle. Que de faits analogues je pourrais citer ?

Cependant l'Indien d'Archidona et du Napo passe pour être timide et résigné, et cela est vrai si vous le comparez

aux tribus belliqueuses et féroces qui vivent au sud du
Napo. L'absence de voisins dangereux, la sécurité profonde
dont il jouit ont endormi peu à peu ses instincts guerriers,
modifié son caractère. Mais qu'on ne s'y trompe pas, sa
résignation est plus apparente que réelle. Pour peu que
l'on heurte ses préjugés, que l'on contrarie ses instincts,
tout aussitôt la bête sauvage de reparaître agressive et
cruelle : son courage s'est émoussé, mais non pas sa férocité.
Plus dissimulé que l'Indien du sud, il n'en est que plus
redoutable ; avec lui il est sage de rester toujours sur ses
gardes, toujours sur la défensive ; si vous êtes fort, il vous
respectera ; si vous êtes faible et désarmé, il vous immolera.
— « Tuons le Père, se disaient-ils les uns aux autres, un
jour qu'ils naviguaient en compagnie du P. Frozi sur le
Napo. » — « Oui, oui, tuez-le, s'écriaient les femmes toujours plus ivres de sang et de carnage que les hommes,
lorsqu'il tournera le dos pour sauter de la pirogue sur la
rive, alors ce sera le moment. Vous l'assommerez de coups
de pagaie et nous jetterons son cadavre à la rivière ! » Tout
cela se disait au milieu de rires, sur le ton du plus gai, du
plus innocent badinage.

Leur succès était d'autant plus certain, que le Père
n'avait pu pénétrer leur infâme complot : nouveau venu
parmi les missionnaires, il ne parlait pas encore l'inca qui
est la langue des sauvages !... oui, mais pour leur malheur
il comprenait déjà ! s'armant de sa carabine qu'il avait imprudemment déposée dans le fond de la pirogue, il se lève
terrible. Tous mes Indiens de se jeter à l'eau ; plongeant
et replongeant afin d'éviter les balles, ils gagnent la rive
opposée et s'échappent à travers la forêt.

Lorsque l'on est armé, ce n'est donc que demi-mal ; mais
si ces lâches agresseurs tendent au prêtre une embûche
sacrilège, l'assaillent au pied de l'autel ; si tout à coup le
matchec s'abat sur sa tête ; si les lances lui percent le
flanc, alors tout est perdu ; ou plutôt tout est gagné ! car

cette scélératesse lui vaut la palme du martyre. Or, cela s'est encore vu !

. . . . , ... , . .

L'Indien d'Archidona ne ressemble en rien à l'Indien de l'intérieur dont trois siècles de servitude et de mauvais traitements ont altéré le type, alourdi la démarche, rapetissé la taille, assombri et faussé le caractère. Transformé en bête de somme par des maîtres sans entrailles, obligé dès son enfance de porter de lourds fardeaux, le front toujours bandé et les épaules chargées, son corps a fatalement dévié du type primitif et perdu ses proportions. Une grosse tête sur de larges épaules, un buste énorme sur des jambes de nain, tel est l'Indien de l'intérieur. Il y a dans sa physionomie, dans son maintien, dans sa démarche, dans le son de sa voix quelque chose de si doux, de si humble, et aussi de si gauche ; on sent si peu de spontanéité, de liberté dans ses mouvements, que le pauvre homme fait pitié. Il parle peu et rit moins encore : sa langue ne se délie, sa face ne s'anime, ses muscles ne se détendent que pendant l'ivresse, et il s'y plonge souvent. Il ne se déride qu'en face de la mort: après le dur esclavage de cette vie, la mort lui est une délivrance. Alors se manifeste son mépris de la vie, alors aussi fait explosion toute la poésie ensevelie dans cette âme ! Aussitôt que la mort a touché l'un des siens, qu'elle est entrée dans son misérable taudis, il appelle à lui les joueurs de harpes et de flûtes, invite sa parenté, et sa maison s'emplit d'harmonie. On festoie, on s'abandonne à la joie la plus bruyante : l'un des captifs a rompu ses chaînes, et ses frères esclaves chantent son départ.

Regardons maintenant son frère d'au delà des monts, son frère demeuré libre au fond des forêts : quelle différence ! N'étaient quelques traits identiques et indélébiles, quelques signes de race, l'on ne devinerait jamais leur parenté !

L'Indien est généralement d'une taille au-dessus de la

moyenne; mais même lorsqu'il est petit, il paraît grand.
Il y a dans les heureuses proportions de son corps, dans le
maintien, dans le port droit et majestueux de sa tête, quelque chose qui ajoute à sa stature et fait illusion. Chez lui
tout est naturel et spontané, vie et mouvement, tout est
exubérance, originalité, excentricité même. S'il parle, s'il
discute, sa voix prend des intonations bruyantes, sa figure
s'anime, son geste se précipite: tout le corps entre en exercice, les yeux lancent des éclairs, la longue chevelure se
secoue comme une crinière: ce n'est plus une tête d'homme
qui vous parle, c'est une tête de lion !

En étudiant cette race intéressante, deux types nous sont
clairement apparus. L'un au visage large et aplati, aux
pommettes saillantes, au nez droit et évasé, à la chevelure
lisse et d'un noir mat, c'est le type qui semble prédominer
à Archidona et au Napo, c'est le moins intelligent, le moins
sympathique. L'autre au visage légèrement bombé,
au nez aplati, renforcé par de puissantes narines. La
chevelure est un peu moins abondante, d'un noir moins
foncé, mais elle a les tons chatoyants de la soie et retombe
en longues boucles sur les épaules. C'est le type indien
par excellence, celui qui prévaut au Curaray, à Canélos et
sur les rives du Bobonaza : il ne le cède en rien au type
européen. Au reste ces deux types sont mêlés, se rencontrent partout; nous n'entendons indiquer qu'une prédomi-
nance. Nulle part nous n'avons rencontré ce prognatisme
facial, ces visages en museaux que certains ethnographes
attribuent à la race indienne. Les têtes disséquées par les
terribles Jivaros et dont tant d'exemplaires ont été expédiés
en Europe, accusent toutes, il est vrai, un prognatisme très
accentué. Mais n'oublions pas que ces têtes n'ont plus l'os-
sature qui en déterminait les proportions; qu'en les dissé-
quant, pour les réduire au volume d'une orange, la main
du Jivaros les a déformées.

Le nom de *Peaux-Rouges* que l'on donne aux indiens

pourrait faire croire que leur peau a tout au moins les reflets du cuivre. Or il n'en est rien, nos Indiens sont bruns, mais d'un brun que certains peuples du midi de l'Europe ne pourraient désavouer. Leur nom de peaux-rouges vient sans doute du vermillon dont ils se peignent le corps, du tatouage qui leur est familier.

Tous les Indiens, hommes, femmes et enfants pratiquent le tatouage, c'est leur coquetterie et ils y sont obstinément fidèles. Ce sont les grains rouges du rocouyer (1) qui leur fournissent les couleurs ; ils les broyent dans la paume de la main, les étendent d'un peu de salive ; puis, l'index leur servant de pinceau, ils se dessinent sur le visage et sur le corps les figures les plus bizarres, les plus fantastiques ; tout cela pour se donner des airs de matamore et de croquemitaine. Honteux de n'avoir pas de barbe, ils se dessinent de formidables moustaches; beaucoup se peignent en noir la mâchoire inférieure.

Cette absence de barbe est à noter, c'est évidemment l'un des traits caractérisques de la race indienne. Pendant notre voyage, nous vîmes un nombre considérable d'Indiens, de langues et de tribus très opposées; nous ne remarquâmes pas le plus léger duvet sur ces visages éternellement jeunes. Si l'on ajoute au tatouage les ornements dont ils se parent, les couronnes en plumes de boucan ou de colibris, les coiffures en peau de singe agrémentées d'ailes de coléoptères aux reflets métalliques, les colliers en dents de singe ou de tigre, les bracelets en peau de serpent, les mille futilités, coquillages, noyaux de fruits, dépouilles d'animaux dont ils se chargent les épaules, on aura de leur accoutrement une idée presque complète. Au reste, il n'y a pas de tenue officielle, de costume national, chacun se peinturlure et s'attife comme bon lui semble. Il faut voir tout ce beau monde en costume de gala; il faut

(1) Brixa orellana.

le voir à l'église les jours de fête, pour se faire une idée des extravagances dont la pauvre imagination est capable lorsqu'elle n'a d'autre règle que sa fantaisie !

L'Indien catholique du Curaray, du Napo et d'Archidona se marie généralement très jeune, les garçons à quatorze ans et les filles à douze ans. Ce sont les missionnaires qui ont introduit cette coutume moralisatrice dont l'effet immédiat a été un accroissement sensible de la population, et une diminution non moins sensible dans les crimes qui ont pour principe les mauvaises mœurs. Plût à Dieu qu'elle existât partout où l'Evangile a été prêché, nous n'aurions pas à déplorer les crimes horribles dont nous parlerons plus tard !

Donc, à quinze ans, le jeune Indien est généralement père. Prend-il son autorité paternelle au sérieux ? A-t-il conscience de la responsabilité, des graves obligations qui pèsent sur lui ? Hélas, c'est le moindre de ses soucis ! La faute n'en est pas à son âge, car tel il est à quinze ans, tel il sera à quarante ; tel il est au Napo où il se marie jeune, tel au Bobonaza où il ne se marie que dans l'âge mûr. C'est à la déplorable légèreté de son caractère qu'il faut s'en prendre, à l'inconséquence inhérente à sa nature. Il aime ses enfants, il les aime jusqu'à l'idolâtrie, mais là s'arrête son dévouement : de formation morale, d'éducation, de répression, il n'y a trace. Le jeune Indien grandit en toute liberté, comme l'oiseau, comme la bête sauvage ; il est à lui-même son maître et son législateur. Il peut impunément s'essayer aux crimes qu'il commettra plus tard, s'absenter du tambo pendant des semaines entières, courir la forêt à la recherche d'une aventure : ni le père ni la mère ne daignent s'en apercevoir ; son retour ne sera marqué par aucun incident.

C'est donc au suprême degré un enfant gâté. Ce sera sans doute un enfant ingrat : ainsi le veut le proverbe ? Illusion, c'est le plus tendre, le plus reconnaissant, le plus

dévoué des fils ! et cela seul prouve les qualités heureuses
qui sont en germe dans ces riches natures. L'Indien peut
vieillir ; la misère, l'abandon, l'ingratitude de ses enfants
n'attristeront jamais sa vieillesse. Ni la chicha, ni le yucca,
ni les oiseaux au brillant plumage, ni rien de ce qu'il
désire ne lui fera jamais défaut. Après avoir gâté son enfant, il devient lui-même enfant gâté, on lui rend au cen-
tuple ce qu'il a donné ! La langue est l'interprète le plus
sincère des sentiments d'un peuple ; or dans toute la langue
indienne on chercherait vainement un terme plus tendre, plus caressant et plus flatteur que celui de *rucu*,
vieux !

Il n'y a donc pas d'autorité paternelle. Mais en retour,
l'autorité conjugale n'est pas un vain mot : les enfants sont
libres, mais leur mère est esclave ! Son dur labeur commence au premier chant du coq. Il faut que la chicha de
yucca ou de chonta soit prête pour le réveil : son impérieux
maître et seigneur ne lui pardonnerait pas une minute de
retard. Le voici qui se dresse sur sa couche, et tout aussitôt
se réveillent ses appétits gloutons : ce ventre affamé n'a
qu'une pensée, qu'un désir, la chicha !

Sa femme n'attend pas qu'on le lui dise. La voilà près
de lui tenant en main deux grandes écuelles débordantes.
Ses filles la suivent par derrière, portant la précieuse
liqueur dans de grands vases ; elles y plongent les mains
pour la brasser et l'épaissir et étreignent fortement tous les
débris de yucca ou de chonta qui surnagent.

Cependant l'Indien s'est emparé des écuelles : elles sont
montées d'elles-mêmes à ses lèvres béantes ; cela tombe
dans son estomac comme une trombe dans le vide. Il y
a mis tant de gourmandise, tant de gloutonnerie, que
lèvres et nez, menton et poitrine sont maculés et ruis-
selants !

De temps en temps, il s'arrête pour reprendre haleine,
puis sans un mot, sans un regard, étend de nouveau les

mains, saisit deux nouvelles écuelles et recommence à boire
comme s'il était encore à jeun !... Il en est à sa sixième et
rien n'indique qu'il soit rassasié ! J'ai vu des Indiens
absorber jusqu'à huit, dix, douze écuelles de chicha,
quelque chose comme dix ou douze litres, et ne s'arrêter
que lorsque l'abdomen ballonné, tendu comme la peau d'un
tambour, menaçait d'éclater sous cette dilatation par trop
violente !

Allons, voilà mon homme lesté : la chicha l'a mis en bonne
humeur, son front s'est déridé, les yeux se sont ouverts
grands et bienveillants : il saute lestement sur ses pieds,
court à sa lance, à ses flèches ou à son filet, et le voilà
chassant ou pêchant dans la forêt.

D'ordinaire ses fils l'accompagnent. Ses filles restent au
logis avec leur mère : ce sont ses compagnes de servitude,
les associées de ses douleurs. Chez ces peuples barbares où
il n'y a d'autre droit que la force, le sexe faible est né pour
servir, le sexe fort pour régner.

Ce sont ces pauvres femmes qui s'acquittent de tous les
travaux de ménage, de cultures et autres. On les voit
rapporter sur leurs épaules les troncs d'arbres destinés au
feu, élaborer les fibres de la pisa (1) et de la chambira (2).
Armées d'une simple palette de bois, elles tournent avec un
art infini les poteries dont se compose la batterie de cuisine,
les vernissent avec le suc de certaines plantes, y tracent
des lignes brillantes le plus souvent embrouillées et informes. Mais leur occupation capitale, celle qui est comme
leur raison d'être aux yeux de leur maître égoïste et gour-
mand, c'est la chicha ! Ce sont elles qui font la chicha. Il
faut bien que nos lecteurs soient initiés à cette brasserie
modèle, dût le seul nom de chicha leur donner des nausées.
Il faut qu'ils connaissent cette liqueur, cette boisson nationale de tous les Indiens de l'Amérique du Sud.

(1) Agave américaine.
(2) Palmier Mauritia.

Indiens d'Archidona.

Toute matière amylacée soumise à la fermentation peut
devenir *chicha*. L'orge et le maïs donnent d'excellents
résultats ; mais outre que l'orge et le maïs ne croissent
qu'avec une extrême difficulté dans ces régions tropicales,
l'Indien leur préfère avec raison la racine tuberculeuse du
yucca (1) ou les fruits de la chonta (2) : tous deux sont
extrêmement riches en fécule et d'une saveur exquise. Les
racines de yucca ont donc été dépouillées, lavées, et cuites à
la vapeur d'eau dans une grande jarre. Voici qu'on les
étale sur d'immenses feuilles de bananier ou de balisier, et
il faut avouer que rien n'est appétissant comme le yucca
préparé de cette sorte ; il est bien supérieur aux pommes de
terre les plus fines, l'égal du pain, si le pain pouvait avoir
un égal. Alors commence l'opération délicate et décisive !
Les nymphes et les déesses de ces solitudes enchantées se
sont assises en cercle autour des monticules de yucca ;
elles procèdent à l'élaboration de l'ambroisie destinée
aux dieux, c'est-à-dire à leurs pères et frères, à leurs
maris.

Elles s'emparent des racines qu'elles divisent, qu'elles
broient, qu'elles écrasent avec leurs mains ; puis... elles
s'en remplissent la bouche, les imprègnent de salive et les
rejettent dans un immense récipient de bois destiné à cet
usage... c'est tout, la chicha est terminée ! Le reste n'est
plus rien. Il suffira de détremper dans l'eau cette pâte
blanche et visqueuse.

L'opération capitale, essentielle, c'est donc la mastica-
tion, car la salive est l'unique ferment, l'unique levûre de
cette bière répugnante. Mais il faut avouer que c'est une
levûre excessivement active, car la fermentation se produit
presque instantanément : elle est déjà potable, tout le
monde veut en boire. Et bien, buvez-en, si le cœur vous

(1) Jaswpha manioc.
. (2) Palmier orcodoxa.

en dit ; pour moi jamais je n'y tremperai les lèvres ! La sagesse populaire ne veut pas qu'on dise : fontaine, je ne boirai pas de ton eau. Je ne contredirai donc pas le proverbe, je me contenterai de dire : chicha, je ne boirai pas de ta salive ! non, non, jamais ! dussé-je endurer tous les supplices de Tantale, ou comme Agar tomber d'inanition dans le désert !

Voilà pourtant la boisson préférée de l'Indien, sa boisson nationale, pour ne pas dire son plat national. Car il lui arrivera de passer des semaines entières sans prendre aucun autre aliment. Eût-il à sa disposition les viandes les plus succulentes, les poissons les plus délicats, si la chicha lui manque, tout cela n'est rien ; on le voit languir, s'attrister, et, l'imagination aidant, s'affaiblir au point de tomber malade. Dans ses grandes chasses, dans ses expéditions militaires, dans ses émigrations, il emporte précieusement emmaillottée dans de grandes feuilles la pâte mastiquée et fermentée : c'est son unique viatique ! Lorsque la faim ou la soif le tourmente, il s'assied au bord d'un ruisseau, puise de l'eau dans une calebasse, y brasse la chicha, et voilà mon homme frais et dispos, prêt à continuer son expédition.

Plus d'une fois pendant notre long et pénible voyage, nous nous trouvâmes sans vivres, et l'Indien, nous prenant en pitié, nous offrait de partager sa boisson favorite. Affamé, exténué, encouragé par la belle apparence de cette liqueur blanche et écumeuse comme un lait fraichement trait, nous approchions de nos lèvres le vase débordant, allons, un effort et tout est dit ! oui, mais le souvenir des mains noires et malpropres qui ont pétri cette pâte, brassé cette bière, le fantôme des vieilles mégères qui y ont dégorgé leur salive, me revient à l'esprit, mes lèvres se serrent convulsivement, l'estomac se soulève : — « Non, non, jamais ! » — En vain les Indiens me supplient. — « Père, tu mourras !... si tu savais comme la chicha est bonne, meilleure que l'eau de feu (eau-de-vie). » — C'est possible, mais la salive !...

Cet homme si terrestre, si plongé dans les jouissances les plus grossières, affronte la mort sans sourciller. Toujours en guerre avec les fauves, ou avec ses semblables, exposé jour et nuit aux morsures des serpents et de nombreux insectes venimeux, en butte aux infirmités dont son intempérance et son absence absolue d'hygiène sont la source, il s'affaisse un jour ou l'autre et meurt comme il a vécu, sans souci, sans trouble de conscience, sans terreur. Sa foi est si vague, si bornés sont ses horizons ! il sait si peu de chose de Dieu, de l'âme et de l'éternité ! Il ne sait même pas faire le signe de la croix ; chaque année le missionnaire le lui réapprend, et chaque fois il l'oublie ! Depuis le départ du Père, depuis la dernière prière faite en commun dans la pauvre église, son âme n'a jamais eu vers Dieu un seul regard d'adoration, d'amour ou de reconnaissance ; lui, sa femme et ses enfants n'ont jamais fléchi les genoux pour prier. Il s'en va donc vers cet inconnu formidable, qui est l'au-delà de la tombe, avec la même insouciance qu'il affrontait naguère le courant de la rivière, les tourbillons et les soubresauts des rapides.

Toutefois, si la mort le trouve personnellement insensible à son propre sort, il n'en va plus ainsi lorsqu'elle lui ravit l'un des siens. Ce grand étourdi s'abîme dans une douleur profonde, inconsolable ; il s'y fixe avec une telle force qu'il est comme impossible de l'en sortir. Son désespoir est si violent qu'il va quelquefois jusqu'au suicide (1).

En nous rendant d'Archidona au Napo, nous dûmes passer par le Téna. Ce fut dans l'église du Téna qu'eut lieu la scène émouvante que je vais raconter.

____

(1) Le suicide n'est connu qu'à Archidona, encore y est-il fort rare. Dans les autres tribus, c'est chose inouïe. Le suicide est un produit de la civilisation ; il suppose des esprits pensifs et des nerfs détraqués, deux choses qui ne se rencontrent pas dans nos forêts.

On annonce les funérailles d'un jeune enfant, et tout aussitôt nous voyons entrer dans l'église une femme, une jeune mère portant dans ses bras le cadavre de son nouveau-né. Elle s'avance lentement, muette de stupeur, la tête penchée sur son cher fardeau : à l'endroit désigné, elle s'arrête et dépose sur la terre nue ce pauvre petit corps sans vie. Alors, de ses yeux, comme d'un océan gonflé par mille tempêtes, déborde un déluge de larmes ; elle éclate en sanglots et laisse échapper de son cœur broyé, la plus touchante élégie qu'on ait jamais prononcée dans aucuue langue. Mais comment traduire en français, dans cette langue si châtiée, si compassée, si ennemie des soubresauts et des crudités, comment traduire la sublime et sauvage énergie, la passion délirante, la poésie crue et naïve de ces cris déchirants ?

« O mon maître, ô fils de mes entrailles, époux de mon cœur, mon petit père, mon amour, pourquoi m'as-tu quittée ?... Pour toi, chaque jour, s'emplissait d'un lait tiède et sucré ce sein avec lequel tu aimais à jouer !..... Ingrat ! ai-je donc oublié une seule fois, à ton réveil, de me pencher sur toi pour t'allaiter ?..... Ah ! malheur à moi, je n'ai plus personne pour délivrer mon sein du lait qui l'opprime !.. » Et l'infortunée, fondant en larmes, approche de son sein cette bouche muette et livide, entr'ouvre avec une fiévreuse violence ces lèvres scellées par la mort..... Puis elle laisse retomber son enfant sur le sol et reprend ses lamentations. — « Moi qui espérais que, grand et habile, tu irais dans la forêt chasser pour ta mère quelques oiseaux au brillant plumage !..... Et maintenant qui me nourrira dans ma vieillesse ?..... Je vais mourir de faim !..... Dis, mon petit père, mon époux, regarde, regarde ta pauvre mère ? empêche-moi de mourir ! ne me laisse pas seule dans la forêt ! » Puis, s'irritant devant cette immobilité, cette insensibilité de la mort : — « Ingrat, bourreau, perce-moi le cœur ! tue ta mère : je veux te suivre dans le pays des âmes!..... Oh! ne me laisse pas seule dans la forêt! »

Tout cela se disait, se faisait, pendant que nous psalmodions les courtes prières de cette cérémonie funèbre. Plus d'une fois, nous fûmes obligés d'interrompre, si vive était notre émotion, si abondantes les larmes que nous faisait verser cette scène sublime d'amour délirant! Cependant, l'un des Indiens s'empare du petit ange, le transporte au bord de la tombe (1), qu'on lui a creusée dans l'église même. Puis il l'y dépose et le recouvre de terre. A genoux près de cette tombe qui va lui ravir son fils, les yeux fixés au sol et les mains convulsivement serrées, la pauvre femme reste sans voix, tout son être est anéanti : Son âme descend dans cette tombe avec le corps de son enfant. A peine eût-on jeté la dernière poignée de terre, qu'elle se laisse tomber la face contre terre, et reste étendue sur cette couche funèbre. Quel spectacle déchirant! . . . .

. . . .

. . . .

Tel est l'Indien, celui d'Archidona comme celui du Napo, comme celui du Coca, du Curaray et de Canélos. Nous n'avons pas la prétention d'en avoir fixé tous les traits, photographié toutes les poses : nous complèterons au fur et à mesure que nous avancerons dans la forêt; en passant d'une tribu à l'autre, nous en noterons les différences (2).

Pour l'instant, nous sommes encore à Archidona, et cette journée du dimanche ne s'acheva pas sans de nouveaux incidents.

______

(1) Les Indiens ne veulent d'autre cimetière que l'église; on les déciderait très difficilement à enterrer leurs morts en plein air, même en terre sainte. L'une des recommandations les plus ordinaires de la part des moribonds est celle-ci : « Surtout, qu'il ne pleuve pas sur mon corps. »

(2) Les Jivaros notamment ne doivent pas être confondus avec les tribus dont nous esquissons la physionomie. Ils exigent une étude à part.

Après la messe, nous eûmes la visite des autorités. On me les présenta en cérémonie : le cacique d'abord, puis les capitaines. Ils arrivent tenant en main les insignes de leur dignité : une sorte de bâton de maréchal garni de fer-blanc, s'asseyent avec majesté, et de l'air le plus grave me posent les questions les plus naïves, les plus saugrenues. Le cacique est le chef de la tribu. C'est une autorité que les Indiens font et défont à leur guise, qui n'a d'autre force et d'autre étendue que celle que la volonté individuelle de chacun d'eux veut bien lui concéder. Généralement respectée à Archidona, au Napo et au Curaray, elle ne jouit d'aucun prestige à Canélos. Le rôle du capitaine est de conduire les hommes au combat. Chez les tribus pacifiques du Napo, il se borne à seconder le cacique dans l'administration de la tribu. Chez les Indiens catholiques, c'est le Père missionnaire qui a le rôle prépondérant dans l'élection du cacique : cette sorte d'investiture ajoute quelque peu au prestige d'une autorité si fragile et si méconnue en pratique.

Bientôt la solitude se fit autour de nous, la curiosité des Indiens s'était vite lassée ; au sortir de l'église, ils ne daignèrent même pas se retourner pour me donner un regard. Hommes, femmes et enfants, tous prirent leur élan et se dispersèrent dans les bois tels qu'une bande d'étourneaux poursuivie par l'épervier.

Dans l'après-midi, je me fis accompagner d'un frère coadjuteur, pris mon fusil et m'enfonçai dans les bois à la recherche de quelque tambo. Je brûlais de surprendre mes lapins au gîte, d'assister, témoin invisible, à leurs réjouissances de famille. Une piste que nous suivîmes nous conduisit au bord d'un ruisseau, et nous nous apprêtions à le franchir quand les sons du tambour et des éclats de voix arrivèrent jusqu'à nous. Le frère coadjuteur, parfaitement au courant des usages et coutumes des Indiens, me conseilla de ne plus avancer, ajoutant que ces cris discordants

d'hommes et de femmes étaient de mauvais augure, que le
son du tambour disait assez clairement qu'ils étaient à
boire, qu'une querelle venait d'éclater entre eux. La curiosité l'emportant sur ces sages réflexions, je fis quelques
pas en avant et m'apprêtais à continuer, lorsque deux yeux
étincelant dans la sombre épaisseur de la forêt m'appri-
rent que nous étions épiés et découverts par ceux même
que nous pensions surprendre. En même temps une tête
chevelue se dégage des broussailles et un grand gaillard
se campe devant nous la lance au poing et l'air mena·
çant.

Nous jugeâmes prudent de battre en retraite, mais nous
le fîmes lentement, nous arrêtant fréquemment pour cueillir une fleur, considérer quelque oiseau, nous excitant à
rire et parlant avec animation, pour bien prouver à notre
adversaire que ce n'était pas la peur qui nous ramenait en
arrière, mais le seul respect de sa liberté. Et effectivement,
armés comme nous l'étions, nous ne pouvions avoir peur;
mais il eût été cruel et insensé de provoquer l'effusion du
sang pour un motif aussi futile que celui qui nous amenait. L'Indien, du reste, ne songea pas à nous poursuivre :
il nous avait éloignés de son tambo; son but était atteint.
Il revint à sa chicha et reprit sa querelle.

Le tambour de l'Indien ne sonne jamais que pour
l'ivresse et la débauche. C'est le glas de ces pauvres
âmes que l'intempérance et l'impureté traînent dans
toutes les fanges, précipitent dans tous les crimes. Lorsque retentit ce tocsin sinistre, lorsqu'il s'y mêle les voix
éraillées de l'orgie, les cris aigus des combattants, le
Père missionnaire se renferme prudemment chez lui ! Il
sait que son intervention serait plus nuisible qu'utile,
qu'il compromettrait son autorité et risquerait sa propre
vie sans profit pour celle de ces infortunés.

Le tambour est le seul instrument de musique de l'Indien. Ce n'est pas qu'il n'en sache faire d'autres ; il fait

d'assez jolies flûtes traversières; mais aucune ne résonne aussi agréablement à son oreille que le tambour. Lui-même en est l'artisan et il le fait d'une résonnance que son exiguïté rend incompréhensible; les tambours les plus volumineux n'ont pas plus de deux décimètres de diamètre. C'est un cylindre en bois de cèdre, cylindre creusé dans la branche elle-même et amené à l'épaisseur d'un demi-centimètre : ils y tendent une peau de singe, d'ordinaire celle du singe Guarribas (1). Et pourquoi celle du singe Guarribas plutôt qu'une autre? C'est bien simple. Le Guarribas a une voix de stentor; lorsqu'il crie dans la forêt, c'est à glacer le sang dans les veines, à faire croire que toutes les trompettes du jugement dernier vous cornent dans les oreilles leurs notes aiguës et terrifiantes! Or, en profond philosophe, l'Indien fait le raisonnement suivant: de tous les animaux, le Guarribas est celui qui a la voix la plus forte, la plus stridente; c'est donc celui dont la *peau a la plus grande résonnance*; et par conséquent celui qui nous convient le mieux pour nos tambours!... Et l'on osera dire encore que l'Indien n'est qu'une brute, qu'il ne sait pas s'élever des effets aux causes! que sa logique est nulle et sa raison sans conséquence et sans portée!!

Leur jeu est des plus simples, au reste, ils n'usent que d'une seule baguette. Jamais un roulement, c'est une batterie composée de trois coups inégaux. Cela se répète pendant des heures et des heures, pendant des jours et des nuits, et ce bruit monotone, sans cadence, sans agrément ne les fatigue pas! Ces natures si vives, si allègres, si mobiles et si versatiles en tout, se laissent charmer et comme hypnotiser par cette musique stupide! Je comprendrais encore ce bruit fastidieux, si l'on s'en servait comme d'accompagnement, pour marquer une cadence, accuser le

---

(1) C'est le *rimia Belzébuth* des naturalistes. Ses hurlements épouvantables ont leur raison d'être dans une conformation spéciale du larynx, dans la glotte cartilagineuse.

rhythme d'un morceau joué ou chanté : mais le chant est chose inconnue chez nos Indiens, les tribus ont leurs guerriers ; elles n'ont ni barde, ni musicien !

Mon séjour à Archidona fut d'une huitaine de jours : je l'employai à me guérir de mes blessures, mais surtout à étudier, dans ses moindres détails, l'organisation de la mission.

C'est Garcia Moréno qui ressuscita l'apostolat chez les Indiens de l'Equateur : l'un de ses premiers actes fut d'y établir les Pères de la Compagnie de Jésus ; on traita bien avec notre Ordre dans l'espoir de l'y entraîner, mais la Province dominicaine de l'Equateur, récemment restaurée, était alors aux prises avec les difficultés inhérentes à toute réforme religieuse : elle se vit obligée de décliner des offres qu'en toute autre circonstance elle eût acceptées avec joie.

Un vicariat apostolique fut créé, qui embrassa la totalité de ces territoires. Il eût fallu des légions d'apôtres pour satisfaire aux exigences d'un apostolat si étendu et si complexe, comprenant des peuples si nombreux, si étrangers les uns aux autres, ne parlant même pas la même langue. Aussi les Pères de la Compagnie acceptèrent-ils avec empressement et reconnaissance l'offre que nous leur fîmes dernièrement de reprendre possession de l'antique mission de Canélos et de nous essayer de nouveau à la conquête pacifique des terribles Jivaros. La question, portée à Rome par Mgr le Délégat apostolique, reçut une solution satisfaisante. La création d'une Préfecture apostolique dominicaine fut décrétée, laquelle étendrait sa juridiction sur tous les territoires compris entre le Curaray au nord, le Napo à l'ouest, l'Amazone au sud. Le nord de la province de la Cordillière, de Putumayo au Curaray, restait à la Compagnie de Jésus. On nous octroyait ainsi les deux tiers de cette immense contrée, les tribus les plus turbulentes et les plus redoutées. La chrétienté du Napo (c'est ainsi que nous appellerons désormais la mission des Pères Jésuites) compte environ dix mille catholiques, dont trois mille à Archidona. C'est à peine si nous comptons douze cents baptisés parmi les légions d'Indiens qui nous sont confiés !

Lorsqu'il y a dix-huit ans, les Pères de la Compagnie de Jésus revinrent sur les rives du Napo, d'où les avait expulsés la persécution impie qui sévit en Espagne à la fin du siècle dernier, ce fut dans tout l'Equateur un enthousiasme indescriptible. Les premières années de la mission présagèrent le plus brillant avenir. La vigoureuse impulsion que Garcia Moréno imprimait à toutes ses œuvres, les ressources abondantes dont il avait doté celle-ci ; mais, par-dessus tout, le zèle admirable, l'esprit pratique, l'intelligence des hommes de Dieu qui avaient accepté ce ministère héroïque ne permettaient pas de douter que le jour du salut ne se fût enfin levé pour ces peuples si délaissés ; on parlait d'ouvrir des voies de communication, de créer des écoles. Le grand réformateur avait résolu de s'enfoncer lui-même dans la forêt, de la parcourir guidé par un Père, et d'étudier sur place ces territoires et ces Indiens absolument ignorés de ses compatriotes. Tous ces grands projets allaient voir le jour, lorsqu'il tomba frappé par le poignard d'un sectaire. Depuis lors, ils dorment avec lui dans la tombe, attendant pour éclore que la Providence suscite à ce grand homme un héritier de son génie et de sa foi.

Privés de tout appui humain, suspects au nouveau gouvernement, outrageusement calomniés par le parti libéral, les missionnaires n'en continuèrent pas moins leur œuvre civilisatrice, créant de nouveaux centres de mission, luttant avec une énergie infatigable et jusqu'au péril de leur vie, pour sortir les Indiens de leur vie sauvage et vagabonde et les grouper en villages. Ah! s'ils avaient pu fonder des écoles, s'emparer de ces jeunes Indiens si ouverts, si intelligents et si sympathiques, avant que le milieu barbare où ils vivent ne les eût déflorés, les former au travail et à la vertu, le problème était résolu ! Ces solitudes se seraient peuplées de villages chrétiens et hospitaliers ; le chiffre de la population se fût décuplé, la république y eût trouvé un regain de jeunesse et des richesses incalculables !

Pendant les quelques jours que je passai près d'eux, les Pères me prodiguèrent les soins les plus affectueux. Ils oublièrent qu'ils étaient pauvres et manquaient même souvent du nécessaire pour me traiter avec abondance. Vétérans dans l'apostolat, aguerris par mille combats, connaissant la forêt comme l'Indien et l'Indien mieux que personne, ils voulurent bien mettre au service d'une jeune recrue, étrangère à leur Ordre, tous les trésors de leur expérience, m'initier à cette tactique merveilleuse de conquérant des âmes. Enfin, ils mirent le comble à leurs bienfaits en me confiant, le jour du départ, à la sollicitude du vénérable P. Pérez que dix-huit ans d'apostolat, des persécutions héroïquement supportées, ont vieilli et blanchi avant l'âge, sans toutefois attiédir son ardeur ni décourager son zèle. Ce fut lui qu'on me donna pour guide et pour Mentor : je m'abandonnai donc à lui comme à une seconde Providence, comme le jeune Tobie à la surnaturelle direction de l'ange Raphaël.

DEUXIÈME PARTIE

D'ARCHIDONA A CANÉLOS

DEUXIÈME PARTIE

D'ARCHIDONA A CANÉLOS

CHAPITRE VII

LE MISAGUALLI — LE NAPO

Le voyage d'Archidona à Canélos est réputé si périlleux, surtout pendant la saison des pluies, que les Indiens eux-mêmes se refusèrent à nous accompagner. Ni le cacique, ni les capitaines, ni nos promesses, rien ne put les y décider. A grand'peine quelques-uns consentirent à nous suivre jusqu'à notre première étape. « Père, si nous t'accompagnons, répondaient-ils invariablement, nous mourrons de faim sur le bord des rivières, et nous ne reverrons plus jamais nos tambos! » En quoi consiste donc ce péril si redouté? Il consiste dans les innombrables cours d'eau qui sillonnent cette région. Si les rivières sont gonflées par les pluies, on se trouve exposé à mourir de faim ou à périr sous la dent du tigre, car le blocus peut durer des semaines entières. Revenir en arrière n'est plus possible; les rivières plus ou moins nombreuses que l'on a déjà traversées, grossies par les pluies, ne sont plus guéables.

Si la faim chasse le voyageur du bois, et que, mourir

pour mourir, il soit résolu à tenter l'aventure d'une traversée, les Indiens, lassés de ses importunités, construisent un radeau. Ils le font le plus solide possible, avec des troncs d'arbres reliés par des traverses. Cette machine nautique est si grande, si lourde et si robuste, les Indiens la manœuvrent avec une telle dextérité, qu'évidemment le courant ne pourra rien contre elle. Voilà donc l'obstacle vaincu ! Hélas ! non, car voici les tourbillons qui enveloppent le radeau, le retiennent captif quelques secondes, puis le lancent hors de leur orbite, en lui imprimant une forte déviation. L'embarcation vogue dès lors à la merci du courant qui la pousse violemment contre les écueils et les brisants : les traverses volent en l'air et les poutres s'en vont à la dérive. Les Indiens n'attendent pas cette catastrophe finale ; ils se jettent à l'eau, nagent en biais et vont atterrir quelques cents mètres plus bas. Mais l'imprudent qui a bravé le danger, hypnotisé par le danger lui-même, incapable de se sauver à la nage, est irrémédiablement perdu !

Or, d'Archidona à Canélos, pendant les douze jours que dura cette rude étape, nous passâmes à gué plus de cent cinquante cours d'eau, quelques-uns extrêmement larges et torrentueux. Nous dûmes à une Providence spéciale de n'en rencontrer aucun débordé, fait sans précédent dans cette saison pluvieuse et très rare pendant l'été lui-même. Aussi le Père et les Indiens ne purent s'empêcher d'y voir une preuve évidente de la protection divine.

Le premier rio que nous rencontrâmes sur notre route fut le *Misagualli* : nous le passâmes à gué à deux heures environ d'Archidona. Or le Misagualli, qui n'est qu'une rivière de troisième ordre, est plus large que la *Seine*, et d'un courant si rapide que les Indiens eux-mêmes ne s'y risquent jamais en pirogue. Son lit, inégalement creusé par les courants, pavé de pierres arrondies et glissantes, hérissé de nombreux récifs, est d'un accès difficile. A chaque instant on est exposé à perdre l'équilibre, et si quelque Indien n'était là pour vous remettre sur pieds ou vous recueillir lorsque le courant vous emporte, vous seriez entrainé au Napo, dont le Misagualli est tributaire, comme les mille épaves qui flottent et tourbillonnent à sa surface.

Avant de se perdre dans le Napo, le Misagualli reçoit deux cours d'eau d'une certaine importance : le *Hollin* à gauche, et à droite le *Tina*, rivière aux eaux vertes et transparentes, au cours sinueux.

Les rives de ces fleuves sont couvertes de palmiers : de tous côtés on aperçoit leur long feuillage découpé, leur verdoyant et élégant panache. Presque toutes les espèces connues dans cette région sont ici représentées, depuis le palmite et le palmier nain ou acoule (1), dont des longues feuilles retombent sur la rivière, jusqu'à la chonta géante (2), dont le stipe droit et lisse s'est glissé à travers la ramure épaisse des plus grands arbres, et dont on aperçoit la tête verdoyante et chargée de fruits savoureux se balancer dans cette atmosphère lumineuse. Le plus commun de tous, et certainement l'un des moins décoratifs, est le palmier tarapote dont le stipe fuselé repose sur un cône de racines épineuses. Les Indiens se servent de la racine du tarapote comme de râpe pour réduire en pulpe le yucca et les bananes.

Nous ne suivîmes pas le Tina et le Misagualli jusqu'à leur embouchure. Abandonnant la direction sud-est que nous avions suivie jusqu'alors, nous nous dirigeâmes, après une courte halte dans le village du Tina, vers le village de Napo, situé sur la rive gauche du fleuve.

Nous arrivâmes à Napo vers le coucher du soleil, à l'heure où les premières ombres de la nuit descendent sur

(1) Nipa fruticans.
(2) Orcodoxa.

la forêt, où le gazouillement si discret et si doux des oiseaux qui s'endorment succède aux cris aigus et discordants qu'ils font entendre pendant·le jour. Déjà depuis plus d'une heure, nous entendions la voix majestueuse du fleuve : du sommet de la berge où l'église est construite, je l'entrevois maintenant à travers les branches, je vois ses eaux miroiter aux derniers reflets du jour.

Impossible de se soustraire à une pareille attraction ! Après une courte visite à la misérable cabane qui sert d'église, je laisse le Père Pérez aux soins de la cuisine et descends rapidement sur la rive.

Oui, le Napo est un fleuve vraiment royal ! Ce titre lui est donné par les Équatoriens qui le considèrent, sinon comme le rival, tout au moins comme le principal affluent de l'Amazone. Roi, il l'est de droit par l'opulence de ses eaux et la longueur de son cours, par le nombre et l'importance des rivières qui lui versent à chaque instant le tribut de leurs eaux. Il l'est aussi par la magnificence de ses rives. Quel décor féerique que cette forêt vierge qui l'enchâsse, que ces îles si vertes et si fleuries que le fleuve étreint de ses puissants anneaux ! Les hauts buissons de bignones odorants, les fleurs étincelantes des convolvulus, des passiflores épineuses, l'infinie variété des feuillages, les touffes gracieuses et sans cesse frémissantes des longs bambous, les entrelacs infinis des lianes et des plantes grimpantes couvrent les bords de ce fleuve d'une parure plus merveilleuse que la pourpre de Tyr ! La rive droite plus mouvementée, plus pittoresque, est particulièrement digne d'attention. Du sommet de la berge qui sert d'assiette au village inhabité de Napo, on aperçoit au premier plan les nombreuses ramifications de la cordillière du Cotopaxi, dont les derniers soulèvements viennent s'apaiser dans les plaines du Napo. C'est dans les entrailles de cette chaîne secondaire que le fleuve a creusé son lit, c'est d'elle qu'il tire cette poussière d'or qu'il charrie, mêlée au sable et au limon, et dépose sur ses rives et dans ses îles, après chacune de ses crues. A l'arrière-plan on voit, dans la pénombre, la ligne indécise de la cordillière de Castañas, sommet des deux versants, des deux bassins opposés du Curaray et du Napo. Elle s'élève à l'horizon telle qu'une houle puissante qu'un vent furieux chasserait devant lui. Au fur et à mesure qu'elle s'éloigne de son centre, la vague verdoyante décroit, ses ondulations s'adoucissent et s'abaissent, jusqu'à ce qu'elle vienne doucement déferler sur la rive droite du Napo.

Ce fleuve est considéré ici, et non sans raison, comme l'avenir de cette contrée sauvage et inexplorée, comme le chemin qui d'Europe doit lui apporter un jour, par l'Atlantique et l'Amazone les lumières et les richesses de la civilisation, comme l'artère d'où la vie intellectuelle et sociale se répandra par mille ramifications secondaires jusqu'au plus profond des forêts. Descendu des glaciers du Cotopaxi et du Sincholagua, il court pendant un espace d'au moins douze à quinze cents kilomètres, reçoit à droite : l'Anzupi, l'Araguno, l'Huiririma, le Curaray, etc., etc.; à gauche, le Misagualli, le Guambuno, le Suno, le Coca, l'Aguarico; tombe dans l'Amazone par une embouchure si large, avec une masse d'eau si importante, que fier et indompté jusque dans sa défaite, il chemine côte à côte avec son orgueilleux suzerain, pendant plus de quatre-vingts lieues, sans daigner mêler ses eaux claires aux eaux jaunâtres et limoneuses de l'Amazone.

Les étrangers comprendront-ils un jour le parti qu'ils pourraient tirer de ce fleuve et de ses affluents, au point de vue commercial et industriel? Il semble que oui, car le village d'Iquitos, situé à l'embouchure même du Napo, est devenu, en fort peu de temps, un centre commercial important où Brésiliens et Péruviens, Américains du nord et Européens se sont donné rendez-vous pour exploiter cette terre si féconde et ces peuplades si naïves. De légers vapeurs sillonnent déjà la partie basse du fleuve; ils y apportent les mille bibelots des factoreries, et s'en retournent chargés de cacao, de caoutchouc, de vanille, de cannelle, de quinquina, de salsepareille, en un mot des mille produits de cette terre encore vierge. Tout cela, reçu dans les entrepôts d'Iquitos, puis de Para, à l'embouchure même de l'Amazone, est transporté en Europe par les transatlantiques.

Le même mouvement se remarque depuis peu à l'embouchure du Pastazza, dont San Antonio est devenu la clef. Le Pastazza joue, dans la partie sud de cette riche contrée, le même rôle que le Napo dans la partie nord : ces deux grands fleuves sont appelés au même avenir.

Vers les sept heures, lorsque les derniers feux et reflets du soleil se furent éteints derrière les montagnes, nous eûmes en grand, et dans toute sa splendeur, un spectacle dont les étroits horizons que nous avions eus jusqu'alors ne nous avaient pas permis d'apprécier toute la poésie et la magnificence. Le fleuve et ses rives s'illuminent tout à coup d'innombrables feux qui circulent à travers les branches, s'élancent des buissons, décrivent, en traversant le fleuve, des paraboles semblables à celles des bolides et des étoiles filantes. On dirait une pluie d'étoiles, ou mieux encore un feu d'artifice où seraient lancées sans interruption d'innombrables fusées. Les génies invisibles de la forêt voudraient-ils, par hasard, nous faire l'honneur d'une fête de nuit ? Si cela est, ils font bien les choses, et j'avoue n'avoir jamais rien vu d'aussi poétique ni d'aussi magnifique : une fête, sans ce bruit de voix humaines, sans ce tumulte d'une foule tapageuse qui étourdit et enlève la moitié du plaisir ; une fête silencieuse, recueillie, solennelle, parlant à l'âme bien plus encore qu'aux yeux ; en un mot, une fête comme seule la grande nature sait les donner à ses confidents et à ses amis !

Toutes ces étoiles brillantes et filantes n'étaient autres

que des lucioles, non pas la luciole européenne qui, de la touffe d'herbe où elle s'est blottie, ne vous envoie qu'une lueur blafarde, mais la grande luciole américaine qui ne mesure pas moins de cinq centimètres et dont les phosphorescences étincellent comme des feux électriques. On m'en avait présenté plusieurs exemplaires à Archidona, j'avais donc pu l'étudier à loisir. Mais, avant tout, il faut que l'on sache comment je fus amené à m'intéresser à cet étrange insecte.

Un soir que je me promenais tranquillement dans la galerie de bambous de la résidence des Pères Jésuites, je vois la cellule du R. P. Salazar s'illuminer d'une lueur étrange. J'entre par curiosité, et trouve le Père assis à sa table de travail et lisant à la clarté...... d'une bouteille ! oui, d'une bouteille ! Près de son livre était un flacon de verre blanc d'où sortaient sans interruption des rayons étincelants : c'était la luciole qui jouait le rôle de flambeau, tout en grignotant de ses mandibules un morceau de canne à sucre que le Père avait introduit dans le flacon !

La luciole américaine n'est autre qu'un coléoptère du genre vulgairement appelé taupin. Ses élytres sont d'un brun brillant et creusées de stries profondes. Le corselet, d'un noir très-foncé, porte à chaque extrémité du bord supérieur un point phosphorescent de la grosseur d'une tête d'épingle, point obscur pendant le jour, lumineux pendant la nuit. Il y aurait, m'a-t-on dit, une autre luciole américaine dont les yeux sont phosphorescents : c'est ce que je n'ai pu contrôler par moi-même.

CHAPITRE VIII

Le lendemain, au point du jour, trois Indiens du voisinage vinrent nous visiter. Ceux d'Archidona nous ayant déjà abandonnés, nous primes ceux-ci à notre service et les priâmes de nous conduire en pirogue jusqu'à Aguano, village situé sur la rive gauche du Napo, presque en face de l'embouchure de l'Arajuno.

C'était la première fois que je mettais le pied dans une pirogue et j'avoue que ce ne fut pas sans quelque appréhension. S'abandonner au courant d'un fleuve comme le Napo, affronter ses rapides écumants, braver les pointes aiguës de ses récifs dans un esquif aussi fragile, c'est un jeu périlleux où plus d'un blanc a perdu la vie. Cependant le Père Pérez a fait préparer l'embarcation qui se balance doucement sur sa quille, abaissant et relevant sa proue haute et effilée. C'est un tronc de cèdre que les Indiens ont creusé avec la hache, puis carbonisé, et revêtu d'une couche épaisse de bitume. Elle mesure quinze mètres de long sur un mètre de large. Jugez si cette disproportion rend l'équilibre instable et facilite les chavirements.

Au signal donné par le Père, les Indiens coupent les lianes qui nous amarrent au rivage, saisissent la pagaie et nous jettent au plus fort du courant : nous partons comme la flèche. Etendu dans la nacelle, la tête appuyée sur mon bagage, les mains cramponnées aux bordages, je vois défiler buissons et grands arbres et la forêt tout entière

comme les spectres d'une vision fantastique. Il me semble
que nous sommes immobiles et que c'est la forêt qui
s'enfuit. Cependant, comme s'ils redoutaient l'approche
d'un ennemi, les Indiens se sont hissés sur les bords de la
pirogue, ils ont regardé l'horizon d'un œil inquiet ; puis
persistant dans cette position incommode, ils se sont mis à
ramer avec furie. Tout à coup la pirogue reçoit une forte
secousse, puis reprend son élan, bondit et rebondit comme
une balle élastique sur les rochers qu'elle heurte violemment de sa quille. Nous sommes au milieu des rapides et
des brisants dont l'écume et la poussière d'eau nous
inondent et nous aveuglent. Les Indiens ont jeté la pagaie
devenue inutile ; armés d'une longue gaffe de bambou, ils
frappent à droite et à gauche pour empêcher la pirogue
de s'engouffrer dans l'abîme ou de se briser contre les
récifs. Elle se cabre comme un cheval fougueux, pivote
sur elle-même, obéissant à l'attraction des courants opposés qui se la disputent. La voilà qui chancelle et s'affaisse
tantôt à droite, tantôt à gauche, nous embarquons des
paquets d'eau qui nous inondent, en attendant qu'ils
nous submergent : mon Dieu, allons-nous donc som-
brer !..... Non, la pirogue se redresse ; les Indiens la poussent avec une énergie sauvage dans l'unique chenal qui
soit accessible : elle reprend sa course vertigineuse, et
échappe triomphante à ces terribles écueils.

De Napo à Aguano, nous dûmes franchir une dizaine de
rapides. Tous sont redoutables, mais deux plus que les
autres. Les Indiens eux-mêmes n'en parlent jamais sans
frayeur, et pour peu que la rivière soit gonflée par les
pluies, jamais ils ne se hasarderont à braver ces passes
menaçantes. Lorsque nous nous y engageâmes, le Père
Pérez se découvrit, se signa et resta en prières tant que
dura le danger. Je l'imitai : nous sentions qu'il y allait de
notre vie !

Nous passons devant l'embouchure du Misagualli,

saluons la pauvre église de Saint-Xavier de Puca-Urcu, village récemment créé par les Pères à l'embouchure même de la rivière, et continuons notre course nautique, contournant les îles les plus ravissantes qu'il soit possible d'imaginer, véritables corbeilles de fleurs suspendues sur les eaux. D'innombrables oiseaux s'enfuient à notre approche ; d'autres, plus flegmatiques, tel que le héron blanc, nous voient passer près d'eux sans sourciller. Ce vrai type du pêcheur à la ligne reste mélancoliquement planté sur une seule patte, son long cou replié, le bec posé sur le jabot et l'œil fixé sur les eaux claires : patient, résigné, peu exigeant, philosophe dans l'âme !

Enfin, après mille incidents, les uns gais, les autres tristes, après mille émotions diverses, nous arrivons à Aguano ; il est six heures du soir ! Nous sautons lestement à terre et transportons vite nos bagages et nos personnes dans la case de bambou destinée aux Pères. Nous ne restâmes dans ce village désert que le temps strictement nécessaire pour renouveler nos provisions de yucca et de bananes, pour recruter quelques Indiens de bonne volonté qui nous accompagnassent jusqu'au Curaray. Rester seuls à Aguano, dans une cabane sans porte et protégée par une chétive palissade de bambou, c'est s'exposer de gaîté de cœur à recevoir la visite du tigre qui pullule dans cette région où il fait de nombreuses victimes. Chaque nuit ses rugissements ébranlent la forêt ! Nous partîmes donc au plus tôt, escortés de six Indiens.

Les premières heures du voyage n'eurent rien de pénible : une pirogue nous transporta sur la rive droite du fleuve, puis sur la rive gauche de l'Arajuno. Dès lors nous dîmes adieu à la pirogue, et nous enfonçant dans le triangle marécageux compris entre l'Arajuno et le Curaray, nous ne voyageâmes plus que dans la boue des marécages et l'eau torrentueuse des rivières, qu'il nous fallait traverser à gué. Et encore le passage difficilement effectué, nous fallait-il souvent prendre pour ainsi dire d'assaut les rives escarpées des rivières, rives bastionnées de roches énormes et perpendiculaires, hérissées de buissons épineux, couverts d'une végétation dense et touffue. Le Cosano, dès le premier jour, pendant trois grandes heures, se joua de nos efforts. Pendant que nous maintenant difficilement dans le courant, nous nous ingénions à trouver un passage, le ciel se charge de nuages ; une pluie fine ne cesse de tomber. Les eaux limpides de la rivière avaient pris une teinte jaunâtre, leur volume atteignait des proportions inquiétantes. Pour résister au courant dont l'impulsion violente menace de nous culbuter, nous nous cramponnous aux aspérités du rocher, aux branches des arbustes, aux faisceaux de lianes qui courent d'une rive à l'autre comme les cordages d'un navire. Mais les lianes finissent par céder, leurs entrelacs mal noués se débrouillent et se dévident comme un écheveau de fil, comme le câble d'un treuil mal assujetti, et nous partons à la dérive pendant vingt à trente mètres, tenant toujours en main la liane traitresse qui enfin s'affermit et résiste à la traction violente que nous lui faisons subir. Nos Indiens ne songent plus qu'à leur propre vie et nous abandonnent à notre malheureux sort. Aussi bien les voilà sauvés ! Un arbre s'est rencontré couché en travers de la rivière comme un pont de sauvetage, à une hauteur d'environ deux mètres, arbre géant d'où pendent d'innombrables parasites, lianes et sarmenteuses au tissu serré comme les mailles d'un filet. Nos hommes s'y cramponnent, et à force de bras, parviennent à se hisser sur cette plate-forme vraiment providentielle. Les y voilà ! — « Pères, Pères, lâchez vos lianes, abandonnez-vous au courant, nous vous recueillerons au passage ! » — L'idée était heureuse et nous allions obéir, lorsque tout à coup retentit un craquement strident : l'arbre qui porte nos Indiens fléchit, se rompt par le milieu, et les deux énormes tronçons tombent dans la

rivière avec un fracas épouvantable. C'était un arbre vermoulu ! Nous eûmes un instant de frayeur horrible. Pour
moi, j'avoue n'avoir plus rien distingué dans cette épouvantable bagarre, jusqu'au moment où le plus dévoué de
nos Indiens, Francisco, nous appela gaiement, affirmant
que tous étaient sains et saufs et qu'ils venaient enfin de
trouver un sentier.

Ce fut une résurrection ! La joie nous rend forces et courage : nous abandonnons les lianes, nous nous lançons à la
nage vers nos Indiens qui se tiennent au nombre de trois
dans le voisinage de l'arbre néfaste, et nous abordons dans
leurs bras ! Les deux tronçons de l'arbre géant retenus à
la rive par leur extrémité résistaient encore au courant
qui faisait rage pour les entraîner : cette particularité m'ex-
pliqua comment nos pauvres indiens n'avaient pas été
broyés ou submergés. Trois d'entre eux cependant avaient
reçu des blessures assez graves pour nécessiter un panse-
ment immédiat.

Le sentier découvert par Francisco n'était autre
qu'une large échancrure taillée au vif dans la rive gauche
de la rivière, sorte de fouille pratiquée par les eaux. Nous
n'en gravîmes pas longtemps les pentes glissantes. Il fut
décidé que nous passerions la nuit à une cinquantaine de
mètres du Cosano : les souffrances de nos blessés, l'état
lamentable de nos bagages rendaient cet arrêt nécessaire.
Le repas du soir fut triste, très triste : nos vivres inondés
se couvraient déjà de moisissures; cela nous présageait des
jours de famine et d'angoisses.

Le lendemain et les jours suivants nous eûmes le bonheur de célébrer la sainte messe. Chaque matin les Indiens
préparaient un toit de feuillage sous lequel nous instal-
lions l'autel portatif du Père Pérez. Puis ils montaient la
garde autour du pauvre sanctuaire, graves et recueillis,
toujours à genoux, paraissant s'intéresser vivement au
mystère qui s'accomplissait sous leurs yeux. Cela était

grand dans sa simplicité. Jamais, sous les voûtes d'une
cathédrale, au milieu des pompes les plus magnifiques,
je n'éprouvai une émotion religieuse plus profonde ; on
se fût cru revenu aux premiers jours du christianisme,
alors que les divins mystères se célébraient dans le silence
des catacombes et des déserts ! Répandre le sang du Sauveur sur une terre infidèle et souillée de tous les crimes,
c'est d'ailleurs en prendre possession au nom de la Passion,
c'est y établir authentiquement le règne de la croix et de
l'évangile : y appeler Jésus, c'est en chasser le démon !
Quand donc le missionnaire ne ferait que cela, célébrer
chaque jour les saints mystères au sein des peuples barbares, dans des contrées où Satan règne en maître, il
accomplirait encore l'acte le plus grand non seulement en
soi, mais le plus merveilleusement fécond en conséquences surnaturelles, le plus essentiel par conséquent à l'œuvre
de régénération qu'il poursuit.

Et où le missionnaire pourrait-il puiser une force comparable à celle qu'il trouve dans ce tête-à-tête trois fois
saint avec le Maître qui consent à le suivre à travers les
boues et les précipices, à se faire son viatique, son pain de
chaque jour ! Le sang peut couler par mille blessures, les
larmes, elles, ne couleront pas ! Quand tous les éléments de
la terre et des cieux se déchaîneraient et feraient rage,
qu'importe ? Dans la compagnie du Sauveur, le martyre
lui-même cesse d'être un martyre.

Après avoir traversé l'Huasca-Yacu, autre affluent de
l'Arajuno, nous abordons la Cordillière de Castañas dont
nous gravissons les premières pentes. Cela nous va mieux
que la vie d'amphibies que nous menons depuis trois
jours ; nos poumons se dilatent dans cette atmosphère
plus pure et moins humide. Quelques plantes remarqua-
bles attirent notre attention. C'est d'abord le cacao qui
foisonne dans toute cette région, le cacao blanc surtout.
Inutile de dire que les Indiens dédaignent l'amande que

nous utilisons en Europe pour faire le chocolat ; ce qu'ils convoitent, c'est la pulpe blanche et sucrée, sorte de placenta qui enveloppe l'amande ; ils en sont aussi friands que les singes leurs compères. Un jour il nous arriva de troubler le festin d'une troupe de singes qui se régalaient de ce placenta. Irrités de se voir dérangés dans leur repas, les voici qui nous regardent de travers et donnent des signes de colère qui ne laissent pas d'être inquiétants. Ils étaient si nombreux qu'ils eussent pu nous faire un mauvais parti. Nous nous donnâmes l'avantage de l'attaque et déchargeâmes, coup sur coup, notre artillerie. Ce fut une déroute générale ! toute la ligne de bataille se débanda au milieu de cris aigus, de gestes, de gambades de haut comique. Beaucoup, dans leur panique, laissèrent les capsules de cacao dont ils dinaient ; les Indiens triomphants se précipitèrent sur ce butin inattendu et continuèrent le repas commencé par les singes.

Le copal, le campêche, le quina ne passèrent pas inaperçus. Le bois résineux du copal nous servit dès lors, chaque soir, pour notre foyer improvisé, et cela simplifia singulièrement la besogne des Indiens. Laissant le campêche aux fabricants de vin, nous tombons avec acharnement sur l'écorce jaune des quinquinas, nous en emportons une cargaison. Parmi les arbustes qui tapissent le sol du versant sud de la Cordillière de Castañas, je ne puis oublier l'agave américaine, dont les longues feuilles luisantes et tranchantes gênent souvent notre marche. C'est l'une des plantes les plus précieuses de la forêt, avec la palme appelée ici chambisa (1) (Mauritia), la plus recherchée peut-être des Indiens.

Les fibres longues et résistantes de la pita (agave) et de la chambisa se prêtent à tous les usages du chanvre dont elles ont la finesse et la solidité. Rien n'est simple comme

____

(1) Palma Mauritia.

leur mode de préparation. Pour les isoler de la cellulose, les Indiens se contentent de soumettre les feuilles à une longue décoction. La pita et la chambisa leur servent pour leurs filets, leurs hamacs, et les sigras ou sacs qu'ils portent en bandoulière. Rien ne s'oppose à ce qu'ils en fassent aussi des tissus, si ce n'est leur ignorance et leur paresse.

Toujours sur le même versant sud, nous rencontrons des acajous et le daphné vulgairement appelé sainbois. Que de merveilles les naturalistes découvriraient dans cette contrée inexplorée, et combien je regrette de n'avoir ni le temps ni les données suffisantes pour enrichir mon esprit de connaissances nouvelles et la science de découvertes précieuses !

C'est surtout sur la rive des fleuves, au bord des cours d'eau, là où l'air et la lumière circulent avec plus d'abondance, que la faune et la flore s'épanouissent dans toute leur splendeur ! Là, tout est vie et mouvement, bruissements d'ailes, chants et parfums. Sur le sable brûlant, entre les galets étincelant des feux du soleil, circulent d'innombrables insectes, carabides et cicindèles, coléoptères de toutes formes et de toutes nuances. De grands buprestes, aux ailes de feu, voltigent à travers les branches ensoleillées qui pendent sur les eaux. Les Indiens leur font la chasse, puis détachent les élytres pour s'en faire une parure. Ils m'apportent triomphalement quelques scarabées hercules, bien connus des entomologistes, et cependant toujours recherchés tant à cause de leur grande taille que de leur forme étrange. Parlerai-je de l'araignée géante ? une néphile sans doute. En longueur et largeur, la femelle, les pattes déployées, a les mêmes dimensions qu'une main d'homme. Cent fois plus petit au moins est le mâle qui fait triste figure près de sa robuste compagne. Partout où se rencontre une proie vivante, là est la néphile. Que de fois nous donnâmes de la tête dans sa

toile, grande comme un filet, et presque aussi résistante
que le tulle. Les Indiens la redoutent et la fuient comme
un être dangereux, sans doute parce qu'ils ne savent pas
la distinguer de l'araignée de leurs tambos, argiope, à
l'abdomen trapu, venimeuse à l'égal des scorpions.

Notre voyage, à partir de la Cordillière de Castañas, à
travers le réseau inextricable des rivières qui conduisent
au Curaray, ne fut pas sans compensation. De temps en
temps, nous nous arrêtons au bord d'un cours d'eau, et
pendant que les Indiens brassent et dégustent la chicha,
je chasse aux insectes et aux fleurs. Eux-mêmes ne dédaignent pas de m'aider quelquefois dans cette opération
qui leur paraît pourtant aussi inintelligente et ridicule que
leur chicha est délicieuse. Que de fois je leur fis cueillir les
orchidées parasites dont j'apercevais les fleurs admirables
sur les branches supérieures des grands arbres. Rien n'est
curieux comme de les voir grimper sur ces troncs énormes, marcher sur ces branches glissantes, se jouer sur ces
hauteurs vertigineuses, tout en continuant de causer et de
rire avec ceux qui se tiennent au pied de l'arbre. Cette
cueillette des orchidées faillit me perdre tout à fait dans
leur estime ! C'est qu'en effet, chaque fois qu'ils me remet-
taient un exemplaire de cette plante précieuse, j'en déta-
chais et jetais la fleur qui m'était inutile, pour ne conserver que le bulbe et la racine. Alors c'était des exclamations, des haussements d'épaule, des rires interminables,
de quoi couvrir de confusion et faire rentrer sous terre un
Linné ou un Jussieu ! En vain essayai-je de faire comprendre à cet aéropage de grands enfants qu'avec le bulbe et la
racine je possédais aussi la fleur, pouvant la faire renaître
quand bon me semblerait : çà ne mordait pas ! Lorsque
nous nous mîmes en marche, ce fut bien une autre
histoire, personne ne voulut se charger de ces plantes
mutilées ! J'en avais une centaine, quelques-unes fort
rares et d'une beauté merveilleuse, et je me voyais dans

la cruelle nécessité de tout abandonner, de les sacrifier toutes à l'ignorance stupide, à l'entêtement inconcevable de ces Indiens. — « Francisco, mon bon Francisco, tu n'auras pas la cruauté de me percer le cœur ! toi, le plus dévoué, le plus fidèle des Indiens !..... Tiens, Francisco, je te donnerai tout ce que tu voudras : des hameçons longs comme le doigt, des épingles longues comme le bras, du fil et des aiguilles, des bouts de ruban, toutes les merveilles de la civilisation, tout, tout ! » — Et le bon Francisco, touché d'un discours si pathétique, s'incline sans mot dire, recueille les orchidées une à une, lentement, et d'un air si contrit et si humilié, qu'évidemment cela lui coûte des efforts héroïques. Je l'encourage, le caresse, lui pose moi-même la charge précieuse sur les épaules. Allons, en avant !..... Enfin les orchidées sont sauvées !

Lecteur, nous n'avions pas fait un kilomètre, qu'apercevant Francisco les épaules libres : — « Francisco, où sont les orchidées ? — « Père, ils se sont moqués de moi ! » — « Qui ? les orchidées ? tu déraisonnes, Francisco !.... Où sont les orchidées, te dis-je ? Qu'as-tu fait des orchidées ? » — Et mon homme, de plus en plus confus et décontenancé : — « Père, ils se sont moqués de moi ! » — Cependant les Indiens nous entourent, riant et jubilant comme des hommes qui ont enfin leur compte. J'apprends par ces vauriens comme quoi le pauvre Francisco, harcelé de quolibets, tourné en dérision par toute la bande, avait, dans un accès de mauvaise humeur, jeté le précieux dépôt à la rivière !... Nous passons ainsi le Sotano, le Sardina-Yacu, le Nusino, et tant d'autres cours d'eau, tous affluents du Curaray. La faim nous donne des ailes : voilà deux jours que nous sommes réduits à la portion congrue. Nous n'avons plus que quelques yuccas, et encore moisis, noircis, immangeables. Les Indiens, que nous soupçonnons (et non sans motif) d'avoir jeté à l'eau une partie notable de nos provisions, nous offrent bien de la chicha.... Mais la salive !

Enfin nous voici au village de Curaray, que nous avons au moins la consolation de trouver habité et plein de vie ! C'est le cacique de Curaray qui nous a ménagé cette surprise. Nous l'avions rencontré sur les rives du Napo, chassant et pêchant en compagnie d'un Indien de sa tribu. Il n'eut pas plus tôt eu connaissance de notre itinéraire, que prenant les devants, il lança des messagers dans toutes les directions et, chose incompréhensible, en moins de cinq jours, rassembla toute sa tribu.

P. 81

CHAPITRE IX

Le cacique du Curaray est un grand chrétien. A peine
nous a-t-il aperçus, qu'il accourt se jeter dans nos bras :
ses yeux humides et sa robuste étreinte nous disent, bien
plus éloquemment que ses paroles, l'ardeur de sa foi, son
amour vraiment filial, sa profonde vénération pour les
ministres de l'Évangile. Il s'assied à nos pieds, mêlé aux
jeunes enfants qui nous entourent. Par égard pour son
grand âge et son caractère, nous l'invitons à s'asseoir près
de nous, sur le même banc, comme un ami, mais il ne
saurait s'y résoudre. Ses grands yeux si doux et si saints
restent fixés sur notre visage dans une muette contempla-
tion : de temps en temps, comme pour soulager son cœur
qui monte à ses lèvres débordant de tendresse et de reconnaissance, il s'approche sans mot dire, nous prend les
mains qu'il couvre de baisers !

Notre-Seigneur a ses saints partout, au sein de la barbarie, comme dans les milieux les plus civilisés, au fond
des forêts, comme dans la solitude des cloîtres : sa grâce
opère dans le cœur naïf du sauvage, aussi bien que dans
l'âme du religieux ! Sans doute la pénétration de ces âmes
incultes est moins facile ; abandonnées à elles-mêmes, sans
direction, sans enseignement, presque sans sacrements,
moins remuées et moins travaillées, elles ne subissent pas
aisément les salutaires influences dont le saint baptême
est la source. Mais que le flot divin de la grâce vienne à

prévaloir contre les vices innés et brutaux où la volonté du sauvage a si peu de part, et tout aussitôt ce flot déborde ; il s'épanche au plus intime de ces âmes jeunes, pénètre cette terre vierge. Les germes des plus robustes, des plus héroïques vertus s'y épanouissent, comme les arbres de la forêt, sans art, sans étude, sans plan prémédité, y atteignent une hauteur, y revêtent une vigueur, une grâce, que la vertu plus étudiée des cloîtres eux-mêmes ne possède pas au même degré.

Le cacique du Curaray est du nombre de ces âmes privilégiées : nous en rencontrâmes plusieurs sur notre route ; aucune ne nous impressionna au même degré.

C'est un homme de soixante-seize ans, dont l'âge a respecté la taille droite et élancée, la large carrure, la mâle vigueur. Sa démarche seule accuse son grand âge : sans être précisément lourde, elle n'a plus ce quelque chose de dégagé et d'aérien que l'on remarque chez les Indiens adultes.

En vain chercherait-on sur cette tête vénérable un seul cheveu blanc, une ride sur ce front si pur. (L'Indien du reste, ne blanchit jamais, il a trop peu de soucis et si peu de pensées). Sa gravité seule dénote son grand âge, comme aussi ce je ne sais quoi d'imposant et de majestueux, de doux et de recueilli que la vieillesse ajoute au visage de l'homme vertueux ; crépuscule d'une vie sans nuage, aube du jour naissant de l'éternité.

Contrairement à l'usage universel des hommes de sa race, il ne porte aucun tatouage, aucun badigeon ridicule ou malpropre. Ce n'est pas assurément par singularité ; ce n'est pas même, croyons-nous, qu'il ait saisi ce qu'il y a de blessant en cela pour la dignité humaine ; non, sa philosophie ne va pas si loin ! Il est saint sans le savoir ; jamais il ne s'est demandé ce que cela voulait dire : être saint ; encore moins a-t-il constaté en lui un mérite supérieur à celui de ses frères ; et cette précieuse ignorance, cette divine naïveté, cette humilité irréfléchie d'une sainteté qui s'ignore n'est pas le moindre charme de sa vertu ; c'en est même la principale sauvegarde !

Mais ce qu'il ne sait pas, la grâce qui opère au fond de son cœur le sait pour lui. C'est elle, sans nul doute, qui lui aura dit que le corps de l'homme, le corps du chrétien surtout, ne doit avoir d'autre ornement que la sereine et expressive beauté de son âme, qu'il ne lui sied point de suspendre à son front ou à son cou les trophées sanglants de ses combats, de faire parade du sang dont une cruelle nécessité seule excuse l'effusion. S'il s'est enveloppé d'un voile de pudeur plus ample et plus long que celui généralement adopté par les Indiens, c'est encore la grâce qui le lui a inspiré, cette grâce de pureté qui étincelle d'un feu si doux dans ses yeux, qui s'épanche de son cœur par ses lèvres en discours si nobles dans leur simplicité.

A l'église, il n'a pas de place réservée ; mais la vénération dont l'entourent ses Indiens est telle qu'aucun d'eux n'ose l'approcher de trop près. Eux non plus ne savent pas ce que c'est qu'un saint, mais un secret instinct les avertit qu'il y a dans leur cacique quelque chose de grand et de vénérable que leur contact pourrait flétrir !

A-t-il conscience de cette naïve admiration ? Nous ne le pensons pas : si profond est son recueillement, si grande son ignorance de lui-même ! Pendant le saint sacrifice, il demeure à genoux, le corps penché en avant, appuyé sur son bâton de commandement ; ses yeux fixés sur l'autel, l'animation de ses traits disent assez l'ardeur de sa foi, l'intensité de sa prière. Ce n'est pas que son esprit puisse entrer profondément dans le mystère, mais comme son cœur s'y plonge et s'y perd !

Tout sauvage qu'il soit, est-il bien vrai, d'ailleurs, que son ignorance soit si grande ? Le feu intérieur qui consume cette âme n'envoie-t-il aucun rayon à son intelligence ?

Lorsque le Père, le saint sacrifice consommé, entreprend l'explication du catéchisme, propose à ces pauvres d'esprit les premiers éléments de la foi, il faut entendre les interrogations pleines de sens et d'à-propos, les réponses si naïves et si judicieuses de cet ignorant que la grâce inspire. Ce vieillard, qui ne sait ni lire ni écrire, ce Zaparos converti de l'infidélité, ce sauvage confiné au plus profond des forêts, qui n'a personne avec qui converser des choses saintes, qui ne voit le missionnaire qu'une fois à peine tous les deux ans, explique sans errer des vérités difficiles, souvent même inaccessibles à la seule raison. Il fait cela simplement ; le terme, la formule ne sont rien pour lui ; il ne sait ce que cela veut dire : définir et distinguer ; il voit les choses matériellement. Mais comme l'idée resplendit sous les couleurs pittoresques dont il l'habille ! Il fait parler les grands bois et les fleuves, emprunte aux fleurs, aux oiseaux, aux bêtes sauvages des exemples et des comparaisons qui concrétisent l'idée au point de la rendre visible et palpable. Un murmure approbateur court dans toute l'assemblée ; les Indiens qui n'entendent rien aux explications trop abstraites données par le Père ont compris leur cacique. Aussi chaque fois qu'on leur fait une question, si simple soit-elle, leur réponse est aussi invariable que leur ignorance : — « Père, interroge le cacique, il doit savoir ! » Il sait, en effet, et pour eux et pour lui ; il est leur catéchiste, leur apôtre !

Je n'offenserai pas les Pères en répétant ici ce qu'eux-mêmes m'affirmèrent si souvent, que si cette tribu du Curaray, si éloignée du centre de la mission, si voisine des infidèles auxquels elle est pour ainsi dire mêlée, a su conserver sa foi, accroître dans de notables proportions le nombre de ses néophytes ; si sa douceur, son hospitalité, sa moralité l'ont rendue célèbre parmi toutes les tribus ; si elle se trouve être le foyer d'une propagande qui s'étend sur les deux rives du Curaray et jusqu'au Lliquino, elle doit cet honneur bien plus à l'ascendant de son cacique, à la contagion de ses bons exemples, à l'attrait irrésistible de sa sainteté, au zèle qu'il déploie pour la conversion des infidèles, qu'à l'apparition trop rare et trop courte du missionnaire sur ces plages inabordables.

En apparence, la vie de ce saint homme ne diffère point de celle des gens de sa tribu. On le voit comme eux la lance au poing, la sarbacane sur l'épaule, le carquois au côté, courir les bois à la recherche d'une proie. Et comme par ailleurs il est brave, habile, grand chasseur, d'ordinaire il retourne à son tambo chargé d'un riche butin. Mais son butin préféré, c'est quelque enfant en bas âge, qu'il a enlevé aux Zaparos infidèles ; sa femme, la bonne Emilia, sans avoir sa sainteté, l'aide volontiers dans son pieux prosélytisme. N'ayant jamais eu qu'un fils qui est marié et grand chasseur comme son père, elle accepte volontiers d'être mère dans sa vieillesse, comme Sara, et de donner à Dieu et à son époux cette postérité spirituelle d'enfants convertis. Elle reçoit donc tous les petits êtres dans sa bergerie ; elle les nourrit, les instruit, puis on les fait baptiser ; et à quatorze ans on leur cherche un parti sortable dans la tribu.

Quoi d'étonnant qu'un homme de cette trempe ait conquis sur sa tribu, et bien au delà des limites de sa tribu, un ascendant unique ! Ces cœurs si indociles, si fantasques, se sont laissé subjuguer par cette débonnaireté, cette possession de soi, cette patience inaltérable ; ces hommes superbes, si jaloux de leur indépendance, se laissent conduire comme de paisibles agneaux par ce pasteur si prudent, si équitable dans ses jugements, si saint dans toutes ses conduites. Lui qui connaît ces natures ombrageuses, ne leur impose jamais ses volontés, ce qui est le plus sûr moyen d'en assurer le triomphe. Se gardant bien de prendre l'avance et de s'immiscer dans leurs démêlés, il attend qu'ils viennent à lui et recourent d'eux-mêmes à son arbitrage. Voilà quarante ans que cela dure, et pas une plainte, pas un murmure, rien qui trahisse la lassitude ou un désir de changement! L'autorité la plus fragile, la plus méconnue qui soit au monde, celle d'un pauvre cacique indien, aura vu des jours plus longs, plus heureux et plus prospères que des souverainetés réputées inébranlables, que des monarchies que l'on disait éternelles!

Et comment les hommes résisteraient-ils à l'attrait touchant de cette sainteté, quand les animaux eux-mêmes en subissent l'empire ! Quand nous le rencontrâmes, il était suivi d'un tapir, animal fort redouté des Indiens et dont la chasse est féconde en incidents. Dans son tambo, nous le trouvâmes jouant avec deux ours de la Cordillière, lesquels, montés sur le même banc que le saint vieillard, lui léchaient doucement le visage, reposant l'une de leurs pattes sur ses genoux ou dans sa main ! Sa cabane ressemble à l'arche de Noé, il semble que tous les animaux de la forêt s'y soient donné rendez-vous ; c'est comme un coin de l'Éden sauvé de la malédiction originelle, où l'on voit les animaux reconnaître à nouveau la royauté de l'homme et faire la cour à ce couple béni !

Il n'est pas rare que le tapir accompagne son maître à l'église même. Etendu à ses pieds, il respecte son recueillement et ne trouble en rien sa prière. Les Indiens sont convaincus qu'il n'y a d'oiseau si sauvage, d'animal si féroce, que la douce voix de leur cacique ne parvienne à apprivoiser. Ces intelligences bornées s'en tiennent là et ne songent même pas à chercher la cause d'un fait si prodigieux ! Et cependant, est-il possible de n'y voir qu'un phénomène purement naturel? La seule habileté de l'homme suffit-elle pour expliquer cette séduction irrésistible, surtout quand cet homme n'use d'aucun des artifices familiers aux dompteurs, quand on ne le vit jamais ni frapper, ni affamer, ni emprisonner les hôtes aimables de sa solitude? Il est manifeste que c'est l'amour qui les mène et non la crainte, qu'ils subissent une fascination et non une violence !

Et que de choses adorables, ignorées des hommes, mais connues des anges, n'aurions-nous pas à raconter, s'il nous était donné de vivre dans l'intimité de ce saint, de pénétrer les mystères de ce cœur si simple et si profond, de surprendre les colloques naïfs de cette âme virginale avec son Dieu ! Ce n'est pas lui qui nous racontera les merveilles de sa vie intime et mystique ; a-t-il jamais soupçonné qu'il différait en cela du reste des hommes ?

Que de scènes ravissantes, empreintes d'une divine poésie, ont dû voir les forêts, que depuis plus de soixante ans il parcourt et surnaturalise par sa seule présence. Vallons du Curaray, grands bois et grands fleuves, fleurs charmantes, ruisseaux limpides, hôtes animés qui remplissez ces solitudes de vos chants et de vos rugissements ! Dites-nous ce que nous brûlons d'apprendre, ce que vous seuls connaissez : que souvent, au passage de cet homme de Dieu, vos profondeurs ténébreuses s'éclairèrent de la lumière surnaturelle qui jaillissait de sa personne ; et que vous, fleurs. incliniez vos fronts humides et charmants, et versiez dans l'air vos plus doux parfums.

Tout cela, vous nous le direz un jour, ô saints anges, lorsque de sa verte forêt, cette âme prédestinée aura pris son vol vers les collines éternelles du Paradis, et nous apparaîtra revêtue des charmes infinis de sa simplicité et de son innocence, brillante des flammes ardentes de sa charité ! lorsque son humilité confondra notre orgueil, lorsque sa bienheureuse ignorance éblouira notre prétendue science ; lorsque cette existence obscure recevant les acclamations de l'univers entier, nous serons obligés de confesser d'une seule voix et d'un seul cœur, qu'il n'y a rien de beau, de fécond comme les vertus obscures qui font les élus et les saints.

CHAPITRE X

Nous restâmes trois jours sur cette terre bénie du Curaray, mais que volontiers nous y fussions restés plus longtemps ! Le lendemain de notre arrivée fut employé aux baptêmes des jeunes enfants. On nous en présenta une cinquantaine, et, aussitôt après les messes, nous commençâmes la cérémonie. Parrains et marraines, pères et mères, nous arrivent chamarrés de plumes, de coquillages, de graines de cédrèle et de styrax enfilées comme les grains d'un rosaire ; peinturlurés, bigarrés de rocou et de genipahua, zébrés comme le tigre et la panthère, cent fois plus grotesques que les mangeurs de feu et les avaleurs de sabres des fêtes foraines de la vieille Europe, absolument méconnaissables ! La plupart des femmes sont peintes en noir et plus semblables à des démons qu'à des créatures humaines.

Le bon cacique fait seul exception à cet engouement ridicule. Il traverse les rangs pressés de ses Indiens, met un peu d'ordre dans cette cohue, impose silence aux plus turbulents. Puis il fait avancer chaque groupe l'un après l'autre et nous présente lui-même l'enfant. Le saint vieillard est rayonnant : il semble qu'il renaisse spirituellement avec chacun des nouveaux baptisés, que la grâce initiale de son baptême resplendisse sur son front. Au reste, il est là beaucoup plus en acteur qu'en témoin : les Indiens douteraient peut-être de la validité du baptême, si leur caci-

que n'y prenait une part active ! L'usage est d'interroger
parrains et marraines sur les vérités les plus élémentaires,
les plus essentielles de la foi chrétienne. Nous le faisons
donc chaque fois qu'un nouveau groupe nous présente un
enfant. Mais, pour toute réponse, ces innocents lancent une
œillade significative à leur cacique, et le bon vieillard de
donner lui-même la réponse avec calme et modestie, sans
manifester ni dépit, ni étonnement. Tout le temps de la
cérémonie, il se tient près du prêtre pour l'assister, près
du chérubin pour le contempler. Quel tableau que cette
douce tête de vieillard penchée sur ce petit visage d'enfant,
l'ombrageant des longues boucles de sa chevelure, sou-
riant à cette innocence, à cette grâce du baptême dont il
semble avoir la vision ! L'enfant baptisé, il le reçoit avec
empressement des mains du prêtre, le tient dans ses bras,
le presse sur son cœur, le couvre de caresses jusqu'à ce
qu'il le rende aux tendresses de sa mère !

Ce saint vieillard est la vie, pour ainsi dire, de la tribu
du Curaray.

Cette tribu lui doit en quelque sorte son existence ; c'est
lui qui a rassemblé et tient unis les éléments dont elle
se compose. La plupart des hommes de cette tribu sont des
Zaparos convertis ; leur physionomie si ouverte et si douce
le dit assez. Le village, c'est-à-dire l'église, est situé sur la
rive gauche du Curaray, à une journée de marche de la
source du fleuve.

Cette proximité de sa source n'empêche que le Curaray
ne soit déjà un cours d'eau fort important, accessible à la
pirogue, malgré ses nombreux rapides. Ses débuts sont
fougueux comme tous ceux des torrents. Il tombe, par une
série de cascades, du massif montagneux de Llanganate,
brisant des roches énormes, entraînant parfois tout un
coin de la montagne que ses eaux avaient sourdement miné.
Il s'ouvre à travers la roche vive un lit profond que profi-
lent deux gigantesques murailles tapissées de plantes grim-

pantes et couronnées de palmiers. A peine échappé aux serres de granit du Llanganate, il forme une nappe d'eau considérable, court en zig-zag à travers la vaste et splendide vallée située entre les cordillières de Cula-Urcu et du Curaray, et se perd dans le Napo après un cours que l'on estime à cent quatre-vingts lieues. C'est l'un des fleuves les plus poissonneux de cette région ; le Coca et le Bobonaza sont les seuls rivaux qu'on puisse lui opposer sous ce rapport. Outre le Nusino. affluent de la rive gauche, dont nous avons déjà parlé, il reçoit, à droite une rivière de premier ordre, le Villano, dont nous rencontrerons bientôt les nombreuses ramifications.

Le Curaray est, pour ainsi dire, le fleuve des Zaparos : leurs tambos se voient sur ses deux rives. Ces Zaparos se partagent en deux fractions importantes : l'une, la plus nombreuse et exclusivement composée d'infidèles, habite à l'embouchure même du fleuve, au nord, entre le Curaray, le Napo et la partie inférieure de l'Arajuno ; au sud, dans l'espace compris entre le Curaray, le cours inférieur du rio Tigre. L'autre, la moins importante, est celle qui a pour centre le village de Curaray : on peut regarder comme lui appartenant les tambos d'infidèles disséminés sur les rives du Lliquino.

Les Zaparos sont les Indiens les plus dociles, les plus hospitaliers, les plus sensibles aux vérités évangéliques : c'est une moisson toute prête et qui n'attend que des ouvriers. On me présenta plusieurs de ces sauvages ; tous me demandèrent le baptême, quelques-uns avec de vives instances ; mais je dus différer, leur ignorance absolue de notre sainte religion ne me permettant pas d'accéder à leurs désirs.

Entre ces deux fractions de la nation Zaparos et sur l'une et l'autre rives du Curaray et du Napo, vivent les Agouisiris. Ce sont des hordes extrêmement redoutables et sans aucun contact avec les autres tribus, même infidèles,

vouées à la rapine et au meurtre, et, si l'on en croit des
témoins oculaires, adonnées à l'anthropophagie. Le voisinage de ces sauvages, leurs fréquentes incursions sur
les deux grands fleuves, dont ils infestent les rives, rendent la navigation extrêmement périlleuse. Jour et nuit, il
faut être aux aguets ! Malheur à celui que la violence du
vent ou la force du courant jette sur ces plages inhospitalières : la lance de silex ou de chonta, la flèche empoison-
née de l'Agouisiris l'immole sans pitié !

Le cacique du Curaray (lui-même nous l'a raconté) faillit
être victime de leur implacable férocité. Un jour qu'il des-
cendait au Napo avec six Indiens de sa tribu, il se vit assailli par une épouvantable bourrasque qui mit en pièces sa
pirogue et le jeta à la côte avec ses compagnons. Exténués,
mourant de faim, ils se hasardent dans la forêt à la recherche d'une proie ou de fruits sauvages. Mais les Agouisiris les épiaient ; leur bande infernale tombe sur eux à
l'improviste, en poussant des cris de fauve et massacre
l'un d'entre eux avant qu'ils n'aient le temps de se reconnaitre. Les Zaparos épouvantés veulent prendre la fuite ;
mais le vaillant cacique les ramène en avant, tombe sur
ces barbares la lance au poing, en tue trois et met les autres
en pleine déroute. Les Agouisiris épouvantés cherchent un
refuge dans leur tambo ; mais la victoire donne des ailes
aux Zaparos, ils se précipient sur leurs pas, les assaillent
dans leur forteresse, et les en délogent après en avoir massacré cinq !

Maitres du champ de bataille, ils s'en partagent les dépouilles : quelle fortune inespérée, le tambo regorgeait de
vivres ! — « Allons, filles et femmes des vaincus, vite, vite,
à l'ouvrage ! Il nous faut des vivres, des viandes, de la
chicha, du yucca ! » Plus mortes que vives, les infortunées apportent aux pieds de leurs rudes vainqueurs le
festin préparé pour leurs maris et leurs frères, immenses
jarres en terre d'où s'exhale un fumet exquis.

Voilà nos hommes contents : ils écartent brutalement ces femmes qui pleurent et qui tremblent, s'emparent des jarres débordantes dont ils versent le contenu dans une auge en bois... Horreur ! c'étaient des membres humains que contenaient ces jarres : les pieds, les mains, la tête tout était là... Alors la fureur de ces hommes éclate comme la foudre, et comme la foudre aussi, ils tombent sur les horribles mégères qui ont préparé et fait cuire cette chair humaine : ils vont les broyer, les hacher comme la viande répugnante de leur infâme ragoût, quand le cacique, prompt comme l'éclair, se jette entre ces infortunées et leurs terribles agresseurs ! Calme, sublime, il regarde ses Indiens en face. « Enfants, vous voulez massacrer ces femmes, soit ; mais vous tuerez d'abord votre cacique ! » C'est fini ; la colère de ces sauvages s'apaise, les femmes se sauvent dans les bois, les Zaparos pillent tambo et chagra, et reprennent la route du Curaray.

La veille du départ, dans la soirée, nos chers Indiens, précédés de leur cacique, viennent nous offrir le mitayo, c'est-à-dire la dîme des produits de leurs chagras et de leurs chasses. C'étaient des régimes de bananes, des yuccas fraîchement cueillis ou séchés au feu, du poisson, des quartiers de venaison. Le cacique nous offre un superbe filet de tapir boucané, des filets de pécaris séchés et à moitié rôtis. Nous n'étions pas habitués à pareille abondance ! Les Indiens du Napo et de l'Ahuano ne nous avaient pas traités si royalement : ni viande, ni poisson ; nous n'avions obtenu que des yuccas et quelques régimes de bananes. Pour remercier ces braves gens, nous leur distribuons les mille bagatelles dont nos sacs sont remplis : hameçons, verroteries, quelques lambeaux de toile pour se vêtir, etc., etc. Aux femmes, nous donnons des médailles qu'elles s'empressent de suspendre à leur cou mêlées aux verroteries et aux objets bizarres dont elles ont coutume de se parer.

Le lendemain, à sept heures, les deux clochettes suspendues à la porte de l'église sonnent tristement le départ des Pères, et tous les Indiens d'accourir, hommes, femmes et enfants, pour les adieux. Tous nous prient de les bénir ; quelques-uns nous présentent leurs enfants malades, nous conjurant de leur imposer les mains. Le Père Pérez s'exécute et bénit ces moribonds.

Enfin le cacique nomme les guides et les porteurs qui doivent nous accompagner à Canélos, et huit Indiens robustes s'avancent aussitôt. Ils s'emparent de nos bagages qu'ils se suspendent au front et aux épaules par des bandes d'écorce, et nous descendons sur le rivage. Toute la tribu nous suit, les hommes jusqu'à la rivière, les femmes se tiennent sur la berge, agitent les bras en signe d'adieu. Le vieux cacique nous précède sans mot dire et s'assied furtivement dans la pirogue préparée pour nous recevoir. Il pensait que nous l'oublierions, et qu'une fois partis, nous n'aurions pas la cruauté de le renvoyer et qu'il pourrait ainsi nous suivre jusqu'à Canélos. Quel ne fut pas son chagrin lorsque, le prenant par la main, nous le conjurâmes de ne plus exposer sa vieillesse aux fatigues et aux périls d'un si rude voyage. « Ah ! Père !... ah ! Père... » Il ne put en dire davantage, si vive était son émotion. De grosses larmes brillaient dans ses yeux, et lorsqu'il nous baisa la main, elles y tombèrent comme une douce et sainte rosée, comme le dernier et irrévocable témoignage de cette tendresse si touchante.

Mon émotion n'était pas moins grande que celle de ce saint homme. Pendant que la pirogue s'éloigne, mes yeux restent fixés sur cette céleste figure ! Je remercie Dieu d'avoir mis sur ma route un type aussi achevé de la perfection évangélique, type si simple et si grand, si fort et si suave, si terrestre et si céleste, véritable fleur de Paradis éclose dans cette forêt, au sein de cette barbarie, pour la purifier et la sanctifier de ses célestes émanations !

CHAPITRE XI

DE CURARAY A CANÉLOS

Notre navigation ne dura pas plus d'une heure : nous abandonnâmes la pirogue pour nous enfoncer dans les gorges de plus en plus escarpées où coule le Curaray. Il faut qu'à la nuit tombante nous soyons à la source du fleuve, coûte que coûte! Or, ce n'est pas chose facile : le fleuve est plus ondoyant qu'un serpent; il décrit mille courbes, s'enfonce dans des profondeurs vertigineuses, nous enveloppe et nous emprisonne dans ses innombrables anneaux. Nous dûmes le passer à gué vingt-quatre fois! Les galets, les débris de roches qu'il roule dans ses flots impétueux nous fouettent violemment les jambes, nous mettent en sang, c'est une douleur insupportable! Les Indiens sont là près de nous qui nous relèvent lorsque nous tombons, qui nous saisissent et nous ramènent, lorsque le courant nous soulève et nous emporte. A la fin, nous nous laissons conduire comme des machines, sans sentiment; l'abime nous eût engloutis sans nous arracher un cri, sans nous causer une émotion. On ne saurait comprendre, sans l'avoir éprouvée, cette sorte de prostration! En arrivant sur ces hauteurs dont l'escalade nous avait coûté tant de fatigues et de blessures, nous nous assimes tristement près de cette source, dont la vue, en toute autre circonstance, nous eût causé un si vif plaisir. Le repas préparé par nos Indiens ranima nos forces, et nous finimes par rire de notre abattement et de nos figures allongées et maussades.

Le lendemain, au point du jour, nous disons adieu au fleuve qui nous avait si maltraités; et, descendant le versant opposé, nous tombons dans une région couverte de collines, sillonnée de nombreux cours d'eau. Ce sont les affluents du Lliquino et du Villano, rivières sans importance, mais d'une poésie qui nous ravit. Leurs eaux limpides et murmurantes courent sous la voûte immense formée par la ramure épaisse des grands arbres qui se pressent sur leurs rives. Il en retombe d'innombrables pendentifs, comme les lustres étincelants d'une église. Parfois cette végétation robuste et grandiose fait place aux plus gracieux motifs. Les talus, déboisés par l'ouragan ou par les eaux qui ont déraciné et entraîné les grands arbres, se sont couverts de buissons de laurinés et de vernonias, tapissés de balisiers et de palmiers nains. Çà et là se sont formés des berceaux de verdure comparables aux tonnelles les plus artistement façonnées. Sur le treillis des lianes, qui, d'une rive à l'autre, se sont croisées et enchevêtrées, la clématite en fleurs et mille plantes grimpantes ont jeté leurs draperies. Leurs tiges entrelacées, parées de leur gracieux feuillage, retombent souvent à l'intérieur comme des rideaux de dentelle; leurs extrémités, fines et déliées comme des fils de soie, viennent baigner dans le courant qui les lutine. Tout à coup, sous l'une de ces tonnelles formées par la nature, nous apercevons une biche. Les pieds dans l'eau fraîche du courant, la charmante bête broutait tranquillement les tiges de faux maïs et de plantain d'eau qui croissent dans cette atmosphère rafraîchie. A peine nous a-t-elle vus, qu'elle bondit sur les talus et disparaît lestement dans les fourrés. Nous ne regrettâmes pas qu'elle échappât ainsi à la flèche de nos Indiens : immoler cet innocent et doux animal eût été profaner ce séjour enchanteur, où tout était paix, recueillement et mystère !

Ce fut également dans ces parages que nous rencon-

trâmes un jeune Zaparos, enfant de dix à douze ans tout
au plus, courant la forêt, la sarbacane sur l'épaule, le carquois au côté. Il connaissait sans doute nos Indiens, car au
lieu de s'enfuir comme la biche, il fit volte-face et attendit
de pied ferme. L'allure décidée, la physionomie franche
et éveillée de ce bambin nous frappa : « Où vas-tu, mon
petit ami? — A la chasse. — Comment! à la chasse? mais
tu ne crains donc pas de t'aventurer seul dans la forêt? tu
n'a pas douze ans! — Moi, nous répondit-il fièrement, j'ai
déjà tué le tapir et le sanglier! » Et il disparut sans en
dire davantage. Oh! si ces natures, énergiques et douces
en même temps, recevaient une éducation chrétienne! si
quelqu'un les sortait du milieu barbare qui les corrompt,
corrigeait par une discipline habile la sauvage indépendance qu'ils ont sucée avec le lait de leurs mères, quels
hommes et quels chrétiens cela ferait! Intelligents et
avides d'instruction, ardents de tempérament et cependant
aimables et doux de caractère, sympathiques au suprême
degré, il n'est rien dont ils ne soient capables en bien
comme en mal!

A peine notre jeune chasseur eut-il disparu, que nous
entendîmes un bruit sourd, tel que celui de la foudre lorsqu'elle gronde dans le lointain. Le sol semblait trembler
sous nos pieds. Les Indiens s'arrêtent sans mot dire, déposent leurs fardeaux au pied d'un grand arbre et s'arment
de leurs lances. Périco, qui ne me quitte jamais d'une
semelle, se place entre mes jambes comme entre les bas-
tions d'une forteresse, pleurant et tremblotant comme au
jour à jamais mémorable où je le rencontrai dans les fondrières de Guamani.

Cependant, les Indiens se sont penchés et, toujours sans
mot dire, me montrent sur la vase remuée et bouleversée
les empreintes toutes fraîches d'innombrables pattes de
sanglier. Nous allions donc avoir affaire à forte partie. Le
bruit infernal qui nous assourdissait n'était autre que le

Les frères Santi (Indiens Canélos)

travail souterrain de ces affamés, fouillant le sol, mettant
à nu les racines pulpeuses des grands arbres pour s'en
nourrir. Les Indiens étaient rayonnants, et j'avoue que,
plein de confiance dans leur prodigieuse habileté, je consi-
dérais comme une bonne fortune d'assister ainsi à une
chasse indienne, à une chasse aux sangliers, et d'y prendre
moi-même une part active.

Avant donc que le P. Pérez, qui s'était attardé d'une
cinquantaine de mètres, nous eût ralliés, j'arme mon fusil
et essaye de lancer Périco sur la piste des sangliers, afin
de les attirer dans notre direction. Mais Périco, ce modèle
des braves, serre la queue entre ses jambes, et répond à
mes objurgations et à mes menaces en s'étendant sur le
sol, les quatre pattes en l'air. Il me disait dans son langage parfaitement intelligible : « Mon cher maître, jamais
je n'oublierai le service mémorable que tu m'as rendu ; c'est
pourquoi je consens volontiers à partager ton yucca, tes
viandes et toutes les friandises qu'il te plaira de m'offrir!
Quant à l'odeur de la poudre, ça me répugne; je ne suis
pas fait pour les luttes et les combats. Libre à toi de te
faire rompre les jambes, découdre l'abdomen par ces perfides bêtes; pour moi, je préfère garder intact l'unique
œil qui me reste encore et réparer les forces que de longues privations m'ont fait perdre! » O Périco! quelle pluie
d'épithètes injurieuses je fis tomber sur ton ingrate et
lâche personne! Mais rien n'y fit; et les Indiens, voyant
qu'il n'y avait pas à compter sur cette vilaine bête, allaient
se lancer en avant et dépister eux-mêmes leurs terribles
adversaires, lorsque parut le P. Pérez. Le Nestor de notre
bouillante et imprudente armée fait entendre le discours
suivant, bien plus élevé comme ton que celui de Périco,
quoique aboutissant à la même conclusion : « Enfants,
dit-il aux Indiens, si vous êtes jeunes et robustes, vous oubliez que je suis vieux et cassé par les ans. Lorsque la
troupe des sangliers s'ébranlera, il vous sera facile d'éviter

leurs défenses meurtrières en grimpant sur un arbre, en vous suspendant aux lianes comme les singes, vos frères et amis. Pendant ce temps-là, que deviendra le P. Pérez? Seul et désarmé, n'ayant plus la force musculaire ni l'agilité de mes vingt ans, je me verrai assailli, broyé, mis en pièces par ces Troyens impitoyables. Ainsi donc, je ne reverrai plus les rives fleuries du Misagualli, ni Archidona si féconde en hommes apostoliques et vaillants. Mon sang, le sang du vieux Nestor, qui coula dans tant de combats héroïques, engraissera cette terre perfide, et je n'aurai d'autre tombeau que l'estomac des carnassiers! » Il dit, et un murmure approbateur accueille ces sages paroles. Périco, remis de sa frayeur, et relevé de la posture humiliante qu'il avait conservée jusqu'alors, applaudit à se rompre la queue. Comme si les sangliers eux-mêmes se fussent laissés convaincre par cette sagesse, fille de Jupiter, leur tumulte effroyable s'apaise comme par enchantement. Les Ajax et les Achille rengainent leurs terribles armes. Les Indiens prennent sac au dos, se lancent sur les pas du sage Nestor, obliquent à droite et évitent ainsi la rencontre des ennemis. . . . .
. . . .
. . . .

Le Lliquino n'est remarquable que par la multitude des poissons et des serpents qui sillonnent ses eaux. Ses rives éraflées, désagrégées par ses crues fréquentes, couvertes d'éboulis de rochers, d'arbres et de cactus, nous obligent à de longs détours.

Nous sommes en plein pays Zaparos; mais qui donc s'en douterait au silence et à la solitude effrayante dont nous sommes enveloppés. Il serait moins difficile de trouver le nid d'un oiseau de proie, ou le repaire du tigre, que de dénicher la cabane de feuillage du sauvage. Vous passez près d'elle sans en soupçonner l'existence. Si l'Indien, qui vous épie et vous suit des yeux pendant que vous le cherchez, ne vous arrête pour vous dire : Me voilà! vous userez vos yeux et vos jambes avant d'avoir dépisté ces êtres subtils et défiants. Et cependant, presque tous leurs tambos sont situés sur le bord des rivières et des ruisseaux que nous traversons ; oui, mais ils sont dissimulés derrière un épais rideau de verdure, rideau formé de fourrés épineux que votre épiderme trop adouci par la civilisation ne peut impunément braver. Les pirogues, sorties de l'eau, ont été transportées près de la cabane ou dissimulées dans les buissons. Les pistes elles-mêmes, l'empreinte des pieds sur le sable ou dans la boue ont été effacées. Cet être si sociable, au dire des philosophes, emploie tout son génie à fuir la société, tous ses instants y sont appliqués, sa vie se passe à s'entourer de barrières et de protections contre l'envahissement de son semblable, à se cacher à ses regards, à fuir sa présence !

Lecteur, nous voici sur les rives du Villano et le cœur me bat si fort que j'aurais mauvaise grâce à vous cacher mon émotion. Cette rivière magnifique sert de boulevard au territoire de Canélos ; elle le limite, au nord, du côté des Zaparos, de même que le Pastazza au sud-ouest le sépare des Jivaros. Or Canélos, si ce n'est pas la mission, si ce n'en est même qu'une partie infinitésimale, c'en est la perle, le poste le plus avancé, l'avenir. Tant de souvenirs de famille et tant d'espérances rattachent l'Ordre de Saint-Dominique à ce coin de terre sauvage, à cette tribu vaillante et fidèle ! J'avais entrepris tant de travaux, bravé tant de périls pour aborder à ce rivage si ardemment désiré ! ce pays me semblait si loin, si insaisissable, et enfin j'en étais si près, qu'en passant cette rivière, en atteignant la rive opposée, je croyais rêver ! Mon premier acte, en mettant le pied, pour la première fois, sur cette terre conquise par nos ancêtres, illustrée par leur héroïsme, arrosée de leur sang, fut de tomber à genoux pour remercier Dieu de m'y avoir conduit sain et sauf à travers tant

de vicissitudes, pour lui demander pardon de mon infir-
mité, de ma nullité, en face de l'œuvre colossale que nous
allions entreprendre, pour implorer la grâce qui fait les
apôtres et au besoin les martyrs! Lorsque le pauvre exilé
revient, après mille vicissitudes, au pays qui l'a vu naître;
lorsqu'il revoit les lieux obscurs et pourtant si chers à son
âme, où jeune et plein d'avenir, il prenait ses ébats avec les
enfants de son âge; lorsqu'à travers la ramure des grands
arbres qui couvrent la colline, lui apparaissent l'humble
toit qui abrita son enfance, le clocher de l'église qui chanta
sa naissance et pleura la mort d'un père ou d'une mère
tendrement aimés, les ifs et les cyprès qui ombragent ces
tombes vénérées; lorsqu'il traverse ces champs et ces prai-
ries témoins de ses jeux innocents, et qu'aux mêmes buissons il revoit les mêmes fleurs, sur la même branche d'au-
bépine le même oiseau, alors il s'arrête, tremblant d'émotion, tous ses souvenirs d'enfance et de jeunesse montent
à flots pressés dans son cœur. Cette évocation, cette résurrection d'un passé si doux et si cher produit en lui l'effet
d'un mirage : l'atmosphère lumineuse qui l'enveloppe se
peuple de fantômes, ceux qui ne sont plus reviennent. Les
voilà! oui, voilà leurs visages aimables et souriants, leur
voix si douce et si caressante!.....

Quelque chose de semblable se passe en moi, lorsque des
rives du Villano où j'étais assis, je contemple le massif verdoyant, la colline de la cannelle où s'élève la pauvre et
chétive église de Canélos, lorsque je songe que je reviens
seul vers cette terre de nos aïeux désertée depuis si longtemps! Tous les souvenirs fameux de la conquête, les en-
treprises hardies de nos Pères, leurs labeurs opiniâtres,
leurs souffrances et leurs triomphes; l'amour trois fois
séculaire de nos néophytes s'obstinant à nous poursuivre,
ne voulant d'autres apôtres que ces hommes blancs qui les
premiers plantèrent la croix dans leurs forêts, nous rame-
nant de force au milieu d'eux; tous ces souvenirs hantent

Indien et Indienne du Napo.

mon esprit, me font battre le cœur. Les faits et gestes de
nos Pères reprennent forme et vie, leurs personnes
vénérables passent et repassent devant moi, j'assiste en
témoin attendri au grand drame qui semble se jouer encore
sous mes yeux.

Au premier plan, à l'avant-garde de cette légion d'hommes apostoliques, nous apparaît l'illustre Gaspard Carvajal.
Saluons cet homme de Dieu, cet explorateur intrépide,
cet émule, ce compagnon des Gonzalve Pizarre et des
Orellana ! C'est le premier apôtre, le premier Dominicain,
le premier prêtre qui planta la croix et versa le sang du
Sauveur sur cette terre infidèle. Il mérite donc une mention spéciale. Carvajal est aumônier en chef de l'armée
expéditionnaire qui, sous la conduite de Gonzalve Pizarre,
gouverneur de Quito, puis de Francisco de Orellana, son
lieutenant, s'avança jusqu'à l'embouchure de l'Amazone et
fit la première découverte du grand fleuve. Pizarre sort de
Quito en décembre 1539, descend la gorge de Guacamayo
dont il a été parlé au début de ce récit, passe le Cosanga,
et arrive enfin à la célèbre cascade du rio Coca. L'état de
l'armée est tel qu'il ne lui est plus possible de continuer
sa marche : la faim, les fatigues de la route, les flèches
des Indiens, mille obstacles imprévus l'ont déjà décimée,
que faire ?

On dit que plus bas, sur le fleuve, il y a des populations
importantes et des vivres en abondance ; si c'était vrai !
Orellana est lancé en éclaireur, on lui donne cinquante
hommes armés d'arquebuses : Le P. Carvajal l'accompagne !

Une embarcation a été construite à la hâte : ils y montent tous et se lancent dans l'inconnu. Les jours succèdent
aux jours, et pas de population ! La faim les presse, ils en
sont réduits à manger le cuir de leurs chaussures. Les
voilà à l'embouchure du Coca et tout à l'heure sur le Napo.
Cependant un bruit insolite les tire de la torpeur où la

faim les a plongés. C'est le tambour des Indiens qui résonne, il y a donc fête dans la forêt. Ils descendent à terre, s'aventurent dans les bois et tombent au beau milieu d'Indiens buvant et dansant.

Ceux-ci, doux de caractère, les accueillent avec amitié, leur donnent des vivres, du maïs. Leurs forces renaissent; la pensée de leurs infortunés compagnons de la troupe de Pizarre leur revient à l'esprit. Vont-ils retourner en arrière pour les secourir, comme ils en ont reçu le mot d'ordre.

Ce n'est pas possible : les Indiens, qui les avaient d'abord secourus et pourvus de vivres, les ont déjà abandonnés; il ne leur reste plus que le strict nécessaire, une provision de quelques jours. Donc aller en avant s'impose. Et les voilà qui s'abandonnent au courant du Napo dans un brigantin construit à la hâte. Dès lors leur expédition n'est plus qu'une succession de combats, d'épreuves et d'angoisses indicibles. Des nuées d'Indiens les enveloppent, les poursuivent dans leurs pirogues, font pleuvoir sur eux une grêle de flèches. En vain les arquebuses font des ravages épouvantables dans les rangs ennemis : les rangs se reforment et l'Indien continue sa poursuite implacable.

Le P. Carvajal reçoit deux blessures, dont l'une fort grave mit ses jours en péril : une flèche lui crève l'œil et s'enfonce si violemment dans l'orbite, que la pointe, traversant le crâne, va sortir au-dessus de l'oreille ! Le saint homme s'humilie devant Dieu, il offre son sang et sa vie pour le salut de ses infortunés compagnons, pour la conversion des infidèles ! et le brigantin se remet en marche. Enfin les voici sur l'Amazone. Là, les femmes elles-mêmes s'arment et s'acharnent contre les étrangers : de là, la légende des amazones, légende accréditée parmi toutes les tribus indiennes de cette époque, acceptée par Orellana et Carvajal sans preuves suffisantes, et qui valut au premier fleuve du monde le nom qu'il portera toujours.

Enfin, après la navigation la plus fertile en incidents qui fut jamais, les Espagnols arrivent à l'embouchure de l'Amazone et se lancent sur l'Atlantique. Leur but est d'atteindre la mer des Antilles et de débarquer à Cuba. Ils y arrivent, en effet, mais à travers quelles péripéties! Ce qu'ils appellent leur brigantin n'est qu'une nacelle mal construite, et encore plus mal équipée. Tous sont des marins improvisés; il n'y en a pas un seul qui ait quelque connaissance, quelque pratique de la mer! Ils n'ont pas même de boussole! Aussi errent-ils longtemps au gré des vents et des courants, n'arrivent à Cuba que par miracle et en faisant naufrage au port!

Il faut entendre Carvajal lui-même raconter, jour par jour et, pour ainsi dire, heure par heure, tous les faits saillants de cette exploration mémorable! Il faut lire le mémoire (1) qu'il en écrivit, pour se faire une idée de l'héroïsme déployé par cette poignée d'hommes, — de la foi ardente qui les soutint dans leurs épreuves et assura le triomphe définitif d'une entreprise infiniment au-dessus des forces humaines. Je ne sais pas de récit plus émouvant, d'un accent plus sincère et plus humble! Je ne sais rien qui venge mieux Orellana des accusations si graves portées contre lui par nombre d'historiens. Ceux qui ont osé dire qu'Orellana fut traître à Pizarre, qu'en poursuivant sa marche en avant, il obéissait à un sentiment d'ambition d'autant plus coupable que son départ était la ruine certaine de l'armée expéditionnaire, ceux-là n'avaient évidemment pas lu ces pages si simples et si touchantes, pages écrites par un saint et dignes de l'admiration de la

____

(1) Le mémoire du P. Gaspard Carvajal a été publié intégralement dans le très important ouvrage dont nous donnons le titre : *Historia general y natural de los Indios, islas, etc.*, por el capitan Gonzalo Fernandez de Oviedo y Valdes, primer cronista del Nuevo Mundo, publica la real Academia de la Historia, por D. José Amados de los Rios. (Tercera parte, tomo IV.) — Madrid, imprenta de la real Academia de la Historia, calle del Factor, 9, — 1855.

postérité ; monument historique de premier ordre, parce qu'il fut écrit par un témoin oculaire, par un acteur, par une victime de ce drame palpitant! Ceux-là non plus ne les avaient pas lues, qui ont prétendu que le P. Carvajal, indigné de la conduite d'Orellana, refusa de le suivre dans sa marche en avant, et que lâchement abandonné sur les rives du Napo, à l'embouchure même du Coca, il avait été rejoint par Pizarre, avec lequel il revint à Quito. C'est du roman ; le récit de Carvajal en fait foi !

Pendant que d'audacieux explorateurs descendaient au nord les gorges et les vallées du Coca, d'autres, non moins intrépides, exploraient au sud les plages merveilleuses du Pastazza, se lançaient dans le dédale des rivières situées sur la rive gauche, et gravissaient les collines parfumées où fleurit la cannelle. Déjà le capitaine Gonzalve Diaz de Pinda y avait fait une courte apparition en 1536. Mais, non plus que celle de Pizarre au nord, l'expédition de Pinda n'avait eu de résultat au point de vue politique. Il fallut battre en retraite devant les terribles Jivaros qui habitaient cette région. Nous n'y trouvons aucune trace de gouvernement, aucun vestige d'apostolat jusqu'à l'année 1581.

La première mission créée dans les contrées sauvages de l'Équateur, dans les territoires situés à l'est de la Cordillière, fut la mission de Canélos, et les premiers apôtres de cette mission furent les religieux de l'Ordre de Saint-Dominique. Quatre religieux du couvent de Quito se dévouèrent ensemble au laborieux enfantement de cette chrétienté ; nous verrons bientôt leur histoire. Et cependant, la gloire de cette création est plus spécialement attribuée au vénérable Père Sébastien Rosiro (1), sans doute parce que ce fut lui qui compléta l'œuvre commencée par ses colla-

(1) Vide *Memorial en la causa del colejio de San Fernando*, por el Padre Fr. Ignacio de Quesada. — Roma, 1680.

borateurs et établit cette chrétienté naissante sur le territoire qu'elle a toujours occupé dès lors et défendu tant de
fois au prix de son sang.

Le P. Rosiro mourut en odeur de sainteté. Ses premiers
collaborateurs furent choisis pour lui succéder dans la
direction de cette mission. Nous rencontrons d'abord le
P. Valentin de Amaya, puis le P. Diégo de Ochoa.

Depuis sa fondation, en 1581, la mission de Canélos n'a
jamais cessé d'appartenir à l'Ordre de Saint-Dominique. A
l'aide des archives et des vieilles chroniques de nos cou-
vents, il nous serait facile de suivre les traces de nos Pères
sur les rives du Bobonaza et du Pastazza, de faire revivre
les événements saillants qui ont illustré leur apostolat.
Certes les épreuves ne leur manquèrent pas; du premier
au dernier, du P. Rosiro au P. Fierro, la vie de ces hommes
apostoliques fut un martyre de tous les jours. Souvent
abandonnés par leurs néophytes vagabonds et inconstants,
traqués par les Jivaros, mourant de faim, outrageusement
calomniés par les blancs qui ne s'accommodaient pas de
la morale sévère prêchée aux Indiens et surtout de la protection dont on les couvrait, ils connurent toutes les
épreuves et toutes les angoisses par lesquelles peut passer
une âme humaine. Lors du soulèvement des Jivaros, en
1599, bon nombre de nos missionnaires cueillirent la
palme du martyre. Leur mort, loin d'effrayer ceux qui se
destinaient à ce ministère sublime, les enflamma d'une
nouvelle et plus sainte ardeur. Les missionnaires se succédèrent sur ces rives ensanglantées pendant comme avant
la persécution, sans aucune interruption.

Ce fut en 1867 que la Province dominicaine de l'Équateur renonça définitivement à cette mission et crut devoir
rappeler les derniers apôtres qui s'y consacraient encore :
les PP. Espinosa, Boya et Fierro. Le petit nombre des
religieux ne permettait plus de poursuivre une œuvre
aussi grandiose. On préféra donc l'abandonner et s'en dé-

charger sur d'autres, que de la voir décliner et périr aux mains de ceux qui l'avaient créée et soutenue avec tant de zèle.

Les prêtres séculiers qui nous succédèrent dans ce poste difficile ne parvinrent pas à nous faire oublier. Et cependant, tout fut mis en œuvre pour capter l'affection de nos néophytes ; les Indiens reçurent les présents, mais sans donner leur cœur, qui nous resta obstinément fidèle. On se dit alors que ces entêtés se rallieraient facilement si l'on échangeait la soutane contre l'habit blanc qui leur était si cher. Mais ce subterfuge ne trompa que ses auteurs, qui durent y renoncer devant l'hostilité croissante des Indiens.

Lorsque Garcia Moreno prit en mains les rênes du gouvernement, cette mission, comme toutes ses voisines, était dans le plus complet désarroi. Notre Ordre n'y avait plus aucun représentant, et le clergé séculier répugnait à se charger d'un ministère aussi rigoureux, aussi étranger à ses aptitudes. Le grand réformateur y appela les Jésuites ; et j'ai déjà dit comment nous fûmes amenés à partager avec eux l'honneur et les périls de cet apostolat.

Ce retour de l'habit blanc du Frère-Prêcheur sur les rives du Bobonaza allait être le signal d'une grande joie, d'un grand triomphe pour la tribu vaillante et fidèle de Canélos ! Le plus cher de ses vœux, le plus ardent de ses désirs allait être exaucé ! Que de démarches ces Indiens n'avaient-ils pas faites pour nous ramener au milieu d'eux ! démarches naïves et touchantes qui eussent attendri les cœurs les moins sensibles et les moins dévoués. Plusieurs fois déjà ils s'étaient adressés aux pouvoirs publics, au Président, à l'Archevêque, les conjurant de vaincre notre obstination et de leur envoyer des Pères blancs. Mais les Pères blancs ne venaient pas ; alors que font-ils ? Ils vont eux-mêmes les chercher ! La tribu s'assemble, et quinze des plus intelligents, des plus décidés,

se mettent en marche sous la conduite du capitaine Palate.
C'est un rude voyage que celui-là! Il faut franchir la Cordillière, vivre au milieu des blancs exécrés, s'exiler de la
forêt pendant cinq ou six semaines au moins : c'est du pur
héroïsme, cela ne s'est jamais vu! N'importe, ils acceptent
tout, pourvu qu'ils retrouvent leurs Pères blancs!... Ce fut
un événement que cette ambassade ; les religieux qui en
furent témoins ne l'oublieront jamais! Un jour, notre couvent de Quito s'emplit de tumulte : ce sont les Indiens qui
envahissent notre domicile, se répandent dans les cloîtres,
les galeries, partout. Attirés par le bruit, les religieux
sortent de leurs cellules et se rencontrent face à face avec
ces hommes à la longue chevelure, à l'air martial, à la voix
stridente, à la peau bariolée. Quelle surprise! Puis tout à
coup se passe la scène la plus touchante qu'il soit possible
d'imaginer. Les Indiens se jettent dans les bras de ces
Pères, après lesquels ils soupiraient depuis si longtemps.
Ah! ils les tiennent, enfin ; ils ne les lâcheront plus. Il faudra bon gré malgré qu'ils les suivent dans la forêt. « Et
qui donc baptisera nos enfants? Nous n'en voulons pas
d'autres ; vous, vous! » Et ce sont des caresses, des transports inimaginables! Enfin, ils tombent aux pieds des supé-
rieurs, leur baisent les mains, les conjurent au nom de ce
qu'ils ont de plus cher de leur donner des missionnaires!

Quel cœur de pierre n'eut été vaincu par l'éloquence
naïve et touchante de ces grands enfants ; par cette fidélité
de trois siècles à l'Ordre religieux qui s'obstinait à ne pas
les reconnaître ; par cet amour si tenace dans des cœurs
si inconstants, d'une expression si vraie, si pittoresque, si
dénué d'artifices! Nous leur donnâmes notre parole, et
cette parole, aidée de la grâce de Dieu, ressuscita la mission dominicaine de Canélos ! . . . .
, ...
Tout entier à mes souvenirs, j'avais laissé le P. Pérez et
les Indiens organiser le campement. Seul sur cette rive

déserte, que les premières ombres de la nuit enveloppaient de silence et de mystère, je serais resté longtemps encore dans ces douces et fortifiantes rêveries, si les Indiens ne m'en avaient distrait tout à coup pour me montrer un curieux phénomène.

Ces grands enfants s'amusaient à frapper du matchec quelques-uns des arbres lactifères qui s'élevaient à la lisière de la forêt, et il s'en échappait des flots d'un lait blanc extrêmement sirupeux. La liqueur coulait avec tant d'abondance, que nous pûmes en remplir plusieurs calebasses sans en tarir la source, qui continua de s'épancher sur le sol. Le sandi ou arbre à lait n'était donc pas un mythe, un être créé par l'imagination des poètes ou d'explorateurs trop amis du merveilleux. Je me trouvais en présence de cet arbre phénoménal, je dus me rendre à l'évidence. Toutefois, ce qui est beaucoup moins évident, ce sont les qualités nutritives de ce lait végétal. Les Indiens le considèrent, et sans doute avec raison, comme un astringent des plus énergiques. Ils s'en servent aussi pour composer une sorte de goudron ; quant à s'en nourrir, cela leur arrive sans doute très rarement et seulement dans les cas d'extrême nécessité. Cette sève blanche et visqueuse, si appétissante à l'œil, si douce au palais, laisse un arrière-goût désagréable. On en peut boire impunément deux ou trois fois ; si l'on exagère la dose, de sérieux troubles digestifs ne tarderont pas à se déclarer.

Ce fut également sur les rives du Villano que nous aperçûmes les premiers canneliers que nous eussions vus jusqu'alors, arbres immenses dont l'écorce et la fleur embaument la forêt.

Le lendemain, après une longue et rude étape, après avoir tremblé plus d'une fois de nous rencontrer face à face avec le tigre, dont les pistes toutes fraîches donnèrent la chair de poule à Périco, nous arrivâmes enfin à Canélos. Il était sept heures du soir.

TROISIÈME PARTIE

SÉJOUR A CANÉLOS
EXCURSION A PACAYACU ET A SARAYACU

CHAPITRE XII

L'obscurité est telle, que nous cherchons longtemps
l'église à travers les buissons et les arbustes parfumés qui
couvrent toute la surface du village. Quels sont ces arbustes? Nous n'en pouvons distinguer la forme, mais l'a-
rome exquis qui s'en dégage, arome que la fraîcheur de la
nuit rend plus suave et plus pénétrant encore, nous avertit
que nous voyageons au milieu des orangers et des citronniers. Enfin nous choppons à la porte d'une pauvre cabane,
sorte de hangar entouré d'une claire-voie de chonta et couvert en feuilles de bananier : c'est l'église.

Les Indiens allument un flambeau de résine de copal,
et nous traversons la nef, vaste ossuaire où dorment toutes
les générations de chrétiens baptisées depuis la conquête.
Nous voici près de l'autel que nous distinguons à peine à
la lueur blafarde et fumeuse qui nous éclaire, assez cependant pour avoir entrevu dans la pénombre le visage, toujours si reconnaissable à ses fils, de notre Reine et Mère, la
Vierge du Rosaire.

Le P. Pérez a-t-il conscience de ce qui se passe en moi,
à la vue de cette pauvre statue? Toujours est-il qu'il s'approche discrètement et me dit ces simples mots : « Elle fut
apportée par vos anciens Pères ! » Cette révélation inattendue excita dans mon cœur tout un monde de sentiments !
Il me serait difficile de les démêler aujourd'hui ; mais
ceux-là les devineront sans peine qui ont le culte des sou-

venirs, et, dans les événements insignifiants en apparence,
savent reconnaitre les procédés si délicats et si touchants
de la Providence. Ainsi donc, je retrouvais la Mère au
foyer déserté par ses fils ! Elle savait que nous reviendrions
un jour vers elle, vers sa tribu préférée ! Elle nous attendait au seuil même de ce séjour pour nous souhaiter la
bienvenue, renouveler l'antique alliance, renouer le fil brisé
des traditions, pour nous réinstaller en quelque sorte dans
ce domaine qui est nôtre à tant de titres ! Elle était là pour
continuer l'apostolat que nous avions interrompu, conserver dans le cœur des sauvages l'amour des antiques traditions ! S'ils sont restés dominicains malgré tout, et célèbres, entre toutes les tribus, par leurs exploits héroïques
contre les infidèles, c'est à la Vierge du Rosaire qu'ils le
doivent ; nous n'en saurions douter !

Cette relique vénérable des temps anciens n'était pas la
seule que je dusse rencontrer dans ce pauvre sanctuaire.
Mais n'anticipons pas sur les événements, et puisqu'il fait
nuit et que nous sommes à moitié morts de fatigue, cherchons un peu de repos sous notre toit. Oui, sous notre toit !
car ici, nous sommes chez nous ! Permettez-moi donc de
vous faire les honneurs de mon superbe palais. Il confine
à l'église, et sans avoir lu ni Vitruve ni Viollet-Leduc, je
puis vous en donner une description authentique. C'est
une espèce de poulailler de bambou porté sur des troncs
de chonta, poulailler branlant et vermoulu, auquel nous
accédons par un escalier dont les marches ont été taillées
à coups de hache dans un tronc de cèdre. Rien de plus rustique, de plus primitif, de plus difficile à escalader !... Enfin nous y voilà, et tout joyeux d'avoir un chez moi sur
cette terre que je parcours en Juif-Errant, j'arpente en
long et en large les quelques mètres carrés de surface de
ce misérable taudis ! Si vous voulez son histoire, la voici
en deux mots : c'est encore une relique des temps antiques ;
c'est l'ancienne demeure de nos Pères. Maintes fois nos

successeurs prièrent les Indiens de la remplacer par quelque chose de plus spacieux, de plus confortable; mais ces entêtés ne voulurent jamais obéir : « C'est le tambo des Pères de Saint-Dominique! » Ils ne sortaient pas de là. Vous leur eussiez rompu bras et jambes avant de les amener à porter une main sacrilège sur la cabane du Père blanc! Chaque fois que la tempête ou les pluies torrentielles bouleversent la toiture de feuillage, ou jettent par terre l'un des troncs vermoulus qui lui servent d'appui, ils s'empressent de réparer les dégâts, mais toujours sur le même plan, sans varier d'un iota : c'est le tambo des Pères blancs !

Cependant une idée lumineuse traverse l'esprit du Père Pérez : — «Père, il doit y avoir quelques tambos d'Indiens dans le voisinage, entre autres celui du cacique et du capitaine Palate; déchargez votre fusil, cela donnera l'éveil !» — Ainsi parle le vieux Nestor, le plus éloquent, mais cette fois le plus imprudent des mortels. Au vacarme infernal produit par la double détonation, répondent les bourdonnements aigus, les trompettes guerrières d'un essaim de guêpes qui avaient élu domicile sous notre toit. Les bataillons ailés se précipitent, nous enveloppent de leurs noirs tourbillons, dégaînent leurs aiguillons terribles et nous criblent de piqûres toutes les parties visibles du corps. Les Indiens, qui présentent une surface plus étendue aux blessures de l'ennemi, sont naturellement plus maltraités. Pendant cinq minutes, ce sont des cris, des hurlements, des imprécations, des gambades qui ébranlent le fragile édifice jusque dans ses fondements, et le menacent d'un effondrement qui eût consommé notre ruine. Le vieux Nestor se couvre le visage de son mouchoir, et sauve ainsi son nez vénérable des assauts et des profanations d'un impudent ennemi! Les Indiens, qui n'ont pas de mouchoir, sautent à terre avec la légèreté de l'écureuil, se roulent en désespérés sur l'herbe humide qui tapisse le sol. Resté seul sur le champ de bataille et devenu le point de mire de tant d'adversaires acharnés, je souffle tout bonnement sur le flambeau de copal qui éclaire cette scène de carnage ! Le tumulte s'apaise comme par enchantement, l'ennemi bat en retraite, l'obscurité ramène le silence et la paix.

Cette chaude affaire me coûta un demi-flacon d'ammoniaque dont j'arrosai les blessures des frères et amis, sans oublier l'infortuné Périco dont le museau, gonflé comme celui d'un dogue, criblé comme une écumoire, eût attendri des cœurs plus durs que les nôtres. Le lendemain, au point du jour, l'essaim fut habilement cueilli par les Indiens, et exterminé avec un raffinement de rage et de cruauté qui nous vengea surabondamment de la défaite de la veille.

La nuit ne nous apporta pas le repos auquel nous avions droit. A peine nous étions-nous étendus sur les claies de bambou qui nous servaient de lits, que les nuages amoncelés pendant la soirée crèvent avec fracas. Il semble que toutes les cataractes du ciel se déchargent sur nos têtes. Violemment secouée et bouleversée par l'ouragan, la toiture de feuillage, que les Indiens n'avaient pas renouvelée depuis nombre d'années, est bientôt traversée par la pluie. Pendant plus de deux heures, nous recevons une douche en arrosoir d'un grain si serré, d'un jet si continu, que l'hydropathe le plus exigeant s'en fût contenté. Chassés du lit, nous nous réfugions dans les angles, où il nous semblait que l'infiltration devait être moins abondante. Mais bientôt les angles eux-mêmes ne nous protègent plus, et nous dûmes attendre patiemment la fin de ce déluge. Vers minuit, la tourmente s'apaisa, et bien que tout fût en eau, nous dormimes d'un profond sommeil jusqu'au point du jour.

Allons voir Canélos ! Ce fut le premier bonjour que nous échangeâmes, le Père Pérez et moi, lorsque Morphée nous eut rendu la conscience de notre être et la liberté de nos mouvements. Oui, lecteur, allons voir Canélos, car jusqu'ici nous ne l'avons pas vu, et votre curiosité, j'en suis sûr, n'est pas moins grande que la nôtre.

Nous voici sur l'esplanade gazonnée qui s'étend devant l'église et le *couvent* (c'est ainsi que nous appellerons désormais notre cabane). Il est six heures. Les teintes rosées qui colorent le ciel à l'orient annoncent que le soleil va paraître. Bientôt, en effet, le voile de blanche vapeur qui plane sur la forêt se meut comme sous la pression d'une invisible main ; ses plis soyeux s'agitent et frissonnent, puis s'entr'ouvrent comme les rideaux d'un lit princier ; le soleil parait brillant de jeunesse et couronné de rayons. Cette apparition est saluée par la forêt tout entière qui semble s'éveiller du profond sommeil de la nuit sous les premiers baisers de l'astre du jour. La nuée devient lumineuse, elle s'irise de toutes les couleurs du prisme, se moire des nuances les plus délicates, les plus fugitives, puis se fond et s'évapore sous la chaude haleine du soleil, tel qu'un parfum sur un brasier.

Alors nous apparaissent les cimes majestueuses des grands arbres : encore ruisselantes des averses de la nuit, elles étincellent sous les feux naissants du soleil, telles que des coupoles constellées de diamants et d'émeraudes. Les canneliers en fleurs qui couvrent les collines voisines nous envoient leurs senteurs ; nous aspirons avec délices cet air frais et parfumé. En même temps commence le concert des êtres ailés. Tout autour de nous, nous les voyons s'élancer des arbres et des buissons : aras et toucans, perroquets et perruches secouent leurs plumes humides, ajustent leur merveilleux plumage, puis entonnent leur chanson matinale. D'autres ont déjà gagné la cime des palmiers et des arbres fruitiers ; leur bec retentissant tenaille les fruits dont ils broient l'écorce pour en dévorer la pulpe.

A l'occident, tout est encore dans le brouillard, et cependant c'est de ce côté que se dirigent de préférence nos regards, tant l'horizon que l'on découvre du côté de la Cordillière est, au dire des plus exigeants en fait de paysage, magnifique et unique au monde. Mais c'est à peine si nous apercevons, à travers la brume, les collines adjacentes qui servent de ceinture et d'avant-poste à Canélos.

Prenons donc patience, et profitons de ce contre-temps pour inspecter la place et ses alentours, pour explorer les buissons odorants où nous nous égarâmes hier soir.

La place est située à l'extrême limite ouest du plateau qui couronne cette colline, à dix minutes du Bobonaza. C'est un quadrilatère de cent mètres de côté. Elle est bordée d'un cordon d'arbres au tronc noueux et ramassé, aux branches tourmentées, au rare feuillage ; l'écorce grise et feuilletée se laisse facilement diviser en fragments écailleux. C'est le calebassier, vrai pourvoyeur des ménages indiens : ses fruits arrondis, partagés par le milieu, leur servent d'écuelles et de coupes pour pétrir et boire la chicha. Si cet arbre presque chauve n'a rien de gracieux ni de décoratif, reconnaissons-lui du moins le mérite de l'utilité, et confessons que cela suffit pour légitimer sa présence au centre du village.

Tout le reste du plateau qui sert d'assiette au village disparaît sous d'épais massifs d'orangers, de citronniers, de goyaviers. Çà et là, des bouquets de palmiers chargés de régimes de chouta, des papayers d'où pendent des fruits charnus ayant l'aspect et la saveur du melon, puis l'arbre à pain dont l'admirable feuillage n'a peut-être pas de rival dans toute la forêt.

C'est au plus profond de ces bosquets touffus que les Indiens ont caché leurs nids, je veux dire leurs tambos ; car lorsqu'ils viennent au village pour la mission, il faut bien qu'ils aient un abri. Cherchez bien, et vous finirez par en

dénicher quelques-uns ; partout où brillent les capsules
écarlates du rocouyer, où coule un filet d'eau limpide, là
se trouve un tambo.

En parcourant ce jardin délicieux, en contemplant ces
superbes orangers qui atteignent jusqu'à dix mètres et
plus, je ne puis m'empêcher d'admirer l'esprit vraiment
pratique de nos anciens Pères : car ce sont eux qui ont fait
ces superbes plantations, transformé ce coin de la forêt en
un Eden où les cœurs les plus farouches devaient naturellement s'adoucir, en centre d'attraction pour ces sauvages, pour ces solitaires obstinés. Le milieu où nous vivons,
les paysages et les horizons qui nous entourent, exercent
sur nous, à la longue, une si profonde influence ! N'est-ce
pas un axiome scientifique que l'habitation transforme peu
à peu l'individu, modifie son tempérament et par conséquent son caractère, et tout en respectant les éléments
essentiels de sa nature, crée en lui de nouveaux instincts,
ou développe ceux qui n'existaient qu'en germe ! Si libre
que soit l'homme, il n'en reste pas moins assujetti à cette
loi universelle d'évolution : son impressionnabilité, sa
nature elle-même ne lui permettent pas de rester indépendant du milieu où il vit. Le missionnaire, qui a comme but
de renouveler l'esprit d'un peuple, doit avoir cette vérité
présente à l'esprit. Ce n'est sans doute qu'un moyen matériel d'assurer sa bienfaisante influence en rendant les
cœurs plus dociles à son action, mais pour être matériel,
ce moyen ne saurait être dédaigné. L'idéalisme à outrance
ne vaut rien ; le mieux et le plus simple est de prendre
l'homme tel qu'il est.

Cependant Canélos restait désert, et fatigués d'attendre
le cacique et les Indiens qui semblaient s'obstiner à igno-
rer notre présence, malgré les salves d'artillerie de la
veille, nous nous disposons à célébrer la sainte messe.
Tout à coup, les Indiens du Curaray prêtent l'oreille, et
leur attention ne nous permet pas de douter qu'ils aient

flairé quelque nouvel arrivant; puis ils s'élancent en poussant des cris aigus et disparaissent, comme des levriers, dans le sentier qui descend au Bobonaza. Nous nous regardons, le Père Pérez et moi, ne sachant que penser de cette alerte. Mais notre étonnement n'est pas de longue durée. Tout aussitôt retentissent des hourras frénétiques que répercutent au loin les échos de la vallée, et une nombreuse troupe d'Indiens bariolés et chamarrés débouche sur la place et tombe dans nos bras. Ce sont nos Canélos. Oh! les braves gens, comme ils sont grands! comme ils sont beaux! quelle allure décidée, quel air martial. Le premier de tous, le cacique s'est avancé; il dépose à mes pieds un quartier de tapir, des bananes et du yucca. Les autres l'imitent, et chacun d'eux m'apporte sa petite offrande. Mais ce qui m'émeut infiniment plus que leurs présents, ce sont leurs gentillesses, leurs caresses, la joie enfantine qui brille dans leurs yeux, illumine leur physionomie. Tous parlent en même temps, avec une telle volubilité, une mimique si confuse et si multipliée, que j'en suis comme ahuri; j'ai peine à saisir quelques fragments de leurs compliments ou de leurs récits. Les noms de saint Dominique, de *maman* la Vierge du Rosaire, du Père Fierro, le dernier Dominicain qui les évangélisa, reviennent souvent sur leurs lèvres. Puis c'est la vieille église et le couvent qu'ils me montrent triomphants, affirmant que c'est l'église et le tambo des Pères blancs. Ils sont intarissables. Enlevez un enfant au sein maternel, et rendez-le lui après de longues privations, et vous aurez une idée de l'allégresse, des transports naïfs et touchants de ces grands et aimables enfants. Je ne puis m'arracher de leurs bras; ils baisent mon habit, se disputent mon Rosaire :

— Regarde, regarde, se disent-ils l'un à l'autre, c'est le Rosaire de saint Dominique, le Rosaire de *maman* la Vierge!

Mais d'où nous venaient tant de visiteurs? Ils étaient au

Indiens de Canélos.

moins trente. Comment ces hommes, qui vivent si loin du village, avaient-ils pu nous rallier si à propos?

— Cacique, qui t'a dit que nous étions ici?

— C'est le cacique du Curaray, Père.

— Et vous, enfants, qui donc vous a prévenus de notre arrivée?

— C'est le cacique du Curaray, Père.

Ainsi donc, non content d'avoir rassemblé toute sa tribu, ce saint homme avait encore mis en émoi les tribus environnantes. Ses émissaires avaient couru la forêt du Villano au Bobonaza, du Bobonaza au Rotuno. Canélos, Pacayacu et Sarayacu connaissaient l'arrivée du Père blanc; nous croyions être seuls, quand tous les habitants de la forêt s'ébranlaient pour nous recevoir et nous fêter.

Je ne me lasse pas de regarder mes chers Indiens, de les admirer, de leur dire ma joie et mon amour. Jamais encore je n'avais rien vu d'aussi fier, d'aussi vif, d'aussi délié que ces sauvages, rien d'aussi sympathique? Tout en eux respire l'impétuosité du caractère, l'habitude du combat, l'amour de la guerre: le maintien, la démarche, ce coup d'œil scrutateur qui n'est jamais sans défiance, cette lance redoutable dont ils ne se séparent jamais, qu'ils brandissent ou dont ils frappent la terre chaque fois que la conversation s'anime ou qu'ils en veulent souligner quelque trait. S'ils font un pas, il semble qu'ils veuillent se lancer en avant; leur repos lui-même n'est pas sans énergie ni signification : le pied gauche légèrement avancé, la jambe droite ramenée en arrière, tendue comme si elle faisait effort pour lancer le corps en avant, c'est la posture du soldat qui n'attend que le signal pour voler à l'ennemi.

Tout cela se fait naturellement, sans parti pris, sans étude; c'est ainsi qu'ils sont nés, c'est ainsi qu'ils ont grandi. La première fois qu'ils ont mis le pied dans la forêt, ils ont vu leurs pères et leurs frères s'avancer avec précaution, se glisser en rampant à travers les broussailles, se faufiler comme le tigre et la panthère, prêtant une attention minutieuse à la feuille flétrie, à la branche tordue, déchiffrant les hiéroglyphes écrits sur le sable ou dans la boue par le pied du Jivaros ou la griffe du tigre, percevant, 'oreille collée contre terre, des vibrations dont eux seuls pénètrent le sens.

Puis ce furent les embuscades, les assauts nocturnes, les scènes de carnage éclairées par l'incendie. Les hurlements de rage du Jivaros surpris et vaincu, ses femmes affolées qui demandent grâce et que l'on égorge malgré leurs cris, de pauvres innocents que l'on écrase sous le talon ou que l'on transperce de la lance, comme s'ils étaient responsables des crimes de leurs pères!......

Elevés comme des fauves, sans cesse en alerte, prêts à l'attaque comme à la défense, est-il étonnant qu'ils en aient copié les instincts, imité les poses, acquis les qualités et les défauts, la ruse et l'adresse, la bravoure et la férocité.

Mais n'ayez peur; cet appareil redoutable est ici revêtu d'une grâce infinie. Ces êtres étranges vous attirent, en même temps qu'ils vous tiennent à distance, vous captivent tout en vous inspirant une sorte de frayeur. Et je n'entends pas parler précisément de cette grâce purement plastique, qui réside dans les heureuses proportions du corps, la régularité des traits du visage, le jeu souple et harmonieux des muscles, bien qu'ils la possèdent à un degré éminent. Non, c'est de la grâce d'expression [que j'entends surtout parler, de cette grâce qui s'épanouit sur le front de l'homme, dans ses yeux et sur ses lèvres et qui crée sa physionomie; grâce qui n'est autre que le rayonnement de l'âme à travers son enveloppe de chair et qui ajoute au maintien, à la démarche, à tout l'être humain ce je ne sais quoi d'aimable et de séduisant qui est la beauté.

Cela est rare chez les sauvages, je n'en disconviens pas. Chez ces peuples barbares, tout est matériel et brutal, jusqu'aux pensées, jusqu'à l'âme elle-même. C'est donc un phénomène. Mais remarquez qu'ici nous sommes en présence d'une race unique, d'une tribu véritablement phénoménale, d'hommes en qui s'incarne une grande idée, idée dont ils ont conscience et pour laquelle ils verseraient jusqu'à la dernière goutte de leur sang! Canélos est, depuis trois siècles, le boulevard de toutes les chrétientés établies au nord et au nord-ouest du Pastazza. Si l'Indien pacifique du Curaray, du Napo et du Coca dort paisiblement à l'ombre de ses palmiers et de ses bananiers, si le cri de guerre du Jivaros ne le réveille jamais en sursaut, c'est que Canélos veille jour et nuit, la lance au poing, le carquois au côté. Si le flot mugissant et dévastateur qui emporta jadis les villes célèbres dont nous avons déjà parlé ne balaie pas devant lui ces chrétientés peu aguerries, c'est que Canélos est là, aux avant-postes, pour le contenir et le refouler au delà du Pastazza. Que cette digue vienne à faiblir ou à disparaître, la forêt ne sera plus qu'un immense champ de carnage, les rivières rouleront à l'Amazone les cadavres mutilés et sanglants d'innombrables martyrs! Le Jivaros n'a d'autre ennemi que cette race vaillante, intrépide, toujours sur la brèche, luttant un contre dix, et cependant toujours invincible. Ce ne sont pas les blancs qui réprimeront son audace enhardie par trois siècles d'impunité, par des représailles dont le souvenir seul fait trembler les populations pacifiques de l'Equateur. Les Jivaros se rient des pantalons rouges et des carabines. Ne les vit-on pas dernièrement encore piller et incendier plusieurs haciendas, sous les yeux mêmes des bataillons envoyés pour les combattre, accueillir les décharges de mousqueterie par des rires stridents et moqueurs, puis rentrer dans leur forêt, chargés de butin et couverts de sang. Il n'en va pas ainsi avec Canélos, les Jivaros le savent par expérience. Ils savent qu'ici les femmes luttent comme des hommes et les hommes comme des lions. Aussi, de Gualaquiza à Mendez, de Mendez à Macas, du Santiago au Pastazza, Canélos est pour eux un épouvantail.

— Que faites-vous, Jivaros?

— Nous nous préparons contre Canélos!

C'est la réponse invariable.

Or, est-il possible que les soldats d'une idée si grande et si généreuse, que les croisés d'une cause si sainte n'en portent rien dans le regard et la physionomie? N'y aura-t-il rien en eux qui les distingue de la brute, du Jivaros assassin et pillard, tuant pour tuer, ou tuant pour voler? Ce sont des sauvages, grossiers et ignorants, vicieux comme tous les sauvages, c'est vrai; mais ces sauvages sont des héros, des héros chrétiens, et cela se voit quand on les regarde, cela se dégage de tout leur être et les entoure d'une auréole! Vraies natures de soldats d'ailleurs, communicatifs, enjoués, bruyants, pleins d'ostentation lorsqu'ils racontent leurs faits d'armes, et de simplicité lorsqu'ils les accomplissent, terribles aux infidèles dont ils ont une haine implacable, adorés des tribus chrétiennes qui se plaisent à vanter leur supériorité intellectuelle, leur bonne humeur et leur vaillance.

Jugez si j'avais un désir brûlant de voir enfin le capitaine de cette tribu vaillante, le célèbre Palate, dont tant de fois déjà j'avais entendu prononcer le nom. Palate, l'homme de génie incomparable pour le sauvage; le type de la bravoure, de la générosité, et peut-être aussi de l'excentricité, pour les quelques blancs qui ont eu l'honneur de l'approcher. Or, cruelle déception! Palate n'est pas là. Je le cherche en vain parmi les premiers venus : lui, dont le tambo est à deux pas du village; lui, si dominicain de cœur, si obstinément fidèle à l'Ordre, il s'est laissé devancer par d'autres, l'ingrat!

Lecteur, consolons-nous de cette déconvenue et allons à la sainte messe. Le grand Palate se charge lui-même de nous dédommager. Qui sait si ce retard n'a pas pour cause la pompe dont il s'entoure, les honneurs qu'il nous prépare? Un grand homme ne se présente pas comme un simple mortel ! Que dirait-on de la tribu de Canélos, si son capitaine, l'homme de guerre le plus illustre de toute la nation indienne, n'avait d'autre ornement que de vulgaires plumes d'oiseaux et des enfilades de pépins? Quand on s'appelle Palate, on y met plus de forme et plus de dignité!

CHAPITRE XIV

J'étais au saint autel et dans un grand recueillement, je vous assure. Cette messe, la première célébrée par moi à Canélos, revêtait à mes yeux une importance exceptionnelle: c'était comme la prise de possession de la Mission. J'y mettais toute mon âme. Les Indiens, curieux d'assister à la messe du Père blanc, se sont massés près de l'autel, à genoux et dans l'attitude la plus édifiante. Les lances, groupées en faisceaux, ont été déposées à la porte de l'église, à l'intérieur cependant. Si les infidèles allaient assaillir pendant les saints mystères, comme cela s'est vu plus d'une fois, il faut que les lances soient là, à leur portée, et qu'à la première alerte, ils puissent tomber sur l'ennemi.

A peine avais-je terminé la lecture du saint évangile, qu'il se fit un remue-ménage auquel je ne compris rien tout d'abord. C'étaient des bruits de pas, puis des chuchotements, enfin quelques éclats de voix stridents comme le son d'une trompette. Mes Indiens, si tranquilles jusqu'alors, se sont levés pour se placer plus bas dans la nef.

Cependant je reviens au milieu de l'autel pour l'offertoire et me tourne vers le peuple pour le *Dominus vobiscum*. Lecteur, quand je vivrais neuf cents ans comme Mathusalem, jamais, non jamais, je n'oublierai le spectacle que j'eus alors sous les yeux ! A deux pas devant moi, au bas de l'étroit marche-pied qui conduit à l'autel, à la place occupée naguère par les Indiens, j'aperçois l'être le plus bizarre, le plus extravagant, le plus carnavalesque qu'il soit possible d'imaginer ! J'en suis tout saisi ! Est-ce une hallucination ? Ne serait-ce pas plutôt une apparition diabolique, le terrible *Mungé* des Indiens, qui vient nous assaillir au début de la mission ? Ce n'est rien de tout cela, mais simplement le capitaine Palate ! Ne vous disais-je pas que le grand homme ferait des siennes, qu'il nous réservait une surprise.

Palate veut être vu, et c'est dans ce but qu'obligeant les Indiens à déguerpir, il s'est placé là, tout près de nous ! Mais Palate est petit, et c'est pour cela que roulant un énorme billot, il s'y est hissé comme une statue sur son piédestal ! Là, le grand homme est à son aise ; rien ne nous échappera de son auguste personne : ni la chevelure qui a été ramenée en arrière, tressée à la chinoise, parsemée de plumes de colibris; ni les yeux cerclés de rouge, flambant comme des éclairs ; ni les longs roseaux qui lui traversent les oreilles et s'avancent au devant du nez, comme les défenses formidables d'un sanglier ; ni le triple collier de dents de tigre auquel des amulettes ont été suspendues; ni les peintures fantastiques; ni le vernissage éclatant, dont il s'est décoré des pieds à la tête, sur toutes les coutures !

Mais tout cela n'est rien, ce ne sont que colifichets et jeux d'enfants ! Bien d'autres, dans la forêt, se seront peinturlurés et attifés de la même façon. Palate, comme tous les grands hommes, doit se distinguer du vulgaire par des insignes, des attributs, quelque chose en un mot qui fasse reconnaître à première vue son auguste personne. Et que sera-ce donc ? La fameuse capote grise de Napoléon ? Non, Palate n'a pas de capote, c'est trop prosaïque ! Le panache blanc, comme Henri IV ? Non, Palate ne porte ni chapeau ni panache, c'est trop pékin ! Un casque comme Alexan-

dre ? Non, Palate ne porte pas de casque, c'est trop gênant.
Ce sera donc le sabre-baïonnette dont il étreint la poignée
de la main droite et dirige la pointe en avant comme s'il
voulait nous transpercer ? Non, le sabre-baïonnette est déjà
démodé ; c'est de la vieille ferraille. Mais le parapluie
et la cravate ! Le parapluie d'alpaga qu'il porte fièrement
de la main gauche, qu'il déploye et fait tournoyer au-
dessus de sa tête comme une auréole ; la cravate dont les
franges décolorées et fripées lui retombent sur la poitrine,
voilà ce qui ne s'est jamais vu, ce qui ne se verra jamais !
Voilà ce qui place Palate infiniment au dessus de tous les
grands hommes passés, présents et futurs ; ce qui le rendra éternellement reconnaissable aux yeux de la postérité !

Dieu, quel spectacle ! un homme nu avec une cravate et
un parapluie !... Ce fantôme me poursuivit tout le temps de
la messe ; j'avais beau faire, j'en étais obsédé. La messe
terminée, je me retrouve face à face avec Palate qui, toujours grave et imperturbable, daigne abaisser la pointe de
son sabre et fermer son parapluie !

Mais où et comment cet illustre original s'est-il procuré
ce parapluie ? Qui lui a donné l'idée saugrenue de s'en parer,
comme du signe distinctif de sa dignité ? C'est bien simple.
Palate, qui est fort intelligent, aime à s'instruire, et comme
rien n'instruit comme de voyager, Palate a pour les voyages une passion effrénée. C'est le plus grand marcheur, le
plus intrépide canotier de sa nation. Du nord au sud, de
l'est à l'ouest, Palate a tout vu, tout parcouru. Il sait où
vit telle tribu, quelle est sa langue, et quelles sont ses
mœurs ; comment s'appelle tel ruisseau, où il prend sa
source, dans quelle rivière il se jette. Il a exploré tous les
défilés des montagnes, il en connaît les détours, les passes,
les moindres ravins. Tout cela est stéréotypé dans son vaste
cerveau ; Palate est une géographie vivante ! L'Amazone
lui est aussi connu que le Napo et le Pastazza. Que de fois
on l'y rencontra descendant le fleuve jusqu'à Iquitos, jus-

qu'aux frontières du Brésil, ou le remontant jusqu'à
l'Huallaga, et l'Huallaga lui-même jusqu'à sa source ; s'enfonçant chez les tribus sauvages du Pérou, conduit par la
rage de tout voir, de tout savoir ! Pour un rien, on le ferait
aller en Bolivie, en Patagonie, jusqu'à la Terre-de-Feu !

Or, dans toutes ses pérégrinations, Palate avoue n'avoir
jamais rien vu de comparable à Iquitos, et dans Iquitos, ce
qui l'a plus frappé, ce sont les factoreries européennes ou
péruviennes ; et dans ces factoreries, ce qui l'a le plus émer-
veillé, ce qui lui a semblé le *nec plus ultra* de la civilisation et du progrès, l'affirmation la plus catégorique, la plus
incontestable du génie inventif de la race blanche, c'est le
parapluie ! Y songez-vous ? Quelque chose qui s'ouvre et
se ferme avec une précision mathématique, qui glisse et
s'enroule avec tant de grâce autour d'une canne incrustée
de cuivre ou de ferblanc, garnie d'une poignée translucide
comme le cristal, qui se déploye sur une si grande surface, où tant de ressorts, d'articulations, de pièces métalliques, tant de lambeaux d'étoffe sont en jeu ; quelque
chose qui vous couronne comme d'un diadème, qui vous
couvre comme un dais !... Allons, allons, blanc exécré,
prends tout mon or et donne-moi cette merveille ! Et mon
naïf, sortant de sa sigra toute la poussière d'or qu'il y avait
amassée pendant des années, échange cette richesse contre
le bijou convoité !

Le voilà sur les rives du Bobonaza. Oh ! ce retour de
Palate avec son parapluie fut un jour mémorable ; il mar-
quera dans l'histoire de Canélos ! Orgueilleux comme un
paon, plus fier et plus dédaigneux que toutes les Majestés
de la terre, Palate se présente revêtu de son parapluie :
sceptre, diadème, manteau royal, bâton de maréchal, son
parapluie lui est tout cela et plus que tout cela ! Le cacique
en sèche de dépit, de jalousie, mais la tribu éclate en exclamations, en cris d'admiration frénétiques. Lorsque l'enthousiasme s'est un peu calmé, Palate place son bijou dans un

splendide étui et le suspend dans la partie la plus apparente, la mieux éclairée de son tambo, pour ne plus l'exhi-
ber que dans les circonstances solennelles et, bien entendu,
jamais lorsqu'il pleut !

Au reste, si nous voulons faire plus ample connaissance
avec l'illustre capitaine, allons sur la place, devant l'église :
Palate est là qui nous attend avec ses Indiens. A peine le
grand homme m'a-t-il aperçu, que déjà il est dans mes
bras, qui m'embrasse, me serre, m'étreint avec furie, au
risque d'endommager sa toilette éblouissante et d'imprimer
sur les tissus de ma robe les couleurs encore fraîches dont
son corps est badigeonné. Mais il s'agit bien de toilette et
de peinture maintenant qu'on tient le Père blanc dans ses
bras ! au diable les oripeaux, le sabre-baïonnette et le parapluie ! Le Palate charlatan s'est évanoui en fumée; c'est
le vrai Palate qui se montre maintenant, c'est-à-dire le
plus brave des hommes, le plus fidèle des amis.

Aussi la joie qui remplit son âme se traduit de toutes ma-
nières et sans qu'il cherche à la dissimuler... Mais ce qu'il
brûle de savoir, c'est comment nous sommes enfin parve-
nus à nous emparer de Canélos, malgré les Jésuites. « Ah !
la bataille a dû être terrible, acharnée. Cependant, comment se fait-il que le père Pérez soit encore ici? Tu ne l'as
donc pas emmené captif dans la forteresse de Quito ? » (Le
vieux Nestor ne rit que du bout des lèvres). En vain j'essaye de faire entendre à Palate qu'il n'y a pas eu de bataille, qu'entre religieux les choses se passent autrement,
que cela est bon entre Canélos et Jivaros, que d'ailleurs
Jésuites et Dominicains sont les meilleurs amis du monde:
ça ne mord pas ! Palate en revient toujours aux coups d'estoc et de taille qu'ont dû se porter de part et d'autre les
conquérants de Canélos. Enfin, pris d'un enthousiasme
indescriptible, il se tourne vers ses Indiens et leur fait un
récit détaillé du combat qui a dû s'engager entre les fils de
saint Ignace et de saint Dominique, bataille terrible qui

mit à feu et à sang toute la ville de Quito. Mais enfin la victoire resta aux Pères blancs, et le Pape ordonna aux Jésuites de battre en retraite et de ne plus s'aventurer au-delà du Curaray ! Et cela est dit avec un feu, une profusion de gestes et des cris si perçants, qu'évidemment mon homme se figure avoir pris une part décisive à ce drame mémorable. Les Indiens écoutent bouche béante, puis les applaudissements éclatent: Asi ! asi ! Palate ; oui, oui, c'est cela, Palate.

Le Père Pérez et moi, nous nous pâmions de rire !

CHAPITRE XIV

Pendant que Palate gesticule à perdre haleine et met toutes les têtes en effervescence, le soleil monte peu à peu vers son zénith et boit la vapeur d'eau qui nous cache l'horizon du côté de la Cordillière. Bientôt nous nous trouvons en présence du plus splendide panorama de montagnes que le regard de l'homme puisse embrasser. Toute la Cordillière orientale se déroule sous nos yeux avec ses pics, ses volcans et ses glaciers. Nous en suivons le profil dentelé et crénelé depuis le Sangaï et l'Altar, au sud-ouest, jusqu'au Cotopaxi, au nord-ouest. Quel spectacle ! Les glaciers, recevant de face les feux du soleil, étincellent comme des coulées de lave incandescente. Deux volcans, des plus actifs qu'il y ait sur le globe, le Sangaï et le Tanguragua, lancent vers le ciel des colonnes d'une fumée rougeâtre ; fouettés par le vent, ces tourbillons de fumée se tordent comme des serpents, montent en spirales ou retombent sur le cratère comme un nuage chargé de tempêtes. Il semble que nous soyons revenus aux premiers jours de la planète, alors que les montagnes mal affermies et récemment lancées dans l'espace par les poussées formidables du feu intérieur, percées de cratères, gercées de crevasses immenses, vomissaient à flots les matières en fusion.

Tout l'espace qui nous sépare de ces montagnes est oc-

cupé par la forêt vierge. Bosselée d'innombrables collines
dont les cimes verdoyantes s'abaissent et se relèvent
comme les vagues de la mer, traversée çà et là par des Cordillières de second ordre, dont les rameaux capricieuse-
ment distribués se croisent dans toutes les directions,
cette forêt nous apparaît comme un océan de verdure sil-
lonné de vaisseaux gigantesques ! A l'ouest, un peu à droite
du Tanguragua, nous apercevons distinctement le triple
sommet de l'Abitahua ; le sombre massif du Llanganate se
montre au nord-ouest; ce sont, au nord, les castañas et les
montagnes du Curaray ; au sud et au sud-ouest, les Cordillières du Copataza et du Pastazza.

L'horizon du Canélos est donc d'une magnificence sans
égale. Toutefois ce site admirable mérite encore d'attirer
l'attention, à un point de vue bien différent, mais que la
proximité des tribus infidèles ne permet pas de passer
sous silence. Canélos est une position défensive de premier
ordre.

Adossée, par le nord, à l'Huagra-urcu, massif montagneux au pied duquel coule le Villano, la colline de Canélos est cernée sur toutes ses autres faces par le Bobonaza : c'est une presqu'île! Les ennemis peuvent se présenter : d'où qu'ils viennent, où qu'ils attaquent, ils auront
fort à faire. Du côté du nord, il leur faudrait faire de longs
détours, passer à gué le Bobonaza ou le Villano, s'emprisonner entre les deux grandes rivières et leurs nombreux
affluents : jamais ils n'ont commis une pareille imprudence. Obligés de battre en retraite, ils se seraient
trouvés aux prises avec des difficultés inextricables; surtout si les rivières étaient débordées, la moindre déroute
serait devenue un désastre. C'est donc par le sud, l'est ou
l'ouest que les infidèles peuvent attaquer Canélos, et encore à condition que le Bobonaza soit guéable ; or, il est
souvent débordé. Puis, fût-il guéable au moment de
l'attaque, rien ne prouve qu'il le sera encore quand son-

nera la retraite : d'heure en heure le niveau de ces rivières monte ou descend. Les Jivaros y regarderont donc à deux fois avant de passer ce fleuve large et rapide. D'ailleurs ce fleuve n'est pas le seul qu'il faille traverser ; il a, pour l'appuyer, comme une arrière-garde, comme une armée de réserve, de nombreux affluents. Quelques-uns, comme le Tinguisa et le Parayacu, débouchent à Canélos même et viennent encore compliquer la difficulté.

Trop d'avantages réunis font donc de Canélos un séjour inappréciable, pour que le hasard ait seul présidé au choix qui en fut fait par la vaillante tribu.

Avant tout, sachons-y voir la main de Dieu. Attentive au nid de l'oiseau, au berceau de mousse qu'il se construit sous le feuillage, la Providence se désintéressera-t-elle d'un peuple, l'abandonnera-t-elle à ses courtes vues, dans une chose aussi grave, aussi capitale que le choix d'un territoire ? Dans l'ordre des causes humaines, rien peut-être n'aide ou ne contrarie la prédestination d'un peuple comme son territoire : génie, caractère, institutions, tout cela tient par mille racines au sol que nous foulons aux pieds, à la configuration matérielle de la patrie, à sa position géographique, aux peuples qui l'avoisinent. Or la prédestination de cette tribu, sa mission providentielle, était de servir de rempart aux chrétientés futures, d'assurer leur sécurité au prix de son sang ; c'était d'être le fléau de Dieu contre le Jivaros renégat et homicide, de réprimer son insolence, de venger l'honneur du nom chrétien ! Pour cela, il la fallait aux avant-postes, assez près de l'ennemi pour surveiller ses agissements, assez éloignée de lui pour n'en pas subir le contact impur et démoralisateur. Dieu, dans son amour, lui destina donc cette colline, que sa position géographique et la distance de quatre à cinq jours seulement qui la séparent du Pastazza désignaient d'avance aux grandes choses qui devaient s'y accomplir.

Après Dieu, les auteurs de cette importante fondation

Indiens Canélos.

furent les Dominicains dont nous avons parlé. Des documents importants, exhumés des archives de la ville de Quito, nous ont appris leurs noms et leur histoire. Nous y avons vu que Canélos ne se fit pas en un jour, que cet enfantement fut laborieux et dura des années. Comme le peuple de Dieu, avec lequel il devait avoir plus d'un trait de ressemblance, ce petit peuple fidèle eut son exode, ses épreuves et de rudes combats à soutenir, avant d'entrer dans la terre promise de Canélos!

La première bénédiction de Dieu sur lui fut son baptême : cette tribu fut la première baptisée de toutes les tribus indiennes de l'Equateur! Ce grand événement s'accomplit en 1581 (1), cinquante-deux ans avant l'apparition des premiers Franciscains (2) sur les rives de Putumayo, de l'Aguarico et du Napo, au nord ; cinquante-trois ans avant la conquête du Haut-Amazone par le capitaine Don Diego Baca de Véga et la création de la célèbre mission de Maynas (3) par la compagnie de Jésus.

(1) Le Père Ignace de Quéséda, dans le *Mémorial* précédemment cité, assigne l'année 1624 comme date de la fondation de Canélos. Les documents importants publiés récemment par le ministère de l'instruction publique en Espagne assignent au contraire l'année 1581. Nous préférons nous en tenir aux vieilles archives espagnoles. Voir : *Relaciones geograficas de Indias*. —Publicadas el ministerio de Fomento. Pem., Tome I. — Madrid, typografia de Manuel Hernandez. — Libertad, 16 — 1881.

(2) Pour tout ce qui a trait aux Franciscains, voir l'important mémoire publié à Madrid en 1653 par le P. Laureano de la Cruz Montesdoca. Il a pour titre : « Nuevo descubrimiento del rio de Mara- « ñon, llamado de las Amazonas, hecho por la religion de San « Francisco, año de 1651, siendo misionero el Padre fr. Laureano « de la Cruz y el P. fr. Juan de Quincores. » Ce manuscrit se conserve à la Bibliothèque Nationale de Madrid (62 pages in-folio). Voir aussi : « Varones ilustres de Orden la serafica en el Ecuador, por el « Padre fr. Francisco Maria Compte. »

Le même P. Laureano de la Cruz, accompagné du P. Andrés Fernandez, essaya de pénétrer chez les Jivaros en 1645, mais sans pouvoir s'y maintenir.

(3) La mission de Maynas s'étendait sur les deux rives de l'Amazone, remontait le Napo jusqu'à l'embouchure du Coca et le Pastazza jusqu'à Andoas. La résidence principale des missionnaires était à la

Quatre Dominicains du couvent de Quito : les Pères Valentin de Amaya, Baltazar Quintana, Diégo de Ochoa et Sébastien Roséro, mus par la grâce qui fait les apótres, descendirent en même temps les rives du Pastazza et se répandirent dans la forêt à la recherche des infidèles. Le Père de Amaya passa sur la rive droite, le Père Quintana continua de suivre la rive gauche, remontant les affluents de la rive gauche ; les Pères Ochoa et Rosiro s'aventurèrent, le premier dans les montagnes du Penday, le second dans celles de Poya (probablement Puyo).

Dieu ne tarda pas à récompenser leur zèle et à bénir leurs travaux. Cinq familles de Gaès ou Gayès, vivant sur la rive droite du Pastazza, en face de la plaine de Banancas, se présentent au Père Amaya et implorent la grâce du baptême. Le Père les instruit et verse l'eau sainte sur leurs fronts. Ce fut le premier germe de la chrétienté de Canélos.

Le Père Quintana, instruit de ce grand événement, accélère sa marche en avant et descend dans l'immense plaine de Barrancas. Là, il rencontre, dispersée dans les bois, une petite tribu d'Ymmundas qu'il catéchise et parvient à convertir.

De son côté le Père Ochoa fait la conquête pacifique des Guallingos. Les vieilles chroniques nous le représentent descendant du Penday sur les rives du Pastazza, à la tête de ses néophytes, les fusionnant avec les Gaès, et fondant sur la rive gauche du Pastazza, à l'embouchure du Pindo,

Laguna, sur la rive droite du Marañon. L'expulsion des Jésuites, en 1767, jeta le désarroi dans cette magnifique mission qui ne tarda pas à décliner. Rien ne venge mieux la mémoire des religieux expulsés que le mémoire rédigé en 1785 par le gouverneur de la province de Maynas. Il a pour titre : « Descripción del gobierno de Maynas y « misiones en el establecidos, por el coronel Don Francisco Requena « y Herrera, gobernador de Maynas, comandante general, etc. » — Ce mémoire fut rédigé sur les ordres du roi, ainsi que plusieurs autres, également conservés aux archives de Quito.

le premier village chrétien dont il soit fait mention dans les annales de cette contrée. On l'appela Caninché. En même temps que lui, le Père Roséro revient à la tête de la tribu des Santès ou Santis, cueille au passage les débris de la tribu des Ymmundas que la petite vérole venait de décimer et agrège tous ces éléments nouveaux au noyau primitif de Caninché. Tous alors, d'un commun accord, décidèrent de prendre le nom de Canélos, parce que, dit la chronique, il y avait dans cette contrée une multitude de canneliers (en espagnol canélos). Cette circonstance valut au Père Roséro le titre de fondateur de Canélos.

Ce premier Canélos ne dura guère. Les Jivaros lui déclarèrent la guerre aussitôt qu'ils soupçonnèrent son existence, guerre sans trêve ni merci et qui, vu l'infériorité numérique des nouveaux baptisés, devait aboutir à un écrasement. On se mit donc en marche vers une terre plus hospitalière, et on s'arrêta à quelques jours de distance, sur la colline de Chantoa, à quelques heures à peine du Bobonaza. On y fit un village, et ce fut le second Canélos.

Ce village avait un grave défaut qui le fit bientôt abandonner par ceux-là même qui l'avaient fondé : il se trouvait situé à une trop grande distance du Bobonaza ; dès lors la pêche était difficile et on ne pouvait surveiller les pirogues laissées sur la rive.

Pour remédier à ces inconvénients, on résolut de s'établir sur le bord même de la rivière ; mais ce lieu était malsain : une épidémie de fièvre paludéenne se déchaîna, qui décima la tribu. Ce fut alors que passant la rivière et gravissant la colline voisine, on en choisit le sommet comme lieu de résidence. C'était un vaste plateau couvert de canneliers. Au centre s'élevait un monticule, sorte de mamelon d'où l'on apercevait au loin toutes les sinuosités du Bobonaza, les moindres recoins de la vallée. Les Pères missionnaires qui présidaient à tout firent abattre cette forêt touffue et planter les bosquets merveilleux dont nous avons parlé. Quelques jours suffirent pour édifier la pauvre église, le couvent et les tambos destinés aux Indiens. La Vierge du Rosaire, qui avait suivi ou plutôt dirigé sa tribu des rives du Pastazza à Chantoa, de Chantoa à Canélos, fut placée avec amour dans le pauvre sanctuaire où nous la retrouvâmes en arrivant.

Ce fut le Canélos définitif, celui que Dieu destinait à sa tribu, celui qu'elle a su défendre et sauvegarder jusqu'à ce jour par de véritables prodiges de valeur.

La tribu de Canélos est d'origine Jivaros. Les premiers éléments en furent recueillis sur la rive droite du Pastazza, et dans la zone adjacente sur laquelle les Jivaros ont toujours régné sans conteste.

Au reste, quand l'histoire se tairait sur ce point, la physionomie si ressemblante des deux peuples ne permettrait pas d'en douter. Comme leurs voisins, les Indiens de Canélos ont les yeux vifs et mobiles, le nez aquilin, les lèvres habituellement serrées, et pour peu qu'ils s'animent, frémissantes, l'air dominateur et quelque peu arrogant. C'est la même vivacité, le même parler strident et précipité, la même taille, la même force physique, la même habileté dans le maniement de l'arc et de la lance, la même bravoure et, il faut bien l'avouer, souvent, hélas! la même cruauté. La maxime juive : « *œil pour œil et dent pour dent* », leur sert de règle de conduite. «Le Jivaros massacre nos femmes et nos enfants, nous massacrerons ses femmes et ses enfants ; » et l'extermination commence. S'ils sont habiles et rusés dans la guerre, ils sont quelquefois fourbes et déloyaux. Le Jivaros leur ayant souvent manqué de parole et tendu des pièges où leur bonne foi s'est laissé prendre, ils en concluent que tout est permis contre lui, que toutes les armes sont de bon aloi, et que les guet-apens les plus affreux rentrent dans les règles d'une saine tactique. En un mot, l'honnêteté du but qu'ils poursuivent et la justice de leur cause leur dissimulent souvent la laiʟeur des moyens qu'ils emploient. Bien des philosophes les excuseraient, beaucoup de politiques les acclameraient, mais la morale chrétienne ne peut que réprouver ces procédés barbares et déloyaux.

D'ailleurs leur christianisme, pour sincère et militant qu'il soit, n'est guère qu'à l'état d'instinct, de force inconsciente; ce qu'ils en savent se réduit à rien, et lorsqu'il s'agit de leur en apprendre les premiers éléments, ils se montrent d'une paresse, d'une nonchalance, d'un mauvais vouloir désespérant. Les enfants seuls font exception. Je ne sais rien d'intelligent et d'aimable, de docile et de sympathique comme le jeune Indien de Canélos! Les adultes nous feront verser bien des larmes amères, mais les enfants seront notre consolation. Sur eux repose l'avenir de la mission.

En somme, ces natures sauvages n'ont de goût que pour la chasse, la pêche et la guerre. Tout travail leur pèse, leur est insupportable; le Père leur demande-t-il un service, si simple, si aisé qu'il soit à rendre, que de suite les visages s'allongent, les fronts s'assombrissent, les murmures éclatent. Si l'on insiste, mes hommes prennent leur élan et disparaissent dans les bois. L'égoïsme froid et cruel qui caractérise le Jivaros n'est donc que trop vivace encore dans leurs cœurs.

Néanmoins, gardons-nous de les confondre avec leurs barbares ennemis. Si leur transformation est loin d'être complète, elle est suffisante pour que personne ne puisse s'y méprendre ni les assimiler à cette race odieuse. Ils en ont d'ailleurs répudié les pratiques les plus immorales, celles qui font du Jivaros un être à part, une catégorie irréductible dans l'ensemble des nations indiennes. On ne verra jamais l'Indien de Canélos piétiner ni déshonorer ses victimes, encore moins leur couper la tête pour s'en faire des trophées. Le Jivaros, lui, se fait un métier de couper les têtes et de les disséquer. Il tue pour tuer, sans autre

motif déterminant que son caprice ; il tue froidement, lâchement ! Si le chrétien ne se rencontre pas sous la pointe de
sa lance, ce sera quelqu'un de sa tribu, un être inoffensif,
un parent, un ami ; ce sera l'une de ses femmes ; ce sera
sa vieille mère. Lorsque la soif du sang lui brûle la gorge,
lui ronge les entrailles, il faut la satisfaire, et pour la
satisfaire, jamais il ne recule devant le meurtre, le carnage.

Par ailleurs, s'il est impossible de rencontrer des peuples
plus soupçonneux, plus défiants, plus divisés que les Jivaros, en revanche il n'est pas de tribu plus unie, plus fra-
ternellement dévouée, qui pratique mieux la solidarité que
celle des Canélos. Le vol, la trahison, la vengeance, sont
choses inconnues sur les rives de Bobonaza. La tribu ne
forme, pour ainsi dire, qu'une famille où le mien et le tien
sont supprimés ; on peut entrer à toute heure du jour et de
la nuit dans le tambo du voisin, s'y installer comme chez
soi, cueillir le yucca et les bananes de sa chagra ; rien n'est
plus naturel : cela va comme de soi : entre Canélos on
n'y regarde pas de si près. Ces bons enfants accordent la
même liberté aux Indiens catholiques des autres tribus,
lorsqu'ils traversent leur territoire ; ils ne sont durs qu'aux
blancs, terribles qu'aux Jivaros.

La polygamie, si enracinée chez les Jivaros, n'a pas un
seul adepte parmi nos Indiens. S'ils se marient tard, s'il
est difficile de les amener à cet acte protecteur de la moralité, ils en respectent au moins scrupuleusement les lois,
quand il est accompli. Le mariage est accepté avec toutes
ses conséquences, la fidélité conjugale rigoureusement
observée. Le jour où nous les aurons amenés à se marier
plus jeunes, et dès l'âge de quatorze ou quinze ans, comme
cela se fait au Napo et au Curaray, nous aurons supprimé
la cause de presque tous les crimes et régénéré cette tribu.
L'infanticide, hélas ! si commun dans cette contrée, n'aura
plus sa raison d'être. On ne verra plus des jeunes filles sans

entrailles enfouir ou jeter à la rivière les enfants nés d'un commerce illégitime !

On peut encore sans doute reprocher à ces Indiens l'éducation déplorable qu'ils donnent à leurs enfants, l'absence absolue de surveillance et de répression, leur manque de tenue vis-à-vis d'eux ; ces défauts sont communs à toute la race indienne. Mais qu'il y a loin de là aux désordres honteux qui déshonorent les familles Jivaros.

La famille Jivaros est une école de tous les vices, un réceptacle de toutes les turpitudes. C'est un lupanar où la débauche la plus éhontée s'étale sans retenue ni vergogne, où les instincts les plus dépravés s'assouvissent sans frein ni voile. Les femmes y sont tenues dans la plus étroite servitude : elles sont des esclaves et rien que cela, esclaves pour le plaisir, esclaves pour le travail. Il faut plier, sinon la lance est là, terrible, et les malheureuses savent ce qu'il en coûte de déplaire à leur maître. La plupart d'entre elles ont été conquises à main armée ; la force les a subjuguées et non l'amour. Presque toutes les guerres que les Jivaros entreprennent, la plupart des assassinats qu'ils commettent n'ont pour but que d'acquérir de nouvelles épouses et d'augmenter leur sérail.

L'enfant naît et grandit dans ce milieu malsain. Dès l'âge le plus tendre, il est témoin des orgies où l'on boit, où l'on s'enivre, où l'on s'abandonne à tous les vices. Il apprend à mépriser sa mère en la voyant en butte aux insultes et aux mauvais traitements du barbare qui se dit son époux, quand il n'est que son impitoyable bourreau.

Au retour des embuscades, des expéditions militaires, des enlèvements à main armée, le père se présente devant les siens, chargé de têtes sanglantes et livides. Dans le tambo, l'allégresse est alors sans pareille, la joie tient du délire. Femmes et enfants s'empressent autour de ces hideux trophées ; eux aussi veulent les voir, les toucher, les insulter, les couvrir de crachats.

L'enfant aide son père dans la hideuse besogne de disséquer ces têtes, en attendant de couper, à son tour, les têtes de ses ennemis. Lorsque la tribu célébrera la fête des têtes coupées, lorsque s'exhiberont en public ces trophées ignominieux et qu'une procession de gens ivres et d'assassins les poursuivra de ses quolibets grossiers et de ses malédictions, l'enfant sera là encore, témoin de saturnales qui feraient horreur au tigre et au chacal.

Tous les Jivaros ne méritent pas au même degré ces graves accusations ; mais ils sont tous polygames, s'ils ne sont pas tous également cruels, déloyaux et cyniques. Ce sont les tribus répandues dans les régions de Macas, Gualaquiza et Mendez, que nous avons plus spécialement en vue ; celles qui habitent la partie supérieure du Pastazza, du Marona et du Santiago ; celles qui ont renié le baptême qu'elles avaient reçu dans la seconde moitié du **dix-septième** siècle, et se sont livrées envers la **race** blanche aux épouvantables représailles que l'on sait.

A côté de ces brutes à face humaine, on rencontre des tribus Jivaros plus morales, plus pacifiques, plus abordables. Celles-là, loin d'être hostiles à Canélos, recherchent généralement son alliance, se font gloire de son amitié. L'une d'elles la sauva même d'une destruction totale. En 1775, une épidémie de petite vérole s'abat sur la contrée et décime la tribu. Quel désastre, si les Jivaros, sans cesse aux aguets, ont vent de ce malheur ! ils vont, à l'improviste et en masse, fondre sur Canélos et exterminer sans peine ce qui reste de la vaillante tribu !

Le Père Mariano de los Reyes, chargé de la mission à ce moment critique, tremble pour ses néophytes. Déjà le découragement envahissait son âme, quand se présente aux abords du village une tribu peu nombreuse de Jivaros venue des rives du Pastazza, précédée de ses fifres et de ses tambours. Cette arrivée subite jette l'alarme dans cette population de malades et de convalescents.

Jivaros en costume de gala.

Cependant des députés s'avancent, revêtus des insignes de la paix. On les conduit au Père missionnaire. — « Enfants, que voulez-vous ? » — « Nous demandons pour notre tribu la faveur d'habiter Canélos et de devenir chrétiens ! » Cela tient du miracle, on a peine à y croire ! Mais le cacique arrive à son tour qui exprime le même désir, dissipe tous les doutes et met le comble à l'allégresse générale. La fusion des deux tribus est décidée, séance tenante; Canélos est sauvé !

Le Père de los Reyès, transporté de joie, en écrit aussitôt à Monsieur le Président et surintendant de la province de Quito. L'émotion est telle dans les sphères gouvernementales, que le lieutenant gouverneur d'Ambato, Don Pedro Fernandès Zéballos, reçoit l'ordre de partir sans retard à Canélos et d'adresser un rapport au gouvernement sur cette grave affaire. Le gouverneur se met en route, en compagnie du Père Joseph Noroña, prédicateur général, et du Père Joseph Andosilla, envoyés au secours du Père do los Reyès.

Le voyage dure longtemps et plusieurs accidents tragiques en attristent le cours. L'un des guides est emporté par le courant du Sciuña ; jeté contre les récifs, on l'en retire à moitié mort; un autre se noie en passant le Bobonaza, à deux pas de Canélos. N'importe, rien n'effraye la brave troupe. On arrive enfin, on constate *de visu* le grand événement annoncé par le Père de los Reyès; les néophytes sont comblés de cadeaux, et on adresse au gouvernement un long et important mémoire.

Une alliance étroite et loyalement gardée de part et d'autre unit aujourd'hui même Canélos avec les Jivaros de l'Uchual. Ces derniers ont leurs tambos au sud-est, entre le Bobonaza et le Pastazza, presque en face de Sarayacu. Cette alliance, en rapprochant les deux peuples, en abaissant les barrières mutuelles qui les séparaient, facilitera singulièrement la prédication de l'évangile chez les infidèles. Déjà quelques tambos de Jivaros alliés se montrent sur les rives du Bobonaza; nous en rencontrâmes plusieurs entre Pacayacu et Sarayacu, et ce qui est plus significatif encore, sur la rive gauche du Bobonaza. Voilà qui est de bon augure, et nous promet des néophytes dans un avenir prochain.

Ces alliances prouvent jusqu'à quel point la situation est menaçante du côté des Jivaros de Macas et de leurs alliés du sud. Le péril est de tous les jours et de toutes les nuits. C'est une guerre sans trêve ni merci, guerre d'embuscades, razzias où le sang coule à flots, où l'innocent périt à côté du coupable, où le feu achève la besogne commencée par la lance ; guerre des panthères et des tigres dans les bois, massacres où des tribus entières succombent dans une nuit.

Où qu'il soit, l'Indien de cette région est toujours armé. Il ne se sépare jamais de la longue et redoutable lance d'acier à la hampe de chonta ; souvent il y joint la sarbacane et le carquois de flèches empoisonnées. La dextérité de nos Indiens dans le maniement des armes est vraiment extraordinaire. Plusieurs fois je les fis parader en ma présence et me donner le spectacle d'une petite guerre. — « Enfants, enfants ! voici le Jivaros ! sus aux infidèles ! » Aussitôt retentit un cri formidable, les lances brillent, les larges rondaches de bois incorruptible se déploient ; tous se précipitent en avant, sur le bord du plateau, pour défendre l'entrée du village et rejeter l'ennemi dans la rivière. Alors ce sont des bonds, des cris, des rugissements, des assauts si rapides et si furieux que la meute la plus acharnée, la plus bruyante, ne donne pas idée de la frénésie qu'ils mettent à ces combats. Les lances volent, il en jaillit des éclairs ; les coups qu'ils portent sont si serrés et si violents qu'il semble impossible que l'ennemi puisse même se mettre en garde. Le voici donc obligé de lâcher pied, et des hourras frénétiques accueillent sa retraite. Cependant sa défaite n'est pas encore consommée: il ne renonce pas entièrement à la lutte. Repoussé du plateau, il se répand en tirailleurs sur la lisière de la forêt, se dissimule dans les buissons et derrière les arbres. Nos Canélos se lancent à sa poursuite, mais accueillis par une grêle de flèches, ils se voient obligés de battre en retraite et de modifier leur tactique. Si large que soit le bouclier (il a plus d'un mètre de diamètre), il se suffit plus à les couvrir, et toute blessure est mortelle ! Que vont-ils faire ? au signal donné, tous mettent un genou en terre, lèvent le bras gauche et déploient le bouclier au-dessus de leur tête. C'est la célèbre voûte en tortue dont il est si souvent question dans les guerres de l'ancienne Rome ! Le Jivaros peut décocher toutes les flèches de son carquois ; décrivant une parabole, elles viendront s'émousser contre la surface dure et luisante des boucliers.

Ils sont là, ramassés comme des fauves, prêts à bondir, comprimés comme des ressorts, l'œil fixé sur l'adversaire dont ils observent tous les mouvements. S'il avance la tête, s'il se découvre la poitrine ou les épaules, s'il se démasque maladroitement, il est mort ! La terrible lance du Canélos vole et siffle comme un javelot, elle ne manque jamais son but ! J'ai vu des Indiens atteindre, à quinze et vingt mètres, le point de mire désigné par moi sur un tronc d'arbre ; et ce point de mire n'excédait généralement pas les dimensions d'une pièce de cinq francs ! La lance s'y clouait avec tant de force que j'avais peine à l'arracher.

Enfin l'ennemi, assailli si vigoureusement, se replie. Il n'est que temps : déjà retentissent sur ses derrières les cris de mort des Canélos qui l'ont tourné dans l'espoir de lui couper la retraite et de le jeter dans le Bobonaza. La panique s'empare de lui, il abandonne ses armes, se précipite dans la vallée !...

Sans doute ce n'était qu'un simulacre de guerre, mais ce

simulacre était plus que suffisant pour me donner une idée des luttes horribles qui ensanglantent ces forêts.

Au reste, chez ces peuples, l'idée de la guerre se mêle à tout, domine tout; c'est une idée fixe dans la force du terme, rien ne se fait qui n'en porte l'empreinte.

Le tambo, celui du Canélos comme celui du Jivaros, est une place d'armes, une forteresse, où tout est combiné pour la défensive. Il est généralement très grand (j'en ai vu pouvant contenir jusqu'à deux cents personnes) et divisé en deux ou trois compartiments par des palissades de chonta. Le mur d'enceinte est également formé d'une pa-lissade qui en garnit toute la hauteur. Les portes elles-mêmes (et il y en a toujours deux, l'une à l'avant, l'autre à l'arrière), les portes ne sont autre chose que des tiges de chonta mobiles. Rien ne les distingue extérieurement de la palissade qui les avoisine. Pour pratiquer une ouverture et entrer dans le tambo, il suffit de les faire glisser l'une sur l'autre ou de les rapprocher très étroitement. L'ennemi attaquant presque toujours de nuit, sera fort embarrassé pour trouver la porte du logis; ce qui n'aurait pas lieu s'ils la faisaient en planches ou en cuir. Pendant qu'il explore la palissade en tous sens, la famille investie a le temps de se réveiller et de se préparer à la lutte.

Sous le toit de feuillage, et sur les poutres de bambou, sont placées de longues et larges planches allant d'une extrémité à l'autre du tambo. Sur ces planches se trouvent des jarres immenses remplies d'eau. Lorsque le Jivaros embusqué dans les buissons voisins décochera ses flèches incendiaires et que l'étoupe embrasée incendiera le toit de feuillage, pendant que les hommes armés de la lance ou de la sarbacane lutteront aux portes ou le long de la palissade de leur tambo assiégé, les femmes s'empareront des jarres, éteindront l'incendie partout où il se produira.

Ils sont là trois, quatre et jusqu'à six ménages dans le même tambo. Chaque ménage a son lit, un seul; et au pied du lit, ses armes et son foyer. Le lit consiste en claies de bambou portées sur des traverses en bois; le foyer est formé de trois pierres mobiles que l'on rapproche à volonté, de manière à s'en servir comme de trépied.

Au pied du lit se trouvent les lances, les sarbacanes et les carquois toujours remplis de flèches empoisonnées. Les tambours ont été suspendus aux poutres de bambou; il y en a généralement deux ou trois dans chaque tambo.

Toutes ces armes sont façonnées par l'Indien lui-même, et il est passé maître dans cette fabrication. Il se fait des lances de chonta qui ont l'acuité et presque la résistance de l'acier.

Les sarbacanes, longs tubes dont l'embouchure ressemble à un pavillon de clarinette, se composent de deux demi-cylindres de chonta rapprochés et collés. Quelques-unes mesurent jusqu'à trois et quatre mètres de longueur. Un petit caillou blanc incrusté à leur extrémité sert de mire. C'est en soufflant dans ce tube que l'Indien lance ses flèches les plus meurtrières.

Ces flèches sont de simples aiguillettes de bois finement aiguisées; elles mesurent à peine un décimètre et demi. La partie extrême de la tige est garnie d'une bourre de coton extrêmement soyeuse qui est fournie par le bambou. La pointe est trempée dans un poison d'une rare violence. Est-ce le *curare?* D'aucuns l'affirment. Les Indiens l'appellent ticuna, du nom de la tribu qui a su conserver jusqu'ici le secret et le monopole de cette fabrication. Les Ticunas habitent l'Amazone; c'est donc de cette partie extrême du territoire qu'arrive à Canélos ce terrible engin de destruction. Chaque année les Canélos entrent en campagne et vont chercher le poison; ce sont eux qui en font ensuite la distribution aux autres tribus chrétiennes. La violence de ce poison est inouïe! Sur les oiseaux, les singes et les quadrupèdes de taille moyenne, les effets sont foudroyants; les fauves et les quadrupèdes de grande taille succombent après huit ou dix minutes d'agonie. Une goutte de ce fluide suffit à l'Indien pour empoisonner plusieurs centaines de flèches !

La sarbacane (pucuna) est le fusil de l'Indien, fusil qui a pour âme les poumons du chasseur, son souffle pour force impulsive ; fusil qui atteint le but avec une précision mathématique et sans le moindre bruit. La portée de la sarbacane est en raison de sa longueur et du souffle qu'on y introduit. Un Indien robuste et armé d'un long tube atteint facilement la cîme des plus grands arbres, où ses yeux de lynx ont aperçu le colibri, qui tombe percé de la flèche inexorable.

CHAPITRE XV

LE CAPITAINE CHARUPÉ

Les deux peuples ennemis, Jivaros et Canélos, ont chacun leur capitaine. Celui des Canélos, l'illustre et original Palate, nous est déjà connu ; mais nous n'avons encore rien dit de Charupé, capitaine des Jivaros.

Que dire de cet homme que tant de forfaits ont déjà rendu célèbre ; que tant d'orgueil, de bassesses et de crimes ont élevé au premier rang parmi ceux de sa tribu ? Un mot le résume, un mot qui explique tout, et la haine atroce qu'il porte aux tribus chrétiennes dont il a juré l'extermination, et l'orgueil farouche et stupide qui le rend insupportable à ceux même qui subissent sa domination, et la fourberie qui est l'un de ses moyens préférés, et la cruauté froide et féline dont il use envers ses ennemis : c'est un renégat.

Presque tous les Jivaros de la région de Macas, Mendez et Gualaquiza sont fils de renégats ; l'apostasie de leurs ancêtres remonte à la fameuse révolte de 1699. Ils secouèrent deux jougs d'un seul coup, celui des Espagnols qui était dur et injuste, celui de Dieu qui n'était que douceur et charité, mais qu'ils ne surent pas distinguer du premier. Charupé avait donc dans ses veines le sang d'un apostat, il voulut prouver qu'il en avait aussi les sentiments dans le cœur !

Les habitants de Riobamba n'ont sans doute pas oublié les fêtes pompeuses qui accompagnèrent le baptême de Charupé. On disait merveille du jeune néophyte ; on vantait son intelligence, sa docilité, sa piété ; on voyait en lui le futur apôtre de la nation Jivaros. Son baptême n'était que la première gerbe d'une moisson nouvelle dont tout le monde célébrait l'importance. Il fut administré par l'évêque en personne, et le néophyte promené à travers la ville sur un cheval richement caparaçonné.

Or mon drôle n'eut pas plutôt reçu l'eau sainte sur son front de réprouvé, cueilli les riches offrandes que lui firent les âmes pieuses, que, riant au nez des naïfs qui l'avaient comblé, tournant casaque et donnant son âme au diable, il déserta Riobamba pour Macas, et Macas pour sa forêt !

Là ses instincts de Jivaros pacha font aussitôt explosion, et, du premier coup, il se paye le luxe d'un sérail. Dès lors son cœur implacable se trouve partagé entre deux haines inextinguibles : la haine des blancs qui furent ses bienfaiteurs, des chrétiens qui furent ses rédempteurs. Toutes les ressources de cet esprit merveilleusement inventif, tous les ressorts de cette infatigable activité sont employés à cela, à satisfaire cette double haine. Il a su quintessencier en sa personne toutes les aspirations de sa race, les exalter, s'en faire le champion, le porte-drapeau. C'est à cela qu'il doit l'ascendant dont il jouit dans sa tribu où personne ne l'aime, mais où tout le monde le craint !

Oh ! que Palate est noble et grand en face de cette hideuse figure d'apostat ! Il n'est que vaniteux, lui, et d'une vanité enfantine qui s'explique chez un sauvage qui n'a rien vu. Mais, au fond, rien n'est simple, droit, affectueux, chevaleresque comme le vrai Palate, tel qu'il se révélera à nous, au fur et à mesure que nous le verrons de près. Si implacable et légitime que soit sa haine du Jivaros homicide et rénégat, on le voit souvent épargner les orphelins de ceux que sa lance a transpercés ; il les recueille dans son tambo, les traite paternellement, comme ses propres fils. Cela je l'ai vu de mes yeux : j'ai vu Palate entouré de jeunes Jivaros qu'il préparait au baptême et pour lesquels il paraissait avoir l'amour le plus tendre.

— Palate, promets-moi de ne plus tuer d'enfants, mais de me les amener !

— Je te le promets, Père.

Et il tiendra parole.

Depuis que Charupé règne en maitre sur la rive droite du Pastazza, la guerre s'est ravivée plus furieuse que jamais entre Jivaros et Canélos ; un duel à mort se poursuit entre les deux peuples. Les Jivaros ont pour eux le nombre, — ils sont dix mille hommes de guerre, — la férocité qui les caractérise, la félonie qui est leur tactique préférée. Les Canélos ont leur foi ardente bien qu'obscure, leur vaillance et la protection de Celui pour lequel ils combattent ; avec leurs alliés de l'Uchual, ils sont à peine cinq mille hommes de guerre.

Malgré la disproportion par trop grande dans le nombre des combattants, toutes les attaques directes des Jivaros contre Canélos ont échoué jusqu'ici. Ce n'est cependant pas faute d'habileté de la part des infidèles. Au lieu de se répandre dans la forêt à la recherche des tambos et d'exterminer en détail, ce qui aurait le grave inconvénient de disséminer leurs forces, ou, s'ils marchaient ensemble, de retarder leurs opérations en laissant à l'ennemi le temps de se rassembler et de livrer bataille, ils attendent que la mission ramène la population au village. Alors ont lieu les fêtes où l'on boit, où l'on danse, où l'on s'enivre jusqu'à perdre tout sentiment, où l'on tombe ivre-mort. Le Jivaros sait cela et il en profite. Il s'avance avec précaution jusqu'aux abords du village. Quelle fortune ! Des pirogues ont été oubliées sur la rive ; le fleuve peut déborder maintenant ; quoi qu'il arrive, la retraite est assurée !

Cependant il écoute si le tambour bat ses marches monotones. Oui. Alors, attendons, ce n'est pas encore le moment. S'ils boivent et dansent, cela prouve qu'ils ne sont pas absolument incapables de se défendre. Attendons! Et il se blottit dans les fourrés comme la panthère. Tout à coup le tambour se tait, un silence de mort plane sur le village endormi. Alors les fauves bondissent; leurs yeux de chat-tigre et l'odeur alléchante de la chair vivante les guident aussi sûrement que les torches de copal; ils tombent au milieu des dormeurs et le carnage commence.

Canélos fut ainsi assailli plusieurs fois, mais Dieu ne permit jamais que les prévisions, hélas! si fondées des Jivaros trouvassent leur accomplissement. Ces hommes, qu'ils croyaient ivres morts, tombèrent sur eux avec une telle impétuosité qu'ils eurent à peine le temps de redescendre la colline au pas de course, et vite ils se jetèrent dans les pirogues maladroitement oubliées sur la rive.

La dernière attaque eut lieu en plein jour. Cela sortait tout à fait des habitudes des Jivaros; ils n'en furent pas plus heureux. A la première alerte, les tambos se vident, les hommes se cherchent, se réunissent, se massent sur la place, la lance au poing, couverts du bouclier. Femmes et enfants courent à l'église, la sarbacane sur l'épaule, le carquois au côté; et la bataille commence. L'ennemi, qui ignorait ce singulier déploiement de forces, s'élance tout à coup des masses de verdure qui confinent à l'église, du côté de l'est. Aussitôt une grêle de flèches empoisonnées siffle à travers la palissade de chonta, jette la terreur et la mort dans ses rangs. Témoins de son épouvante, les Canélos se jettent sur lui la lance au poing, l'obligent à lâcher pied et à se précipiter vers la rivière. Elle était guéable, et ce fut son salut, sinon pas un seul n'eût échappé.

Hélas! les villages établis autour de Canélos, auquel ils servaient d'avant-postes, n'eurent pas la même fortune. Deux d'entre eux, Pacayacu et le Pindo, furent littéralement anéantis. La ruine de Pacayacu remontant à une vingtaine d'années, je ne reviendrai pas sur ce lugubre événement, de crainte de surcharger mon récit. Au reste, le village a été repeuplé par une colonie de Canélos; nous le rencontrerons bientôt sur notre route.

La destruction du Pindo est toute récente : cela remonte à peine à quatre ans. La plaie est encore vive au cœur des Canélos, voilà pourquoi nous en parlons; ou plutôt, laissons la parole à Palate lui-même.

Palate, qui ne me quitte pas d'une semelle depuis notre fameuse rencontre au pied de l'autel, montre du doigt, dans la direction de l'ouest, l'une des hautes collines au pied desquelles coule le Puyo-yacu.

— Père, c'était là! Ecoute bien ce que je vais te dire, car j'y suis allé et j'ai tout vu. Tous les Indiens s'étaient rassemblés pour la fête, et ils avaient bu, bu, bu!!! Puis ils s'étaient couchés par terre comme des brutes. Tu sais bien que c'étaient des Jivaros; beaucoup parmi eux n'avaient pas encore reçu le baptême, mais tous le désiraient. C'est ce qui excitait la colère de Charupé. Il était là avec ses infidèles, caché dans les broussailles, aiguisant ses griffes comme le tigre. A minuit, le voilà qui s'avance, qui enveloppe le village, force la porte des tambos. Père! Père! pas un seul n'échappa, pas un seul! Hommes, femmes, enfants, tout fut massacré, tout, tout! et les tambos incendiés!

Puis se ravisant :

— Je me trompe, Père, un seul parvint à s'échapper, un seul! Tiens! le voici, regarde !

Et il me présente un Indien d'une trentaine d'années, à l'air timide et embarrassé.

— Père, il est encore infidèle, mais tu le baptiseras; n'est-ce pas que tu le baptiseras?

— Oui, Palate, oui. Mais continue ton récit.

— Eh bien! c'est lui qui, accourant à toute vitesse,

m'apprit la terrible nouvelle. Ici les fêtes venaient de finir; nous n'étions plus que trois cents hommes au village. Vois-tu, Père, la lance nous sauta d'elle-même dans les mains; nous avions la rage au cœur. — Enfants! enfants! que pas un seul n'échappe! que pas un seul n'échappe! au Pastazza! au Pastazza! — Le jour, la nuit, nous marchons, nous courons, nous volons : la vengeance nous donne des ailes! Nous voici au Pindo. Ah! Père, quel spectacle! Les cadavres étaient là; il y en avait des monceaux, tous percés, criblés de coups de lance, sans tête, ni pieds, ni mains!... Les têtes, tu sais bien qu'ils les emportent pour les disséquer; mais les pieds et les mains, ils les avaient mangés, comme des chiens, comme des tigres! Oui, Père, ils les avaient mangés! Nous vimes les débris de leur horrible festin! Ah! Charupé! Charupé!... Nous partons comme la foudre. — Enfants! au Pastazza! au Pastazza! — Nous suivons la piste. Père, ils étaient plus de deux mille, les lâches! Le fleuve grondait comme l'ouragan; n'importe! Nous attachons nos lances à nos longues chevelures, nous nous étendons sur nos larges boucliers, puis nageant des pieds et des mains, nous abordons au pays des Jivaros! Père, figure-toi que tous les tambos étaient déserts, personne n'avait osé affronter les Canélos, ils avaient pris la fuite et s'étaient cachés dans les montagnes. Et ils étaient deux mille et nous n'étions que trois cents. Père! Les lâches! Ah! Charupé! Charupé!...

— Mais enfin, Palate, que fîtes-vous dans ce pays désert?

— Ce que nous fîmes! tambos, chagras, pirogues, tout fut saccagé, incendié, tout, tout! Trois jeunes enfants que leurs parents avaient oubliés ou abandonnés dans les bois furent éventrés par mes hommes! Nous revînmes à Canélos, tristes parce que nous n'avions pu rencontrer Charupé, et en passant au Pindo, nous enterrâmes les cadavres de nos alliés.

Pendant que Palate parlait, l'écume lui montait aux lèvres, les yeux sortaient de leurs orbites, et confondant, sans nul doute, les calebassiers qui nous entourent avec Charupé, il leur porte de si furieux coups de lance que le fer se brise et vole en éclats!... Ah! brave Palate!

Ce récit est malheureusement exact de tous points. Cette chrétienté naissante fut anéantie par Charupé ; les têtes des victimes se seront vendues comme tant d'autres sur les marchés de Macas. Il se sera trouvé des blancs assez stupides, assez dénaturés pour les payer trente ou quarante piastres, et des musées assez peu éclairés pour en faire l'acquisition et l'exhibition au nom de la science!

Plusieurs autres chrétientés créées jadis par nos Pères, entre autres celle de Sainte-Rose de Penday et celle de Palma dont il est fait mention dans nos archives, auront eu la même fin tragique. Aujourd'hui il n'en reste plus trace, même dans la mémoire des Indiens. Palma avait été fondée en 1775, à la suite du grand événement dont nous avons déjà parlé.

En dehors de ce duel vraiment épique entre les deux peuples, il y a encore le duel entre Palate et Charupé. Les deux champions se surveillent mutuellement, se cherchent, se traquent sans trêve ni merci ; leurs espions se croisent dans toutes les directions. Charupé, moins brave que Palate, ne rêve qu'une chose : surprendre son ennemi désarmé, l'écraser avant qu'il ait le temps de se préparer au combat! Autres sont les sentiments de Palate, ce n'est pas un lâche assassinat qu'il lui faut, c'est une victoire en règle, un combat à armes égales. Son adversaire s'obstinant à se cacher dans l'ombre, il résolut de le démasquer, de le prendre au gite et de l'obliger à la bataille. On ne vit jamais pareille audace! Il s'aventure presque seul sur l'autre rive du Pastazza ; huit Indiens seulement l'accompagnent, ses espions le précèdent et le conduisent au tambo de Charupé.

— Capitaine, c'est ici? nous n'en sommes plus qu'à un demi *samai* (environ deux kilomètres)!

Enfin, ils vont donc acculer le sanglier dans sa bauge, l'obliger à montrer ses défenses ! Alors commence le siège de la place : on s'éparpille dans les buissons, on s'avance en rampant avec la prudence et le silence des serpents. Oui, mais Charupé a flairé son ennemi ; il se lève, saisit sa lance, entraîne à sa suite tous les hommes valides de son tambo, et s'échappe à travers les bois. Les femmes et les enfants payèrent pour ces lâches qui n'avaient su les défendre ; il en resta trente sur le champ de carnage, le tambo fut incendié, la chagra dévastée !

Cette scène de sauvagerie se renouvela trois fois ; Palate, implacable, brûla successivement les trois tambos que se reconstruisit Charupé, mais toujours avec le même insuccès ; le tigre de Macas ne voulut jamais affronter le lion de Canélos !

CHAPITRE XVI

LES INDIENS INFIDÈLES ONT-ILS UNE RELIGION?

Depuis que nous leur parlons des Jivaros, je suis sûr
que nos lecteurs se seront demandés plus d'une fois quelle
religion peuvent bien avoir ces êtres dénaturés? Ils n'en
ont aucune, cela soit dit sans vouloir blesser aucunement
les philosophes qui ont dit et redit sur tous les tons qu'il
n'y a de peuple, si sauvage, si stupide qu'il soit, qui n'ait
quelque ombre de religion, quelque vestige de sacrifice!
Eh bien! je puis certifier que les Jivaros, qui sont des sauvages très fiers, très industrieux, très intelligents, n'ont
pas l'ombre de religion. Ils ont bien l'idée d'un être supérieur qui, se dédoublant dans leur pensée, devient le bon
et le mauvais génie (le *Mungi*); mais c'est une idée si
vague, si spéculative, qu'elle ne s'affirme par aucune ob-
servance, ne prend corps dans aucun rite, ne revêt aucun
symbole. Rien, ni dans leur vie privée, ni dans leur vie
publique, ne trahit une idée religieuse quelconque : leurs
fêtes sont des saturnales où l'ivresse et la débauche, où
l'orgie la plus éhontée fait cortège aux têtes coupées que
l'on promène au milieu des cris et des huées, mais toute
pensée religieuse y est étrangère.

Le seul acte où semble intervenir une pensée surnaturelle est la fameuse scène de sorcellerie, ou pour mieux
dire de jonglerie, qui d'ordinaire décide de la paix et de la

guerre entre ces peuples barbares. Le cacique ou curaca, transformé en oracle de la tribu, s'est fait administrer l'infusion de liane haya-huasca, qui a pour effet de produire l'hallucination. Les principaux membres de la tribu ont été convoqués pour la circonstance; ils sont là, autour de leur chef, attendant que le bon ou le mauvais génie parle par sa bouche, dicte ses volontés.

Cependant le cerveau du bonhomme s'emplit de fantômes; l'infusion lui tourne la tête, pervertit la sensibilité et substitue mille objets fantastiques à la vision des réalités qui l'entourent. Les yeux injectés de sang, la face convulsionnée, il s'agite, se démène, se tord tous les membres comme un possédé, fait des efforts inouïs pour échapper aux êtres imaginaires dont il se croit poursuivi. D'abord ce sont des cris qui s'échappent de son gosier rétréci par la peur, puis des mots inarticulés, inintelligibles, mais qui révèlent déjà la présence du génie qui l'inspire. Allons, c'est l'instant propice! Ses compères se jettent sur lui, se rendent maîtres de sa personne. On le supplie, on le menace.

— Il faut que tu parles, que tu dises ce que tu vois! Est-ce la paix, est-ce la guerre?

L'énergumène ouvre la bouche, répond aux sommations qui lui sont faites, et presque toujours c'est la guerre! Et il en doit être ainsi, puisque la guerre est leur idée fixe, leur cauchemar habituel.

C'est là toute la religion des Jivaros.

Les autres tribus infidèles sont-elles plus éclairées, plus pratiquantes? Ont-elles de la Divinité une notion plus juste et de leurs devoirs envers elle un sentiment plus profond? Non; partout on rencontre le même nihilisme religieux. Sous ce rapport, le Jivaros de l'Uchual et du Copataza, les tribus éparses sur les rives du Pastazza et du Morona, ne se distinguent en rien du Jivaros de Macas; les Zaparos vivent dans la même ignorance, dans le même indifférentisme pratique que l'Agouisiris; oui, les Zaparos eux-mêmes, que tout cependant semble prédisposer à la religion : la douceur de leurs mœurs, la rectitude de leur jugement, ce vague instinct qui les tourmente et les amène d'eux-mêmes aux ministres de l'Evangile ! Que dis-je ! ce nihilisme est encore plus radical, s'il se peut, chez eux que chez les tribus sanguinaires de Macas. Et, en effet, si dégradé que soit le Jivaros de Macas, le Chirapas, comme l'appellent nos Indiens, il a conservé de l'enseignement chrétien qui lui fut donné au seizième siècle un écho que ses vices ont altéré et affaibli, sans cependant l'anéantir. Il a pu renier son baptême, mais non pas effacer de son souvenir toutes les paroles qui l'accompagnèrent. Il sait encore, après trois siècles, qu'il y a un bon et un mauvais génie, c'est-à-dire un Dieu bon qui est celui des chrétiens, et Satan dont ils se considèrent, non sans fondement, hélas ! comme les sujets et les victimes. Or, les autres tribus infidèles ne savent pas même cela !

Le soleil, la lune et les étoiles n'ont donc plus d'adorateur dans nos forêts, en supposant qu'ils en aient jamais eu. N'oublions pas, en effet, que ces peuples n'ont jamais subi aucune domination étrangère; que ni les Espagnols, ni les Incas du Pérou, ni les Shiris de Quito n'ont jamais rien pu contre eux; que par conséquent les observances religieuses de ces races envahissantes n'ont pu s'implanter dans leurs forêts. Nous sommes en présence de peuples neufs, chez lesquels la langue, les coutumes, tout ce qui constitue l'individualité d'une nation, s'est conservé sans altération ni mélange; peuples sans rapports ni contact les uns avec les autres, parlant des idiomes qui semblent irréductibles, et se trouvant, par là même, dans l'impossibilité de se comprendre et d'échanger leurs pensées. Outre l'inca ou quichua, qui est la langue des Canélos et, en général, des tribus catholiques, il y a le zaparos, le jivaros et un nombre considérable d'idiomes sans parenté. Dans le très important mémoire adressé au roi d'Espagne en 1785, M. le gouverneur de la province de Maynas, commandant général de la province de Quijos et de Macas, Don Francisco Requeña y Herrera, ramène à dix-huit les idiomes parlés par les sauvages, et beaucoup lui étaient inconnus. Sans doute une étude approfondie de ces langues les ramènerait à quelques types primitifs, mais la nécessité seule d'une pareille étude n'en accuse que mieux les divergences qui existent entre elles. A mon avis, la philologie arriverait bien plus sûrement à découvrir l'origine de ces peuples multiples, le point de départ de leurs migrations à travers le monde, que toutes les hypothèses des ethnologues et des historiens, voire même que les études, d'ailleurs si importantes, des anthropologistes. Nous saurions peut-être s'ils sont Mongols ou Aryens, si leurs ancêtres sont venus de l'Orient ou de l'Occident.

Le même gouverneur, dans son mémoire, constate, lui aussi, le nihilisme religieux des tribus infidèles. Il n'y a trace d'idolâtrie ni de rite religieux d'aucune sorte. « Cela, dit-il, facilite singulièrement la prédication de l'Evangile, le missionnaire n'ayant pas à lutter contre des doctrines et des superstitions déjà enracinées. »

Il est bon d'enregistrer ce fait auquel son caractère d'universalité donne une importance considérable (1).

----

(1) Descripción del gobierno de Mainas y misiones en el establecidas por el coronel Don Francisco Requeña y Herrera, gobernador de Mainas, comandante general de su provincia y de la de Quijos y Macas. — 1785. (Archives de Quito.)

TABLEAU COMPARATIF DES LANGUES INCA ET JIVAROS

INCA OU QUICHUA.	FRANÇAIS.	JIVAROS.
Capac apu (grand sei-gneur).	Dieu.	Yussa.
Yáya.	Père.	Apáru.
Máma.	Mère.	Nukuru.
Hualúqui.	Frère.	Itsuru.
Yácu.	Eau.	Yumi.
Chacra.	Plantations.	Aha.
Lómo.	Yucca.	Máma.
Aicha.	Corps.	Achiyachi.
Huasha.	Epaules.	Tundupe.
Ricra.	Bras.	Kundu.
Maqui.	Main.	Nahue.
Chaqui.	Pied.	Nahue.
Longa.	Femme non mariée.	Natsa.
Huarmi.	Femme mariée.	Nuatakama.
Huahua.	Enfant.	Uchi.
Churi.	Fils.	Uchinura.
Huasi.	Maison.	Hela.
Yura.	Arbre.	Kumbula.
Rumi.	Pierre.	Kaïa.
Pihsco.	Oiseàu.	Kingi.
Yacu.	Rivière.	Enza; Kanoia.
Chalua.	Poisson.	Námaka.
Janacpacha.	Ciel.	Nayalembi.
Inti.	Soleil.	Etsa.
Quilla.	Lune.	Nantu.
Puncha.	Jour.	Lauanda.
Huatan.	Année.	Chonta. (Quand ce fruit est mûr, c'est l'année.)
Munai-ani (1).	Vouloir.	Uakerahe.
Cuyai-ani.	Aimer.	Vi anendahe (là est mon cœur.)
Checni-nini.	Haïr.	Nakitahe.
Asi-ini.	Rire.	Chiahuc.
Huacai-ani.	Pleurer.	Jutahue.
Puñui-uni.	Dormir.	Kanáru.
Puri-ini.	Marcher.	Uhehahc.
Callpai-ani.	Courir.	Kuranda uhehahe.
Huiñai-ani.	Naître.	Sakarahe.
Auca.	Ennemi.	Schuara.
Yurac ou ruyac.	Blanc.	Puku.
Sumac.	Beau.	Pengera.
Suni.	Long.	Asarama.
Shuc.	Un.	Ichiquiti.
Iscai.	Deux.	Kimara.
Guimsa.	Trois.	Menendgu.
Chuscu.	Quatre.	Aendzu.

Nota. — Prononcez l'*u*, ou; le *ch*, tch; le *sh*, ch. — V. g.: *Puri*, Pouri; *Chirapas*, Tchirapas; *Shuc*, Chuc, etc.

(1) C'est la désinence de la première personne de l'indicatif présent : *munani*, je veux; *cuyani*, j'aime, etc.

CHAPITRE XVII

Nous étions à Canélos depuis quelques jours à peine, le
R. P. Pérez et moi, quand, un beau matin, Palate m'aborde
d'un air effaré.

— Père, si tu veux m'en croire, tu ne resteras pas ici !

— Et quoi, es-tu donc déjà lassé de moi ? Il n'y a pas encore quatre jours que je suis arrivé.

— Tu ne m'as pas compris. Sache que personne ici n'est
lassé de toi, et que si quelqu'un se permettait de dire une
pareille impertinence, Palate la lui ferait payer cher ! Mais,
tu vois bien que la tribu n'est pas encore rassemblée ; c'est
à peine si le tiers de nos hommes est présent au village :
ceux du Villano, ceux du Rotuno, ceux du Lliquino ne se
réuniront pas avant une dizaine de jours. Profite de ce dé-
lai pour faire une promenade sur la rivière ; nous irons à
Pacayacu, à Sarayacu ; il faut que tous nos guerriers te
connaissent, vois-tu. Ils savent déjà que le Père blanc est
à Canélos, tous seront accourus pour te voir !

— Très bien, Palate, mais quand partirons-nous ?

— Mais tout de suite. Ma pirogue est prête, c'est la plus
grande et la plus belle de Canélos ; elle me coûta trois mois
de travail. Celle du cacique suivra par derrière, car, vois-tu,
nous voulons t'accompagner partout et te présenter nous-

mêmes aux tribus alliées ! Quant aux rameurs, les voici ; et, ce disant, Palate me présente trois jeunes gens d'une taille si grande, d'une allure si fière et si décidée que j'en suis saisi. « Celui-ci est Elias, marié avec la fille de mon frère Ponciano. Si tu veux des nouvelles des Chirapas (Jivaros), il en a de toutes fraîches, car il revient de faire la guerre et c'est un vaillant homme (*sinchi runa*). Celui-là est Téolo, mon gendre ; lui aussi revient de faire la guerre, sa lance a tué plus d'un Chirapas. Cependant il a un grand défaut qu'il faut que tu saches ; il frappe jour et nuit sa femme qui est ma fille, et l'infortunée pousse des cris qui font pitié. Allons, approche, *huambra* (jeune homme), baise la main du Père blanc et promets de respecter ta femme qui est ma fille. »

Au lieu de s'approcher pour me baiser la main, Téolo, rouge de honte et de colère, commence un réquisitoire en règle contre sa femme.

— D'ailleurs, que t'importe ? Puisque tu me l'as donnée, elle est à moi ! Ne suis-je donc pas libre de la frapper quand cela me plaît ?

La discussion s'était élevée jusqu'aux notes les plus aiguës de la gamme ; elle menaçait de finir mal ; des injures aux coups, il n'y avait qu'un pas ; et ce pas, Palate, fougueux comme un lion, se préparait à le franchir, lorsque, le saisissant par le bras :

— Palate, ta pirogue est prête, m'as-tu dit ; alors, en avant !

Sur ce, les Indiens s'emparent de notre bagage et nous descendons au pas accéléré les pentes qui conduisent au Bobonaza : en moins de cinq minutes nous arrivons sur le rivage.

Palate avait eu raison de vanter sa pirogue : je n'en vis jamais de plus longue, de plus effilée, de plus élégante. Un rouffle, appelé *pamacari* par les Indiens, y avait été dressé pour nous abriter contre les ardeurs du soleil. Tout était prêt pour le départ; nous nous installons, le Père Pérez et moi, sous ce léger toit de verdure ; Palate s'assied à l'arrière pour gouverner l'embarcation, et nous partons gais, babillards et bruyants comme une volée de perroquets ou de mangos. La seconde pirogue, celle du cacique, suit par derrière; elle est montée par Basilio, frère de Palate, et par quatre Indiens vigoureux.

Que dire du Bobonaza? Mérite-il une mention spéciale? Peut-on le comparer au Napo et au Curaray? Moins large évidemment que le Napo, mais tout aussi considérable que le Curaray, le Bobonaza est (ce qui surprendra sans doute nos lecteurs) plus poétique encore, s'il se peut, que l'un et l'autre.

Il prend sa source dans le Llanganate et descend au Pastazza par une série de gradins que l'on pourrait comparer aux marches d'un escalier gigantesque. Chaque gradin est un bassin aux eaux claires, tranquilles, profondes comme celles d'un lac. On passe de l'un à l'autre par des rapides et des chutes qui sont ici fort nombreux : de Canélos à Sarayacu, pendant trois jours de navigation, j'en comptai quatre-vingt-cinq! Il y a là un danger permanent, l'Indien seul peut se risquer sur ces eaux perfides. Vous voguez en parfaite sécurité sur ce lac paisible, recueilli, silencieux, étincelant comme une nappe d'argent fondu : le mouvement doux et cadencé de la pirogue, la beauté des sites qui défilent lentement sous vos yeux vous plongent dans une douce rêverie. Tout à coup la gueule du monstre, je veux dire du rapide, vous saisit, les dents de pierre de ses récifs font craquer votre frêle esquif ; il vous jette au visage sa bave immonde, vous noye dans ses flocons d'écume. Alors ce sont des soubresauts, un tangage, un roulis, une danse infernale. Puis vous sautez, je ne sais comment, dans le bassin inférieur, vous descendez la marche traîtresse et vous continuez la promenade sentimentale si malencontreusement troublée.

Passage d'un rapide.

‘ C'est donc une navigation périlleuse, je n'en disconviens pas ; mais quelle compensation dans la poésie merveilleuse de ces sites enchanteurs ! Lorsque je célébrais les beautés du Napo, lorsque je confiais au P. Pérez les impressions que faisait naître en moi ce fleuve au cours majestueux, aux rives d'une magnificence sans égale :

— Attendez, me disait-il, attendez, vous n'avez pas encore vu le Bobonaza !

Eh bien, je le vois maintenant ! Je vois ses berges de marnes irisées, berges luisantes comme un marbre poli par les eaux, ruisselantes de l'eau des cascades et des innombrables gouttières qui, à travers le réseau des plantes de toute sorte, s'épanchent avec un doux murmure dans les eaux profondes de la rivière ! Ici, point de perspectives immenses, point d'horizon à perte de vue comme sur le Napo : le cours sinueux du Bobonaza ne se prête pas à ces lointaines échappées ; mais l'impression de cette navigation dédommage amplement des grands spectacles qui font défaut ; à chaque détour du fleuve, le décor change : on dirait une nouvelle rivière qui se déroule ; aspect des rives, couleur des eaux, fleurs et feuillages, tout paraît neuf. Parfois les deux rives se rapprochent tellement qu'il semble qu'elles veuillent se souder ensemble. La rivière n'est plus qu'un étroit canal aux eaux sombres ; l'épaisse ramure des ficus aux troncs tordus comme des faisceaux de câbles, des gigantesques higuerons forme une voûte si épaisse qu'elle est impénétrable aux rayons du soleil. Le mystère de cette solitude, le silence, l'obscurité, la fraîcheur de cette retraite saisissent et émeuvent l'âme du voyageur et y font doucement pénétrer une sorte de recueillement profond, pareil à celui qu'on éprouve sous les sombres arceaux d'un temple... Allons, quelques coups de pagaye et nous voici dans un vaste bassin, dans un lac aux eaux chaudes, étincelantes sous les feux du soleil, bassin parsemé d'iles minuscules où d'innombrables animaux prennent leurs ébats !

— Enfants, délivrez-nous du pamacari, je veux voir, je veux voir !

Et les Indiens ramènent en arrière le roufle incommode qui nous bornait la vue. Quel spectacle ! quelle vision ! quel tressaillement ! J'avais là, sous ma main, mon fusil ; en fait de gibier je n'avais que l'embarras du choix ; mais vraiment il s'agissait bien de tirer sur les êtres inoffensifs dont nous venions de troubler les jeux ! Dans ces moments exquis, inénarrables, tous les instincts sauvages de l'homme se taisent ; il redevient l'ami de la création tout entière, à l'iguane stupide qui se rôtit au soleil il dirait volontiers : mon frère ! ma sœur ! à la fleur penchée sur les eaux ; il serrerait amoureusement dans ses bras les troncs robustes des grands arbres ! Au fond de tout cœur humain il se rencontre, comme un ressouvenir, une réminiscence de l'Eden, comme une vague sensation de l'intimité qui régnait alors entre l'homme et les créatures : sortez l'homme du milieu banal et factice qui l'étourdit et le corrompt, transportez-le dans un milieu propice à l'éclosion du sentiment inné qui le travaille à son insu, aussitôt il se rappelle son berceau, et des larmes de joie viennent mouiller ses paupières !

Pour nos Indiens de Canélos, le Bobonaza est la grande rivière — *jatun yacu.* — Chaque tribu et fraction de tribu se distingue d'ordinaire par le nom de la rivière où elle construit ses tambos. C'est ainsi que l'on dit : ceux du Villano, ceux du Rotuno. Pour désigner la fraction campée sur les rives du Bobonaza, ils disent : ceux de la grande rivière — *jatun yacu runacuna.*

Cette grande, poétique, mais terrible rivière, qui, des sommets du Llanganaté à Andoas, où elle se perd dans le Pastazza, ne mesure pas moins de deux cents lieues, fut visitée au siècle dernier..., et par qui?... Par une Française! Oui, une Française descendit le Bobonaza jusqu'à Pastazza, puis le Pastazza jusqu'à l'Amazone, puis l'Amazone jusqu'à l'Atlantique! Jamais je n'ai rien lu de plus tragique, de plus émouvant que le récit de ce voyage. Je dois à cette femme téméraire, mais héroïque, une mention qu'aucun de mes lecteurs et surtout de mes lectrices ne refusera de ratifier.

Comment cette infortunée voyageuse fut-elle amenée à faire cette traversée inconcevable, le voici. Son mari, M. Godin des Onais (l'héroïne était une demoiselle de la famille de Grandmaison), faisait partie de l'expédition scientifique commandée par Lacondamine au siècle dernier. Des affaires urgentes obligent le mari à s'embarquer pour la Guyane française. Sa femme, laissée par lui à Cuenca, se meurt de chagrin pendant son absence : elle veut absolument le rejoindre. De faire le tour de l'Amérique, c'est bien long! et en vraie Française elle est impatiente d'arriver au but. N'y aurait-il pas un chemin plus direct? Est-il donc impossible de traverser l'Amérique de part en part, d'aller aborder à l'embouchure de l'Amazone et sur les côtes même de la Guyane? — « Non, ma fille, ce n'est pas impossible, » répond son confesseur, le Provincial des Dominicains, à qui elle faisait part de ses projets, « ce n'est pas impossible, mais c'est très difficile! Cependant, si vous vous y décidez, nos missionnaires n'épargneront rien pour vous aider dans ce périlleux voyage. » — « Ce n'est pas impossible? je n'en demande pas davantage. » Et de suite elle se met en route! Mais laissons la parole à son mari, écoutons le récit qu'il fit lui-même de cette aventure à M. Lacondamine (1).

____

(1) Relation abrégée d'un voyage fait dans l'intérieur de l'Amérique méridionale, publiée à Maestricht, chez Jean-Edme Dyfour, en 1778. — Nous ne donnons qu'un abrégé du récit de M. Godin.

« Ma femme était partie en octobre 1769, avec son frère,
« quelques amis et une escorte de trente et un Indiens,
« pour la porter, elle et son bagage, car vous n'ignorez
« pas que ce chemin n'est pas praticable, même pour des
« mulets.... A peine arrivés à Canélos, les Indiens re-
« tournent sur leurs pas ; vous savez, Monsieur, combien
« de fois ils nous ont abandonnés nous-mêmes sur nos
« montagnes, sans le moindre prétexte, pendant le cours
« de nos opérations scientifiques. Il ne restait à Canélos
« que deux Indiens échappés à la petite vérole, qui venait
« de sévir dans la tribu : ils n'avaient pas de canot. Ils
« promirent cependant de lui en faire un et de la conduire
« à la mission d'Andoas, environ douze journées plus bas,
« en descendant la rivière du Bobonaza, distance qu'on
« peut évaluer à cent quarante ou cent cinquante lieues ;
« elle les paye d'avance ; le canot achevé, on quitte Cané-
« los, on navigue deux jours, puis on s'arrête pour passer
« la nuit. Le lendemain matin les deux Indiens avaient
« disparu ! La troupe infortunée se rembarque sans guide,
« et la première journée se passe sans accident. Le lende-
« main, sur le midi, nos voyageurs rencontrent un canot,
« monté par un Indien convalescent, qui consent à les
« accompagner et à diriger la pirogue. Trois jours après,
« en voulant ramasser un chapeau qui venait de tomber à
« l'eau, l'Indien y tombe lui-même ; il n'a pas la force de
« gagner le bord et se noie ! Voilà de nouveau le canot
« sans pilote et dirigé par des gens qui ignorent la moindre
« manœuvre ; aussi fut-il bientôt inondé, ce qui obligea
« les voyageurs de descendre à terre, et de s'y faire un
« carbet. Ils n'étaient plus qu'à cinq ou six journées d'An-
« doas. L'un d'eux, le sieur R..., s'offrit à y aller, et partit
« avec un autre Français dé sa compagnie et le fidèle nègre
« de Madame Godin, qu'elle leur donne pour les aider.
« Le sieur R... avait promis, en partant, à Madame Godin
« et à ses frères que sous quinze jours ils recevraient un

« canot et des Indiens... Au lieu de quinze jours, on en
« attendit vingt-cinq ; puis, perdant l'espérance de voir
« arriver le secours annoncé, les voyageurs construisirent
« un radeau, sur lequel ils montèrent avec quelques vivres
« et leurs effets. Le radeau mal dirigé heurta contre une
« branche submergée et chavira : les effets furent perdus,
« mais personne ne périt, grâce au peu de largeur de la
« rivière en cet endroit. Madame Godin, après avoir plongé
« deux fois, fut sauvée par ses frères.

« Réduite à une situation plus triste encore que jamais,
« la petite troupe résolut de suivre à pied le bord de la
« rivière. Quelle entreprise ! Vous savez, Monsieur, que
« les rives de ces fleuves sont garnis d'un fourré d'herbes,
« de lianes et d'arbustes, où l'on ne peut se faire jour que
« la serpe à la main, en perdant beaucoup de temps. Il
« leur fut donc impossible d'avancer, et ils se virent con-
« traints de retourner à leur carbet ; ils prennent les vivres
« qu'ils y avaient laissés et se mettent en route à pied. Ils
« s'aperçoivent, en suivant les bords de la rivière, que les
« sinuosités allongent beaucoup le chemin, ils entrent
« dans le bois pour les éviter et peu de jours après ils s'y
« perdent ! Fatigués de tant de marches, blessés aux pieds
« par les ronces et les épines, leurs vivres épuisés, pressés
« par la soif, ils n'avaient d'autres ressources que quel-
« ques graines, des fruits sauvages et des choux palmistes.
« Enfin les forces leur manquent, ils s'asseyent découra-
« gés et ne peuvent plus se relever. Là, ils attendent leur
« dernière heure : en trois ou quatre jours ils meurent l'un
« après l'autre. Madame Godin, étendue à côté du cadavre
« de ses frères et de ses compagnons, resta deux jours
« anéantie, en proie à une soif ardente. Enfin la Provi-
« dence, qui veillait sur elle, lui donna le courage et la
« force de se traîner, et d'aller chercher le salut qui l'at-
« tendait. Elle se trouvait sans chaussure, demi-nue : elle
« coupa les souliers de ses frères, et s'en attacha les se-

« melles aux pieds. Il lui fallut marcher neuf jours, après
« avoir quitté le lieu où elle avait vu ses frères et ses
« domestiques rendre le dernier soupir, avant d'arriver
« au bord du Bobonaza. Le souvenir du long et
« affreux spectacle dont elle avait été témoin, l'hor-
« reur de la solitude et de la nuit dans ce désert, la
« frayeur de la mort toujours présente à ses yeux, firent
« sur elle une telle impression, qu'en quelques jours
« ses cheveux avaient blanchi. Enfin sur les bords du
« fleuve elle rencontre deux Indiens qui, pris de pitié,
« la transportèrent à Andoas. »

Dieu merci, notre navigation ne ressembla en rien aux
aventures ultra-tragiques que l'on vient de lire : ce fut la
plus agrémentée que nous fîmes jamais. Mes Indiens, fous
de joie, se livraient à des saillies, à des jeux, à des gambades qui eussent déridé le front le plus sombre. Elias,
tout en ramant, me raconte les épisodes de la dernière
guerre, le nombre de tambos incendiés, de Chirapas percés
de lances. « J'en ai tué trois, Père, mais j'en aurais tué
bien davantage, si Basilio n'avait poussé un cri qui trahit
notre présence et permit aux Chirapas de s'échapper à
travers les bois !

— Et des femmes et des enfants, qu'en fîtes-vous, Elias ?

Cette question embarrassante lui fait baisser la tête ; il
se tait, mais son silence m'en dit assez sur les horreurs qui
durent se commettre pendant cette expédition militaire.

— Père, dit Palate, qui remarque l'impression pénible
produite en moi par cette révélation, Père, il n'est pas bon
de laisser vivre les fils de la vipère : ils grandiront et mor-
dront un jour comme leurs mères !

— Mon fils, lui dis-je avec douceur et tristesse, les fils de
la vipère n'ont rien à voir avec les fils des Jivaros ; ceux-
là sont venimeux par nature, incorrigibles ; ceux-ci sont
susceptibles d'éducation et peuvent devenir de parfaits

chrétiens. Dis-moi, les jeunes Jivaros que tu as conquis dans tes guerres, que tu élèves comme tes fils, dans ton tambo, sont-ils donc moins bons, moins dévoués à la foi chrétienne que tes Canélos?

— C'est vrai, Père; mais, vois-tu, ces humbras ne veulent pas m'écouter. Ils prennent leur plaisir à éventrer les femmes, à piétiner les cadavres des enfants. Ah ! si tu les voyais à l'œuvre, c'est horrible !...

— Assez, Palate, assez !

Triste et rêveur, je me pris à considérer ces jeunes gens, si grands, si beaux, si allègres, qui me conduisaient en triomphe chez leurs alliés, et faisant de tristes réflexions sur leur cruauté, sur leur effroyable inconstance, et pour tout dire enfin, sur leur perfidie, je me disais : Mon Dieu, qui sait si ceux qui m'acclament aujourd'hui ne me noieront pas demain dans les eaux de cette belle rivière; qui sait s'il ne me passeront pas leurs lances à travers le corps ! Le Calvaire suivit de si près l'Hosanna, et le sort du missionnaire est si semblable à celui de son Sauveur !

Mais les jeux folâtres de mes Indiens m'arrachent vite à ces idées tristes. A peine avions-nous passé devant l'embouchure du Pava-Yacu, affluent de la rive droite, puis du Tzatzapi-Uchilla, affluent de la rive gauche, qu'ils commencent à pêcher, à chasser, à faire toutes les folies imaginables. L'un se suspend aux branches d'un pacaïs (1) qui s'avancent sur la rivière et, par une série de rétablissements qui eussent effrayé l'acrobate le plus exercé, s'élève rapidement jusqu'au sommet de l'arbre. Tous les fruits qui sont à sa portée, il les cueille, les jette à l'eau, pique une tête dans la rivière, court après ses pacaïs que le courant disperse et emporte, et vient les déposer dans notre pirogue. Ce sont des gousses énormes, des fèves gigan-

____

(1) Légumineuses mimosées. J'en rencontrai quatre ou cinq espèces sur les seules rives du Bobonaza.

tesques ; quelques-unes mesurent quatre-vingts centimètres ! Les Indiens les ouvrent, jettent les graines noires,
dures et amères dont nous n'avions que faire, et nous
offrent le placenta blanc, sucré et parfumé qui les enveloppe. C'est un manger délicieux, mais... fort indigeste !

Pendant que nous dégustons les pacaïs, les jeux conti-
nuent. Tous les Indiens du second canot se sont jetés à
l'eau, deux des nôtres les imitent et les évolutions commencent ! Tous plongent ensemble dans l'immense et profond bassin, montent, descendent, nagent en biais, nagent
en rond, nagent en boule, roulant et tourbillonnant comme
les roues d'un bateau à vapeur. Puis ils paraissent un instant pour reprendre haleine, disparaissent de nouveau. Je
les vois se poursuivre, se croiser dans toutes les directions;
ils étendent les bras comme pour saisir un objet invisible,
avancent la tête, ouvrent la bouche comme pour happer
une proie. L'eau tourbillonne à la surface, des vagues de
fond secouent nos pirogues et vont déferler avec bruit contre les pierres et les récifs : toute la rivière est en ébullition !

— Mais c'est admirable, dis-je au P. Pérez, cela dépasse
tout ce que l'on dit de leur prodigieuse dextérité ; ces
hommes nagent comme des poissons !

— Vous verrez que les poissons eux-mêmes ne peuvent
rivaliser avec ces amphibies. Mon cher, vos Canélos sont
les premiers pêcheurs et chasseurs de l'univers, vous en
aurez bientôt des preuves !

Quelle n'est pas ma stupéfaction lorsque je les vois revenir à la surface, portant chacun un ou deux poissons !
Celui-ci retient sa proie par les ouïes, celui-là lui mord
la queue, l'étreint entre ses mâchoires ! Deux d'entre eux
qui revenaient les mains vides se cramponnent à l'arrière
de la pirogue, lèvent les jambes en l'air, et poussant un
cri, laissent tomber leur proie dans l'embarcation : ils la
tenaient avec les pieds ! oui, avec les pieds ! et ce n'était

pas la première fois que je remarquais que nos sauvages avaient le pied préhensif comme le singe. Lorsqu'ils marchent sur les pierres glissantes des rivières, sur les branches humides et gluantes des grands arbres, leur pied se replie, il devient en quelque sorte crochu, il se cramponne comme des mains. Ce n'est pas à dire que leur organisation soit différente de la nôtre et qu'il y ait une parenté anatomique entre eux et l'espèce simienne, pas n'est besoin de recourir à une hypothèse inutile et en contradiction manifeste avec l'expérience. L'habitude qui est une seconde nature explique tout. Dès leur enfance et par le fait même des exercices auxquels on les soumettait, ils se sont accoutumés au maniement du pied, comme le clown, comme l'acrobate s'exercent aux torsions violentes de la colonne vertébrale, aux postures et aux mouvements les plus contraires à ceux que la nature elle-même nous enseigne.

Mais ce n'était là que le prodrome d'une pêche infiniment plus fructueuse. Après un instant de repos, mes amphibies se jettent à l'eau, la lance à la main. Il se divisent en deux bandes : l'une se dirige vers la rive droite, l'autre vers la rive gauche. Les berges étaient couvertes et comme tapissées d'un treillis de racines et d'une innombrable variété de plantes : ils se cramponnent d'une main aux racines, et de l'autre donnent des coups de lance dans toutes les directions. Je compris vite la tactique : le poisson poursuivi, traqué dans l'immense bassin que les Indiens avaient exploré, s'était réfugié dans les anfractuosités de la rive, entre les racines des arbres. C'est là que les Indiens l'attendaient. En moins d'un quart d'heure ils en transpercèrent une cinquantaine et nous les apportèrent en poussant des cris de joie.

En même temps Palate, qui s'était éloigné seul avec son filet — sa *llica* — et fièrement campé sur l'un des récifs semés au milieu d'un rapide, Palate revient triomphant, portant un bagre magnifique : il ne mesure pas moins de soixante centimètres !

— Père, tout ce que Palate pêchera ou chassera, je te l'abandonne !

Et il jette l'énorme bagre à mes pieds.

— Merci, mon brave Palate, merci ! Mais, dis-moi, comment s'appellent ces différents poissons ? Celui-ci, par exemple ? et je lui montre le bagre.

— *Chalua*, répond-il sans hésiter.

Or chalua est un terme générique qui veut dire poisson et rien de plus.

— Et cet autre ?

— Chalua.

— Et celui-ci, dont le corps est noir, effilé, gluant comme celui d'une anguille ?

— Chalua.

J'en savais long !

Ainsi sont les Indiens ; leur langue est vague comme leurs pensées, le nom générique est souvent le seul qu'ils connaissent : tous les poissons sont des *chalua*, tous les palmiers des *chonta*, toutes les essences de la forêt des *yura*.

Basilio, qui avait remarqué que j'aimais les fleurs, apporte à mes pieds toute une brassée d'énothères aux fleurs jaunes.

— Comment s'appelle cette fleur, Basilio ?

— *Sisa.*

Or, *sisa* veut dire fleur et rien de plus ! Cette langue indéterminée est celle des peuples enfants ; si nous voulons bien nous souvenir, ce fut aussi la nôtre. Enfant, je ne reconnaissais que deux espèces d'arbres : le chêne et le pommier ; j'appelais chênes tous les arbres improductifs et pommiers tous les arbres fruitiers ! Hors de ces deux catégories, je ne distinguais plus rien ! C'était exactement la *chonta* et le *yura* des Indiens.

Du poisson qui nous fut offert, nous ne gardâmes que le

magnifique bagre de Palate. Nous abandonnâmes à nos amphibies les cinquante et quelques *chaluas* qui encombraient et salissaient le fond de la pirogue : certes ils les avaient bien gagnés !

Ce bain prolongé leur avait rafraîchi les sens et délassé les muscles : ils s'emparent de la pagaie avec entrain et nous partons comme des enragés. Qui nous eût vus sauter et danser, voler à travers les rapides, se fût signé trois fois, et eût juré que ces barques endiablées ne pouvaient contenir que des sorciers ou des possédés ! Néammoins nous arrivons sans accident jusqu'à l'embouchure du *Tzatzapijatun*, affluent important de la rive gauche. Là, la rivière se déploye dans toute sa majesté et forme l'un de ces bassins ensoleillés, l'un de ces lacs du Paradis dont j'ai parlé plus haut. En même temps que nous, mais à l'autre extrémité de la rivière, débouchent trois pirogues montées par toute une population d'hommes, de femmes et d'enfants : singes et perroquets, péricos et charlicress, la colonie est au complet ! Palate s'est levé pour considérer les nouveaux venus.

—Père, s'écrie-t-il, c'est Marcellin, c'est le vieux Marcellin des Pères blancs ! Ah ! il va mourir de joie !

Marcellin ! ce nom éveille mes souvenirs. Je me rappelle, en effet, l'avoir lu souvent dans la vieille chronique de la mission, c'était l'Indien préféré, l'homme de confiance des derniers religieux dominicains qui évangélisèrent cette tribu. Mais Marcellin est-il donc encore de ce monde ? cela paraît impossible. Alors Palate, de sa voix de Stentor.

— Marcellin, voici le Père blanc, je t'amène le Père blanc ! Une grande bataille s'est livrée à Quito entre les Pères blancs et les Pères noirs ; les Pères blancs voulaient revenir à Canélos qui est à eux, car Canélos a toujours appartenu aux Pères blancs, mais les Pères noirs.....

Le vieux Marcellin ne lui donne pas le temps d'achever sa harangue. J'aperçois un long squelette couvert d'une enveloppe parcheminée se jeter à l'eau et nager dans la direction de notre pirogue : il aborde ruisselant dans mes bras !

— Marcellin, mon bon Marcellin ; oui, c'est moi, le Père blanc, un Père blanc comme le Père Fierro, comme tant d'autres que tu as connus et aimés.

Mais Marcellin ne répond pas : assis sur le bord de la pirogue, la tête baissée, la poitrine haletante, il paraît en proie à une sorte d'hallucination. Il se frappe le front de la main gauche, comme s'il essayait de reprendre ses sens, comme s'il faisait effort pour sortir d'un cauchemar, pendant que sa main droite qui a saisi mon scapulaire l'étreint avec frénésie, il reste ainsi une minute ou deux, puis il relève la tête, me regarde fixement et éclate en sanglots :

— Ah ! Père, notre Père, je savais que tu viendrais et que le vieux Marcellin ne mourrait pas avant de te revoir !

Et il se reprit à sangloter.

— Mais, Marcellin, qui t'a dit que je viendrais !

Se frappant le front de nouveau, il allait répondre, lorsque Palate, qui avait mis le cap sur l'une des iles situées au milieu de la rivière, nous fit atterrir. Tout le monde saute à terre. Marcellin, qui n'a pas lâché mon scapulaire, tombe à genoux devant moi, joint les mains et me regarde dans une sorte d'adoration extatique ; puis il se lève, se frappe les mains, pousse des cris de joie, essaye de danser et de bondir sur le sable ; hélas ! ses jambes raidies par l'âge ne se prêtent plus à ces mouvements juvéniles.

Cependant sa femme et ses fils, ses petits-fils et arrière-petits-fils m'entourent avec curiosité : j'en compte quarante-deux !

— Père, voici Antonia, ma femme et ta servante ; c'est elle qui te fera la chicha comme au Père Fierro, comme aux autres Pères blancs. Quant au vieux Marcellin, il t'accompagnera à l'église et te servira la messe.

Et le bon vieillard, joignant les mains et baissant les

yeux,se met à réciter, d'un bout à l'autre, le *Confiteor* dominicain ; il n'omit pas un seul mot ! Puis il s'empare du
crucifix que je portais sur ma poitrine.

— *Apunchic Jesu Christo !* dit-il avec un accent de foi
qui nous émeut, — c'est Notre-Seigneur Jésus-Christ !

Et il le baise avec amour et le fait baiser à sa femme et
à ses enfants.

— Oui, Marcellin, c'est Notre-Seigneur Jésus-Christ,
celui qui est mort pour toi, pour moi, pour nous tous !
celui qui m'envoie vers toi, vers ta tribu, pour reprendre
la mission des Pères blancs !

Alors pour la troisième fois, le bon vieillard se frappe le
front.

— Oui, oui ! je savais que tu viendrais, je savais que le
Père blanc reviendrait et que Marcellin ne mourrait pas
sans le revoir !

— Mais enfin, Marcellin, qui donc t'a dit que je viendrais ?

— Ecoute, dit-il, Marcellin n'était plus jeune, mais le
Père Fierro était bien vieux : ses jambes ne pouvaient
plus le porter, tout son corps était enflé, sa tête nue comme
ce rocher battu par les eaux. Alors il nous dit : Enfants,
portez-moi à Baños, que j'aille mourir au milieu de mes
frères les Pères blancs, car je suis vieux, je ne peux plus
baptiser vos enfants ! Et nous nous réunîmes à l'église
pour les adieux, et le Père célébra une dernière fois la
sainte messe. C'est moi qui la lui servis, et en même temps
je dus le soutenir et l'aider à se mouvoir, sinon le pauvre
vieux serait tombé ! Et je remarquai qu'il pleurait beaucoup et que c'est à peine s'il pouvait lire dans le grand
livre. Et moi je pleurais aussi, car je me disais : c'est la
dernière fois que tu sers la messe du Père blanc, Marcellin ;
que vas-tu devenir sans le Père blanc, que deviendra ta
tribu ? Il n'y aura plus personne pour baptiser les enfants,
pour bénir les mourants, et nous mourrons comme des
chiens et nous irons en enfer comme les chirapas ! — La

messe terminée, tout le monde sortit de l'église, et je restai seul avec le Père. Alors tombant à ses genoux et lui
prenant les mains, je lui dis en sanglotant : « Ah ! Père,
notre Père, pourquoi nous abandonnes-tu ? Reste, reste !
Nous t'apporterons nos enfants, nous t'apporterons nos
mourants, tu n'auras qu'à lever la main pour baptiser et
bénir ! » Mais lui, se redressant et me prenant par la main :
— « Ecoute, Marcellin, écoute, mon enfant ; oui, les Pères
blancs s'en vont, et il faut qu'ils s'en aillent, puisque Dieu
le veut ainsi. Mais un jour viendra où tu les reverras sur
la grande rivière. Je te le dis, Marcellin, tu ne mourras
pas sans revoir le Père blanc ! » — Et il se reprit à pleurer,
et il me bénit. Puis nos hommes le prirent sur leurs
épaules et le portèrent à travers la forêt.

« Depuis lors je me disais chaque jour : Quand donc
viendra le Père blanc ? Quand donc verrai-je le Père
blanc ? Et je me voyais vieillir et mourir en répétant toujours la même parole ; et je disais sans cesse à Antonia,
ma femme et ta servante : « Le Père blanc ne vient pas,
Antonia ! Le Père blanc ne viendra pas, et Marcellin se
meurt de vieillesse ! » — Mais elle répondait toujours :
« Si, il viendra ! Si, il viendra ! Le Père Fierro l'a dit : tu
ne mourras pas sans revoir le Père blanc ! — Et voilà
pourquoi le vieux Marcellin a failli mourir de joie en re-
voyant le Père blanc sur la grande rivière ! »

Alors il se reprit à danser et à sauter et à battre des
mains. Puis il s'assit sur le sable et dit :

— Et maintenant, hommes, je sens que je vais mourir,
car j'ai revu le Père blanc !

J'étais dans l'admiration de tout ce que je voyais et entendais ! En plein dix-neuvième siècle, je me trouvais transporté à l'époque patriarcale, j'avais devant mes yeux l'un
de ces témoins, l'un de ces échos d'une tradition déjà
lointaine. Dieu l'avait conservé pour me transmettre la
dernière parole du Père blanc, mon prédécesseur, pour

me transmettre la prophétie d'un vieillard mourant, pour me révéler les destinées de cette mission! Autour de nous, tout le monde était recueilli : les plus bavards, comme Palate, écoutaient dans un religieux silence. Quant au pauvre Père blanc, des larmes coulaient silencieusement de ses yeux, et serrant sur son cœur ce Christ que Marcellin venait de baiser, et répétant les paroles mêmes du bon vieillard, il disait : « Ah! mon Seigneur Jésus-Christ! Quelle rencontre et quelle Providence! »

Quel âge pouvait bien avoir ce saint homme? Jamais encore je n'avais vu pareille décrépitude. Le squelette était à nu, on en pouvait compter tous les os; lorsqu'il marchait, lorsqu'il s'essayait à danser et à sauter, les articulations desséchées craquaient comme les ais disjoints d'une vieille bâtisse! Les yeux, toujours si brillants et si proéminents chez l'indien, les yeux s'étaient enfoncés et comme perdus sous l'arcade sourcillière : on n'en distinguait plus ni la couleur ni la forme; rétrécies et ridées, repliées sur elles-mêmes, les joues ressemblaient aux parois d'une outre vide longtemps exposée au soleil! Et puis, lui-même vient de le dire : lorsque le Père Fierro fut obligé d'abandonner Canélos, Marcellin n'était plus jeune! Or, ce départ remonte à plus de vingt-cinq ans. D'ailleurs le bon vieillard, dont les souvenirs s'éveillent peu à peu, rappelle des faits inscrits dans les archives à une date déjà bien lointaine; quelques-uns des religieux auxquels il fait allusion évangélisèrent Canélos à la fin du siècle dernier et au début de ce siècle!

— Dis-moi, mon bon Marcellin, quel est ton âge? Il doit y avoir longtemps que tu cours la forêt et navigues sur la grande rivière?

— Je suis du même âge que le grand palmier situé près de ton tambo, à droite de l'église. Mon père m'a dit souvent dans ma jeunesse : Marcellin, tu es né le jour même où le Père blanc planta le grand palmier!

— Mais ce palmier, quel âge a-t-il ? Quel est le Père blanc qui le planta, et quand cela se fit-il ?

— Ah ! *rucu, rucu, rucu !* Il est vieux, vieux, vieux !

Evidemment le brave homme ne m'apprenait rien, et j'aurais dû le prévoir, connaissant déjà par expérience la nullité de l'Indien dans tout ce qui est calcul et supputation des années.

L'Indien sait compter jusqu'à dix, et encore ! au delà de quatre sa numération est très confuse. D'ordinaire, il compte sur ses doigts, et comme il n'a que dix doigts, comme le commun des mortels, impossible d'aller au delà ; *shuc maqui*, une main, cela veut dire cinq ; *ihscai maqui*, deux mains, cela veut dire dix. Palaté est le seul Indien que j'aie rencontré qui sache compter jusqu'à cent — *patzac* — et même jusqu'à mille — *huaranga*. — Aussi passe-t-il pour un phénomène aux yeux de ses compatriotes.

Les mois, les Indiens les comptent d'après le nombre de lunes ; ils les distinguent l'un de l'autre d'après les fleurs ou les fruits qui font leur apparition dans la forêt. Les années se chiffrent d'après le nombre de floraisons des arbres, d'après le nombre de chagras qu'ils ont cultivées pour leur subsistance — ils en font une chaque année. — Chaque fois qu'on nous présentait un enfant pour le baptême, nous interrogions la mère ou les parents sur l'époque plus ou moins précise de sa naissance, afin de dresser l'état-civil.

— Quel âge a ton enfant ?

— Père, depuis que je l'ai mis au monde, la lune est morte trois fois.

Ce qui veut dire que l'enfant a trois mois ; — ou encore : la palme a fleuri trois fois depuis le jour où je l'ai enfanté. — Ce qui veut dire que le bébé a trois ans. — Il arrive qu'après quatre ou cinq ans d'une numération aussi primitive, leurs idées s'embrouillent, ils ne savent plus ni combien de fois la palme a fleuri, ni combien de chagras ils ont défrichées et, en définitive, ne connaissent plus leur âge ni celui de leurs enfants! Ils vivent au jour le jour comme des innocents! Le temps, cet implacable rongeur des existences créées, les émiette à leur insu; ils passent d'un âge à l'autre sans se douter qu'ils vieillissent, descendent au tombeau sans avoir jamais mesuré la distance qui les sépare de leur berceau! Il en résulte que ce qui fait le tourment, ce qui cause l'épouvante de tant d'âmes, les laisse parfaitement indifférents. Leur langue n'a pas de terme pour exprimer le temps, ce qui suppose qu'ils n'en ont pas l'idée; elle n'en a pas davantage pour signifier l'éternité.

— L'éternité, combien de temps cela dure-t-il? disais-je un jour à un Indien.

— Trois ans! répondit-il avec la plus grande assurance.

Quant aux heures de la journée, ils les distinguent généralement par le chant de certains oiseaux ou insectes, par le cri de quelques animaux qui, chaque jour, se reproduisent invariablement à la même heure. A Canélos, comme dans le Paradis terrestre, midi est l'heure de la brise! Chaque jour, en effet, à midi précis, un vent frais souffle de l'est à l'ouest, court en frémissant à travers les feuillages endormis et rafraîchit l'atmosphère qu'une température de 30 à 40 degrés avait surchauffée et portée à l'état de fournaise.

Donc, comme tous ses congénères, notre Marcellin ne sait pas son âge. Il est né le même jour que le grand palmier du Père blanc, cela lui suffit; chaque floraison de l'arbre géant l'a fait monter d'un cran, d'un échelon sur l'escabeau invisible qui porte nos années. Dans sa pensée, ces deux existences: la sienne et celle de la palme sœur ne font qu'une; ils ont pris leur essor le même jour vers le même ciel azuré pour y chercher la lumière et les tièdes ondées. En contemplant ce patriarche entouré de ses quarante-deux enfants, ce frère et ce contemporain de la palme du Père blanc, le verset du Psalmiste me revient naturellement à l'esprit : « Le juste a fleuri comme la palme, sa postérité s'est multipliée comme les cèdres du Liban. *Justus ut palma floribit, sicut cedrus Libani multiplicabitur.* »

Cependant tous nos Indiens, hommes, femmes et enfants, se gorgent de chicha : nous conversons, le bon vieillard et moi, ils boivent, c'est leur passe-temps. Antonia, que son grand âge dispense de droit d'un service aussi fastidieux, n'en est pas moins à son poste : une armée de femmes travaille sous ses ordres, et des pirogues au rivage c'est un va-et-vient continuel. On apporte les maillots de chicha, on les ouvre, on les brasse, et les libations commencent. Jamais les dieux infernaux ne reçurent sur leurs fronts brûlants pareilles douches de boisson fermentée! Le spectacle m'était si familier que je n'y prenais garde; mais, hélas! cette fois du moins, je dus sortir de ma neutralité. Voici qu'Antonia s'approche sur ses jambes fuselées et tremblantes, puis avec toutes les grâces compatibles avec sa figure préhistorique et son ton de voix chevrotante :

— Père, dit-elle, tu vas boire la chicha d'Antonia. Marcellin te l'a dit, c'est moi qui faisais la chicha du Père blanc.

Ce disant, elle reçoit des mains de ses filles un vase débordant, y plonge ses longues mains décharnées pour en brasser le contenu et l'approche de mes lèvres. La chicha d'Antonia!... Lecteurs, y songez-vous?... boire la chicha d'Antonia!... Mais, femme vénérable, tu oublies que vingt et quelques lustres pèsent sur ton front, et que tes glandes salivaires... Je faillis en perdre l'équilibre et tomber à la renverse !

— Antonia, ma fille et ma servante, dis-je avec un dépit mal dissimulé, ta chicha est excellente, blanche comme du lait, mousseuse comme du champagne; mais, vois-tu, je suis nouveau venu dans la forêt : accoutumé à l'eau claire des rivières, j'ai peur de cette liqueur enivrante !

La bonne vieille, qui n'a rien compris à mon langage, me regarde d'un air effaré.

— Mais, Père, c'est la chicha d'Antonia, ta servante, la chicha des Pères blancs !

Je n'y tiens plus. Les choses menaçaient de s'envenimer, d'autant plus que le P. Pérez, au lieu de m'aider à sortir de cet imbroglio, rit à se tordre les viscères. Les Indiens se taisent et regardent, quelques-uns donnent des signes de mécontentement... Ce fut le bon Marcellin qui vint lui-même à mon secours.

— Antonia, dit-il, n'insiste pas davantage. Le Père te l'a déjà dit : il est nouveau venu dans la forêt et cette chicha de yucca est trop aigre et trop forte ! Père, lorsque tu seras de retour à Canélos, Antonia, ma femme et ta servante, te préparera la chicha de chonta-ruru ; celle-là est dorée comme le vin de messe du Père Fierro, elle est douce comme le miel (*mishqui*); tu la boiras, n'est-ce pas ?

— Oui, mon bon Marcellin, oui, je te le promets !

Là-dessus nous nous dîmes adieu ou plutôt au revoir, car le bon vieillard se rendait à Canélos avec tous les siens ; je devais l'y rejoindre quelques jours après.

— Enfants, dit-il à sa nombreuse famille, agenouillez-vous que le Père fasse sur nous tous le signe de la croix : ainsi faisaient les Pères blancs !

Je les bénis et m'apprêtais à monter dans la pirogue, lorsque le bon vieillard me prenant par le bras et me tirant à l'écart :

— Marcellin ne t'a pas encore tout dit ! reviens vite à Canélos, là tu connaîtras mon secret !

Puis Marcellin s'éloigne et disparaît bientôt avec tous les siens.

A peine avais-je mis le pied dans la pirogue, que le Père Pérez, braquant sur moi ses yeux perfides :

— Eh bien ! vous la boirez, n'est-ce pas ?

— Quoi ? répondis-je avec humeur.

— Mais la chicha d'Antonia ! la chicha dorée comme le vin de messe du Père Fierro, douce comme le miel !

— Mais, vous, pourquoi donc ne l'avez-vous pas bue, tout à l'heure, la chicha d'Antonia ? car, s'il m'en souvient, à vous aussi on vous l'avait offerte.

— Moi ! impossible, je riais trop !

— Eh bien ! moi, si je ne l'ai pas bue, c'est que je rageais trop !

Là-dessus, rétractant le serment imprudemment fait à Marcellin, je jurai, avec sincérité cette fois, que jamais, non jamais, je ne boirais la chicha d'Antonia. La chicha d'Antonia ! Y songez-vous ? mais c'est trop fort !

— Eh bien, mon cher, vous avez tort, reprit le Père Pérez avec gravité ; comme saint Paul, le missionnaire par excellence, nous devons nous faire tout à tous pour les gagner tous à Jésus-Christ. Or un moyen de se faire tout à tous dans cette forêt, c'est de partager le manger de l'Indien, c'est de boire sa chicha. La chicha étant sa boisson nationale, l'Indien considère comme ami celui qui la partage et comme étranger celui qui la refuse. Savez-vous que vous avez failli froisser vos Indiens ! sans Marcellin qui vous tira de ce mauvais pas et sans la promesse que vous fîtes de boire la chicha de chonta-ruru, tout ce monde se fût aigri contre vous, il vous eût gardé rancune.

— Et vous croyez que quand saint Paul, ce modèle des missionnaires, nous conseille de nous faire tout à tous, cela veut dire qu'il faut boire la chicha d'Antonia ! s'ingurgiter cette salive, s'exposer à contracter toutes les maladies dont la salive est le véhicule ? Se faire tout à tous, se dévouer corps et âme pour le salut de ces infortunés, supporter leurs travers d'esprit, leur grossièreté ; essuyer leurs duretés de cœur et leurs ingratitudes, oui ! courir après eux comme le bon Pasteur, braver l'eau des torrents, la boue des fondrières, souffrir la faim, la soif, recevoir

les averses et dormir à la belle étoile, oui encore! Se
faire sauvage pour pouvoir aborder, convertir les sauvages, se faire petit avec les petits, humble avec les humbles, ignorant avec les ignorants, oui toujours! Mais boire
la chicha d'Antonia, se mettre ce poison dans les veines,
non! mille fois non! Et si l'Indien buvait de l'eau-de-vie,
vous croiriez-vous donc obligé de suivre son exemple? Eh
bien! pour moi, la chicha est plus insalubre et plus répugnante encore que l'eau-de-vie! Que me dites-vous que l'Indien verra du mépris dans ce refus de partager sa boisson
nationale! L'Indien sera très édifié de me voir boire de
l'eau, pendant qu'il s'en donne à cœur-joie! Je ne lui dirai
pas que sa chicha est mauvaise, qu'elle est malpropre; je
lui dirai qu'elle est trop forte, ce qui est bien différent;
il pourra s'en étonner, mais non s'en offenser. Savez-vous
ce qui a failli nous perdre tout à l'heure? Sans aucun
doute, le dépit qui perçait à travers mes paroles et cette
répugnance instinctive que je n'ai su maîtriser à temps;
mais plus encore que tout cela, ce fut votre rire, ce rire
homérique! Voilà qui attira l'attention des Indiens bien
plus que mon air piteux et ¦déconfit et nous valut les œil-
lades terribles qui nous furent lancées. Mais vous, prédicateur admirable, missionnaire modèle, vous la boirez,
n'est-ce pas? vous la boirez la chicha d'Antonia?

— Ce ne serait pas la première fois! Il est vrai que ce
long voyage s'est effectué sans que je busse une seule
goutte de chicha; mais le coupable, si coupable il y a,
ce n'est pas moi, c'est vous! vous dont les théories exé-
crables sur les dangers de la salive m'ont dégoûté de cette
liqueur qui jadis faisait ma joie et ma force. Que de fois
je l'ai bue dans mes courses apostoliques: elle me sauva de la
famine, elle me sauva de la mort! Je la buvais sans répugnance, n'y voyant pas tout ce que votre œil perspicace y a
découvert; je ne pensais ni à la salive qui la fit fermenter,
ni aux mains noires et malpropres qui l'avaient brassée,

je ne pensais à rien, qu'à boire et à ne pas mourir de faim!

— Mais enfin, cette tardive répugnance, cette vision rétrospective des microbes et des mains noires ne saurait triompher d'une habitude déjà ancienne. Si la chicha ne vous fit aucun mal, c'est qu'en réalité elle est inoffensive ou que votre constitution s'y est accoutumée. D'où je conclus que.....

— D'où vous concluez que je dois continuer d'en boire! Eh bien! oui, j'en boirai! dussé-je être excommunié par tous les conseils d'hygiène, par toutes les académies de médecine de l'univers! être traité de cannibale et de sauvage! dussé-je essuyer vos lazzis! Jurez si bon vous semble de ne jamais tremper vos lèvres railleuses dans la chicha d'Antonia! moi je jure d'en boire et d'en boire encore, et d'en boire tout de suite!

Sur ce, mon homme saisit une calebasse, la remplit jusqu'au bord et la vide d'un trait!.....

Il était cinq heures du soir, et nous dépassions à peine l'embouchure de l'Humucpi, rivière magnifique située sur la rive gauche, à trois ou quatre heures en aval de Pacayacu. Impossible d'atteindre le village avant la nuit. Le tambo vide de Marcellin se trouvait à peu de distance, sur la droite, dans un lieu appelé, je ne sais pourquoi, *ayaplaya*, la plage du mort. Nous résolûmes d'y passer la nuit. Le lendemain, à neuf heures, nous étions en vue de Pacayacu.

— Palate, auriez-vous oublié d'avertir les Indiens de notre arrivée? le village est totalement silencieux, on dirait qu'il est désert.

— Décharge ton fusil et tu verras.

Pan! pan!... Une clameur formidable répond à cette double détonation. Tout aussitôt le tambour entonne ses *rranplan, plan*; une longue file d'Indiens, hommes, femmes et enfants, descend la colline au pas de course et arrive en même temps que nous au débarcadère.

CHAPITRE XVIII

Tout le monde est à son poste : cacique, alcades et capitaines. Les casques multicolores, les aigrettes en becs de toucan, les gibus en peau de singe se dressent majestueux et sublimes comme le cimier de nos dragons, comme les hauts bonnets à poil de nos sapeurs un jour de revue ! Les poitrines ruissellent de décorations : sur le fond noir du génipa, le rocou resplendit comme des coquelicots dans un champ de blé, comme des étoiles sous la voûte sombre du firmament ! Alors les tambours se taisent et Palate prend la parole :

— Écoutez, vous autres, un grand combat s'est livré à Quito entre les Pères blancs et les Pères noirs !...

Toujours la même rengaine, j'en suis ahuri !... Mais cette parole vibrante, cette éloquence guerrière, ce coup de clairon de Palate électrise les Indiens.

— *Ari ! Ari ! Chasna ! Chasna !* Oui ! Oui ! C'est cela ! C'est cela !

Et tout le monde répète avec enthousiasme la harangue de Palate sur les Pères blancs et les Pères noirs. Alors on m'entoure, on m'acclame ! Puis on s'empare de notre bagage et nous gravissons au son du tambour les pentes escarpées qui mènent à l'église et au couvent.

Tout en cheminant, le Père Pérez m'adresse cette parole significative :

— Est-ce que vous croyez que cet enthousiasme soit bien sincère ?

— Hélas ! Père, que me dites-vous ? Cet enthousiasme me glace le sang dans les veines ! Tout cela me semble bien factice et bien faux. Aujourd'hui ce sont les Pères blancs, hier c'étaient les Pères noirs ; demain, peut-être, ni les blancs ni les noirs ne pourront voyager avec sécurité dans la forêt ! Il leur faudra fuir, il leur faudra se cacher, il leur faudra mourir peut-être, victimes de la trahison et d'infâmes guet-apens !

Hélas ! nous sûmes bientôt à quoi nous en tenir sur cet enthousiasme bruyant et suspect ! A peine avons-nous mis le pied dans notre tambo, que le vide se fait autour de nous : affamés de popularité et plus encore de chicha, désireux de raconter leurs exploits et de se recruter des adhérents pour la prochaine expédition militaire, nos Canélos, Palate en tête, sonnent le rappel ; tout le monde fait volte-face et se précipite sur leurs pas. Alors retentissent les batteries sinistres des tambours et les cris joyeux des buveurs... puis, comme toujours, le tumulte des combattants !

Nous étions seuls, et bien seuls, sans vivres, sans eau, sans feu, sans rien ! Les enfants eux-mêmes, toujours si assidus autour du Père, nous avaient abandonnés. C'est à peine si, de temps à autre, l'un d'entre eux se hasarde sur la place, attiré par la curiosité ou l'espoir d'un cadeau.

— Mon petit, vas dire à ton papa, à ta maman, que les Pères ont faim et qu'ils n'ont rien à manger !

— Mon papa et ma maman sont à boire, répondent-ils invariablement.

Ce qui veut dire en bon inca :

— « Mon ami, tu choisis mal ton moment, tant que durera l'orgie n'espère rien de ces êtres égoïstes ! »

Or, l'orgie dura longtemps.

— Père, il est midi ! Père, il est deux heures ! Père, il est quatre heures ! Quand donc finira cette diète absurde ?

Cette ritournelle, plaintive et désespérante, nous nous la chantons l'un à l'autre, sur un ton de plus en plus lugubre et découragé ! Songez que le Père Pérez et moi, depuis la veille, nous n'avons pris aucun aliment solide ; tout le poisson pêché par les Indiens, les Indiens eux-mêmes l'avaient dévoré dans le tambo de Marcellin ; puis ce fut le tour du bagre de Palate qui, bien qu'étant nôtre, passa presque tout entier dans leur estomac. Que nous importait d'ailleurs ? Nous allions arriver à Pacayacu ! Or, au dire du Père Pérez, Pacayacu, c'était la terre promise, le pays de l'ananas et de la banane.

— Vous verrez quels fruits splendides !

Le matin, pour tout aliment, nous avions pris une infusion de *guayusa*, plante amère et stomacale qui croit en liberté dans la forêt. La guayusa, c'est le café ou, mieux encore, le trompe-la-faim du missionnaire qui voyage dans ces parages ; cela lui amuse l'estomac, lui permet d'attendre quelques heures de plus un dîner qui semble fuir devant lui ! Donc, à quatre heures de l'après-midi, nous en étions encore sur la guayusa.

— Père, il est quatre heures, quand donc viendront les Indiens ?

— Ah ! pardonnez-moi, s'écrie tout à coup le P. Pérez en se frappant le front, je n'y pensais plus !

— Et à quoi ne pensiez-vous plus ? Moi j'y pense, je vous assure : je pense que si cela dure encore quelques heures, je vais mourir de faim !

Mais le P. Pérez ne s'occupe guère de ma complainte, il s'est emparé de son bagage qu'il tourne et retourne, qu'il éparpille en tous sens.

— Enfin, s'écrie-t-il triomphant, Dieu soit loué, il y en a encore ! Partageons, ou plutôt prenez-le tout entier. Vous en êtes à votre première campagne ; mon estomac à moi est fait à la famine et aux privations, je puis attendre jusqu'à demain.

Sur ce il me présente de la viande desséchée : il y en avait juste la largeur de deux doigts !

— Oui, oui, j'accepte, mon Père, mais non pas pour moi seul. Si je suis novice dans l'art de souffrir, c'est une raison de plus pour m'y exercer ; novice et vétéran, nous partagerons la même bouchée !

Nous soumîmes à une longue décoction cette viande pétrifiée, et à six heures nous en déchiquetâmes les fibres coriaces et insipides. Puis nous nous étendîmes mélancoliquement sur les claies de bambou qui nous servaient de couchette et ne tardâmes pas à dormir malgré l'affreux tintamarre que faisaient toujours nos Indiens. Ah ! si j'avais eu la chicha d'Antonia, qui sait si j'eusse résisté à la tentation ! mais non, n'en parlons plus, il est entendu que je n'en boirai jamais !

Nous nous levâmes à cinq heures ; le tambour qui reprenait ses batteries et les cris des buveurs nous avaient réveillés en sursaut. A minuit le tumulte s'était apaisé ; je m'étais dit, rempli d'espérance : enfin, c'est donc fini, demain l'ivresse se sera dissipée, nos enfants égoïstes se souviendront que leurs Pères n'ont rien mangé depuis l'avant-veille et ils auront pitié de nous. Cette illusion ne fut pas de longue durée. Bientôt le tapage recommence de plus belle ! la journée d'aujourd'hui sera comme la soirée d'hier : mon Dieu ! mon Dieu ! qu'allons-nous devenir ? Et je pensais à Palate, à ses belles protestations, à ses harangues emphatiques et... novice dans l'art de souffrir, je dus essuyer quelques larmes qui me coulaient silencieusement sur les joues.

La sainte messe nous rendit quelque force et quelque courage. Ah ! si le missionnaire n'avait cette consolation suprême ! s'il ne trempait ses lèvres, chaque matin, dans

ce calice de vie et de résurrection qui est le sang de son
Sauveur ! Si cette source, qui, du Calvaire, s'épanche sur
l'autel, ne passait dans son âme pour en cicatriser les blessures, en réveiller les énergies assoupies, sa vie serait plus
qu'un martyre, ce serait un enfer anticipé !

Cependant cela ne pouvait durer toujours, il fallait aviser
au moyen de sortir d'une situation en apparence sans issue.
Le Père Pérez, rempli de douceur et de patience, accoutumé à traiter son corps comme une quantité négligeable,
se serait résigné à attendre encore. Mais je n'étais pas
d'aussi bonne composition.

— La plaisanterie a déjà duré trop longtemps, il faut
qu'elle finisse !

— Mais que pensez-vous faire ? D'aller trouver vos Indiens ivres, d'entrer dans les tambos où l'orgie et la débauche s'ébaudissent à leur aise, vous n'y songez pas ? Les
insultes, les propos les plus obscènes et peut-être les coups,
voilà ce qui vous attend. Vous seriez témoin de scènes que
la pudeur se refuse à décrire et vous reviendriez humilié,
amoindri, et, de plus, les mains vides ! Lorsque ces hommes
sont ivres, mon Père, les plus doux sont comme des lions
déchaînés ; ne vous y risquez pas, je vous en conjure !

— Il s'agit bien de cela ! c'est juste le contraire que je
pense faire. Il s'agit d'attirer le lion hors de son antre et
non de l'y braver, d'obliger cette bête farouche à nous
suivre, à nous lécher la main comme de timides agneaux,
à nous.

— En vérité, je ne vous comprends pas !

— Allez chercher votre accordéon et vous comprendrez.

— C'est cela, c'est cela ! décidément vous êtes un homme
incomparable, mon cher ; oui, oui, nous les tenons !

Et il revient sur la place portant triomphalement son instrument.

— Maintenant, entendons-nous ! Il est neuf heures, voilà
quatre heures que ce tapage infernal dure sans interrup-

tion, les tambours ne tarderont donc pas à se taire, les joueurs voudront boire à leur tour et se reposer un instant. C'est alors que nous entrerons en scène : vous jouez, je chante ; les Indiens, fous de musique, désertent les tambos, se précipitent sur la place... et je me charge du reste ! Allons, voici que le silence se fait, en avant la musique !

Jamais concert plus stupéfiant ne réjouit les échos de nos places publiques européennes ! Zime, zime, zam, zam, c'est le prélude ! Alors j'entonne n'importe quoi et le P. Pérez m'accompagne n'importe comment ; nous chantons dans toutes les langues, en latin, en français, en espagnol, en inca ! Nous improvisons sur tous les tons, de quoi faire tomber en syncope, rendre épileptique un Mozart ou un Beethoven ! Aux premiers accords de cette musique hétéroclite, Périco s'échappe à travers les bois en poussant des hurlements ; mais il s'agit bien de Périco, il s'agit de ne pas mourir de faim ! Le P. Pérez, qui est un peu sourd, (cela soit dit sans indiscrétion) et qui d'ailleurs fait un vacarme infernal avec son instrument, se plaint de ne pas m'entendre.

— Criez plus fort, sinon j'entonne moi-même !

Et de sa voix de stentor il chante un *Sacris solemniis* espagnol, pendant que je m'égosillais sur un air de *Marlboroug s'en va-t'en guerre !*

Aussi quel succès ! quel triomphe !

A peine avons-nous commencé, que toute une volée d'enfants, j'allais dire de pierrots, s'abat sur la place, s'élance des buissons, de partout. Ils s'approchent, puis ils s'approchent encore, entourant le Père Pérez, dont l'accordéon excite vivement leur curiosité, ils se montrent du doigt les touches frémissantes, se dressent sur la pointe des pieds pour mieux voir d'où sort cette harmonie qui les ravit. Derrière eux, toute la cohue des gens ivres, des femmes échevelées, ruisselantes de chicha, dégoûtantes ! Leurs faces congestionnées, leur démarche chancelante, leurs yeux rougis, leurs lèvres bestiales nous disent assez ce qu'ont été cette journée d'hier et cette nuit passées dans l'intempérance et la débauche. Tout ce monde est là, bouche béante, charmé, fasciné, hypnotisé! Les visages hébétés par l'ivresse, les yeux éteints s'illuminent peu à peu : ces brutes redeviennent hommes, ils redeviennent eux-mêmes. Chaque fois que nous nous arrêtons pour respirer, ce sont des cris d'admiration, des battements de mains, des caresses inimaginables.

— Ah! *sumac! sumac!* que c'est beau! que c'est beau! *astaun! astaun!* encore, encore!

Alors prenant la parole ;

— Hommes et femmes, tribu vaillante de Pacayacu, oui, la musique est belle! surtout la musique comme la nôtre, comme celle du Père Pérez, et de votre serviteur! Que sont vos tambours près de cette merveille? (je leur montre l'accordéon du Père Pérez) ; vos chalumeaux faux et criards comparés à ma superbe voix de ténor? Oui, la musique est belle! mais les yuccas sont bons! Donnez-nous des yuccas, nous vous donnerons de la musique!

Puis, apercevant Palate qui, pris de honte et de repentir, s'était caché derrière un arbre :

— Et toi, illustre charlatan, tu ne m'as donc amené ici que pour me faire mourir de faim! Que m'importent tes grands discours? Je leur préfère le moindre yucca!..... Indiennes, mes amies, il faut en finir! Vos maris sont des brutes! boire et boire encore! s'enivrer et vous assommer, c'est tout ce qu'ils savent faire. Grâce à Dieu, vous avez le cœur moins dur et vous entendez autrement les devoirs de l'hospitalité! Voici donc ce que le Père blanc a décidé : nous continuerons à jouer, à chanter, mais vous nous apporterez, et tout de suite : trois *achanzas* (corbeilles) de yucca, trois régimes de bananes, des ananas, du poisson, de la viande, toutes les richesses accumulées dans vos tambos. Est-ce entendu?

— *Ari! ari! chasna, chasna!* Oui, oui, c'est cela! c'est cela!

— Zim, zim! zam, zam!. *Au clair de la lune, mon ami Pierrot...*

Ah! oui, nous en eûmes des provisions, nous en eûmes à ne savoir qu'en faire. Notre cabane se trouvait trop petite pour les contenir! Assis sur ces richesses improvisées, morts de faim et de fatigue, nous nous mîmes à préparer le yucca et les bananes pour le dîner. Il était midi : il y avait quarante-huit heures que nous n'avions pris aucun aliment solide, car les conserves de la veille ne méritent pas le nom d'aliment.

Palate, qui s'était enfui, comme s'il eût eu cent Jivaros à ses trousses, Palate revint dans la soirée portant dans ses bras une magnifique *lomucha* qu'il venait de tuer à coups de lance. Il la dépose à nos pieds, sans mot dire, puis il s'esquive, toujours honteux et décontenancé.

Pacayacu n'est plus qu'une tribu insignifiante : elle compte à peine trente familles. La vraie tribu de Pacayacu fut littéralement anéantie par les Jivaros, il y a une vingtaine d'années. Cette boucherie humaine eut lieu, comme toujours, pendant la nuit : surpris au milieu du sommeil pesant qui suit l'ivresse, les Indiens se laissèrent égorger comme un vil bétail ; des ruisseaux de sang rougirent le Bobonaza. Ce sont les Canélos qui repeuplèrent ce territoire dévasté et s'en constituèrent les défenseurs. Mais Canélos est loin ; que deviendra cette tribu minuscule, cette poignée d'hommes, si le Jivaros, enhardi par une première razzia, livre un second assaut ? la ruine est certaine.

Le village s'élève à pic sur la rive gauche, à une hauteur d'environ cent mètres au-dessus du Bobonaza : la rivière, qu'un léger promontoire de la rive droite oblige à se replier sur elle-même, se déploie de chaque côté comme deux grandes ailes d'oiseau. C'est une position charmante, la tribu minuscule y dormirait tranquille, comme le premier couple de l'Eden, si le serpent jivaros n'était là, sous la feuillée, pour troubler son sommeil. Au-dessus de ce nid enchanteur, plane l'oiseau de proie : tôt ou tard il y enfoncera ses serres impitoyables.

Notre but n'étant pas d'y donner la mission, puisque je devais y revenir quelques mois après, nous nous contentâmes de baptiser les enfants, puis nous appareillâmes pour Sarayacu.

CHAPITRE XIX

CE QUI CONSOLE LE MISSIONNAIRE
DE TOUTES SES INFORTUNES

La cruelle expérience des jours précédents nous rendit plus prévoyants ; nous résolûmes de ne plus nous embarquer sans biscuit et obligeâmes nos grands étourdis à transporter dans la pirogue ce qui restait des provisions de la veille.

— Mais cela va nous encombrer, nous n'arriverons jamais à Sarayacu avant la nuit !

— Il en sera ce qu'il voudra, Palate, mais je te jure que ces vivres nous suivront !

Et payant d'exemple, je charge moi-même une achanza de yucca et descends lentement la colline. Nos mauvaises têtes suivent par derrière, semant nos provisions dans les bois, pour se donner le malin plaisir de nous contrarier. Néanmoins, il nous en resta suffisamment pour n'avoir pas à redouter la famine.

La rivière présente le même aspect poétique, la même variété de sites. Cependant les rapides y sont moins nombreux, plus espacés ; les rives aussi sont moins escarpées.

Çà et là les Indiens me montrent quelques tambos jivaros placés en sentinelles sur les collines voisines.

— Ceux-là sont nos amis, disent-ils, tu peux passer près d'eux sans crainte.

Ce sont les Jivaros de Capahuari, tribu infidèle mais alliée de Canélos : ses tambos se trouvent répandus sur la rive droite dans tout l'espace compris entre le Bobonaza au nord-est et le Copataza au sud-ouest. Un peu à l'ouest, en face de Canélos, et sur les rives mêmes du Copataza vivent les Jivaros du Copataza également alliés à nos Canélos.

— Ceux du Copataza ne valent pas ceux du Copahuari ou de l'Uchual, dit Palate, ils nous ont trahis plus d'une fois en s'alliant avec ceux de Macas, aussi en ai-je exterminé un bon nombre pour les rappeler au respect d'une alliance que nos Pères ont jadis contractée et que nous renouvelâmes nous-mêmes plusieurs fois.

— Mais s'ils vous ont déjà trahis, ils pourront bien encore vous trahir, et cela ne vous effraye pas ?

— Alors, Père, ce sera la dernière fois. J'exterminerai tous les débris de cette tribu traîtresse : ils disparaîtront comme ceux de Pacayacu, comme ceux de Pindo, comme tant d'autres tribus dont je t'ai raconté l'égorgement en masse par les Chirapas. Entends-tu, Elias, s'ils nous trahissent !..

— Le voilà, Père, le voilà ! C'est lui, c'est lui ! s'écria tout à coup Palate qui devient blême et tremble comme les feuilles.

J'avoue que mon sang se glaça d'abord dans mes veines, car je pensais qu'il venait d'apercevoir les Jivaros embusqués sur le rivage. Mais non, il me montre du doigt un long serpent suspendu par la queue à l'extrême pointe d'un arbre. Le reptile se balance, prend son élan, passe en sifflant au-dessus de nos têtes et s'abat sur la rive opposée. Palate, qui s'est armé de la sarbacane, veut lui envoyer une flèche, mais le serpent s'est déjà faufilé dans la verdure, nous ne le voyons plus.

— C'est le *supai* (démon), murmure Palate, j'ai toujours

pensé que c'est le supai ! C'est mon ennemi, il me poursuit partout, partout : il m'a déjà mangé la moitié de la main. Et dire que je n'ai jamais pu l'atteindre !

Je regarde la main gauche de Palate, et effectivement le médius est détruit jusqu'à la racine, l'index est fendu dans toute sa longueur et il lui manque une phalange.

— C'est le serpent qui t'a ainsi mutilé la main, Palate ?

— Oui, c'est lui, c'est celui que tu viens de voir, le même ! Car c'est ici même qu'il m'attaqua une première fois. J'étais seul dans ma pirogue ; tout à coup je l'aperçois qui se balance et prend son vol, car il vole, ne t'ai-je pas dit déjà que c'est le supai ? Au lieu de traverser la rivière, il tombe sur moi, s'enroule autour de mon corps et m'emporte la moitié de la main, puis il se laisse glisser dans la rivière et disparaît ! Père, ce sera quelque âme damnée de Chirapas, l'un des nombreux infidèles que j'ai égorgés qui me poursuit ainsi. Il sait que, Palate mort, nos Canélos ne pourront plus tenir devant l'ennemi et que tous les chrétiens de la forêt seront exterminés !

— Mais enfin, Palate, ce serpent est connu de vous tous, vous l'appelez le serpent volant ; pourquoi veux-tu que ce soit le supai ?

— C'est que, vois-tu, les autres, je les tue : celui-là, jamais je n'ai pu l'atteindre. Or, nos hommes te diront si Palate manque jamais son coup ; flèche ou lance, mon arme frappe toujours au but ! Tout à l'heure, lorsqu'il passa en sifflant au-dessus de nos têtes, je me crus perdu. Cependant je me disais : le Père est là ; impossible que le supai vienne dans la pirogue, car le supai a peur du Père ! Marcellin me l'a dit : pour chasser le supai, le Père n'a qu'à faire le signe de la croix. Et c'est pour cela que le serpent ne nous a pas attaqués ; c'est parce que tu étais là et que tu as fait le signe de la croix.

Ce serpent dont je ne pus distinguer que très vaguement la couleur et la forme, pouvait avoir quatres mètres de long. Il appartient sans doute à la famille des boas. Les Indiens l'appellent serpent volant et affirment que ses morsures sont très venimeuses. Palate resta malade et comme anéanti pendant plus d'un an à la suite de l'accident auquel il vient de faire allusion. Tout le corps lui enfla et il lui reste encore dans le membre mutilé une douleur chronique qu'il déclare insupportable.

— Dis-moi, Palate, quel est le serpent le plus venimeux de la forêt ?

— C'est la pitalala : la mort est foudroyante !

— Et ensuite ?

— Ensuite, c'est la chonta qui est noire comme la chonta elle-même. C'est le plus astucieux des serpents, mais on guérit de ses morsures !

— Et quel est le serpent le plus grand de la forêt?

— Ah ! Père, tu ne l'as pas encore vu, mais tu ne tarderas pas à le connaître ! C'est le *mama-yacu*, que nous appelons encore amaron (grand serpent d'eau de la famille des boas). Celui-là est grand et gros comme un arbre. Il vit dans l'eau et sur le bord des rivières; d'un taruga (cerf), d'un tapir, et de l'homme lui-même il ne fait qu'une bouchée : il les enlace, il les broie, il les triture, il les mâche comme nos femmes mâchent la chicha, puis il les engloutit... Retiens bien ceci, les serpents les plus terribles, ce sont les petits, ceux dont la tête est large, aplatie, disproportionnée par rapport au reste du corps : ceux-là sont les plus redoutables! Les grands serpents cherchent la solitude, les petits se faufilent dans nos tambos, à l'église, partout !

Palate, qui connaît le Bobonaza comme sa propre chagra et sait où se trouvent les tambos invisibles des Indiens, Palate interrompt de temps en temps son cours d'histoire naturelle des serpents, et, de sa voix de stentor, entonne sa harangue favorite :

— Ecoutez, vous autres, etc.

Les Indiens qui connaissent la voix de leur capitaine, accourent en toute hâte sur le rivage et viennent nous saluer.

La première question que nous leur adressons est toujours celle-ci :

— Il n'y a pas d'enfant malade dans ton tambo ?

Presque toujours la réponse est affirmative.

— Si, Père, j'ai deux enfants malades.

— Apporte-les moi que je les guérisse.

On dépose ces petits moribonds sur mes genoux; alors je leur soulève la tête, et puisant l'eau de la rivière dans une calebasse, je leur administre le vrai et infaillible remède, celui qui fait couler dans les âmes la vie éternelle et divine :

— Je te baptise au nom du Père, du Fils et du Saint-Esprit.

J'en baptisai ainsi une dizaine pendant cette excursion sur le Bobonaza. Ils seront morts, les pauvres petits ; Dieu les aura cueillis dans leur fleur, aucun souffle impur n'aura flétri leurs âmes, profané ce parfum d'innocence. Ils se seront présentés devant Dieu, humides encore de cette rosée baptismale ; ils auront pris place parmi les lis et les roses qui couronnent le front de l'Epoux. Pour eux, quelle Providence inespérée ! quelle grâce incompréhensible ! et pour le missionnaire, quelle joie inénarrable ! Se dire que, d'un mot, on a ouvert les portes du ciel à ces déshérités ! que sans vous leur perte était certaine et que leur salut est assuré ! Se dire qu'ils glorifieront Dieu pendant l'éternité, et qu'aux noms de Jésus et de Marie se mêlera le nom de l'apôtre obscur qui a versé l'eau rédemptrice sur leurs fronts ! Songer qu'on a fait le bonheur d'une créature pendant l'éternité ! qu'on l'a mise à l'abri des terribles surprises de cette vie, que pour elle il n'y a plus ni faute possible, ni repentir douteux, qu'elle est fixée dans la grâce, dans l'amour et dans la béatitude ! il n'est

pas de joie plus pure, pas d'encouragement plus puissant !
Le missionnaire oublie tout dans ces moments exquis :
exil, persécutions, fatigues et privations : [cela ne lui est
plus rien, ou plutôt cela lui est cher. La goutte d'eau versée
sur le front d'un enfant moribond le console de tout...
D'ordinaire, on nous demande des médicaments.

— Père, tu ne guériras donc pas mon enfant ? Vois, la
fièvre le dévore, il va mourir.

Mais quels médicaments laisser à ces infortunés ? On est
sûr, a *priori*, qu'ils les administreront à contre-sens, que
les instructions qu'on leur donnera, si claires soient-elles,
seront lettre morte pour ces cerveaux obtus. Comme tous
les ignorants, l'Indien a ses préjugés dans l'art de guérir ,
sa thérapeuthique à lui. Deux principes la résument : plus
on en prend, mieux cela vaut. Tout médicament qui n'em·
porte pas la bouche et ne tord pas les boyaux est indigne de
ce nom. Ce n'est pas lui qui se ralliera à l'homœopathie :
les globules microscopiques et les dilutions inodores le
trouveront toujours réfractaire. Il a sous la main une foule
de médicaments précieux, véritables spécifiques placés là
tout exprès par la Providence pour le guérir des maladies
spéciales à la contrée qu'il habite. Il connaît la racine de
l'ipécacuana, le quinquina, l'écorce de la simarouba et une
infinité d'autres. Il a ses fébrifuges, ses purgatifs, ses as-
tringents. Mais il est si maladroit dans l'usage qu'il en
fait, qu'il vaudrait mieux pour lui ne les point connaître.
Le scorbut et la dyssenterie font de nombreuses victimes
dans ces contrées chaudes et humides ; un peu plus loin,
dans les basses régions du Pastazza et du Napo, c'est la
fièvre paludéenne, qui est surtout à craindre.

Or, voici comment il procède contre la dyssenterie, par
exemple. Il fera bouillir quatre ou cinq livres d'écorce de
simarouba, jusqu'à ce que le liquide ait la couleur et la con-
sistance du goudron, jusqu'à ce qu'il soit réduit à l'état
d'extrait, puis il s'administre une ou deux écuelles de ce

baume de fier-à-bras. Si cela ne réussit pas, et cela ne réussit qu'à porter l'irritation à sa millième puissance, alors il en arrive à son médicament héroïque qui est la décoction de tabac. Celui-là, par exemple, produit infailliblement son effet : mon homme se roule par terre dans des convulsions horribles, pousse des cris de bête fauve et finalement va se jeter dans la rivière pour éteindre l'incendie qui lui dévore les entrailles : au sortir du bain, il tombe d'ordinaire dans un marasme profond, puis c'est la mort.

Contre la petite vérole qui cause des ravages horribles, anéantit des tribus entières, son remède préféré est encore le bain :

— Ah ! tu ne veux pas sortir ? attends !

Et mon énergumène saute dans la rivière et de là dans la tombe.

Au reste, j'ai remarqué, maintes et maintes fois, que leurs sens ne sont pas impressionnés comme les nôtres : tel breuvage amer leur semble très doux, tel fruit insipide leur paraît exquis. Un jour, je leur fis boire du vinaigre.

— Père, c'est doux comme du miel. *Mihsqui?*

Même aberration dans l'appréciation des odeurs : l'eau de rose leur donne des nausées, l'acide phénique les met en jubilation. Quant aux couleurs, ils ne distinguent que très difficilement le bleu et le violet d'avec le vert ; pour eux ces trois couleurs n'en font qu'une, le même terme les désigne.

Il était écrit que cette excursion sur le Bobonaza ne s'achèverait pas sans un grand deuil. Pendant que je baptisais les enfants que l'on me présentait, Périco, lassé de l'immobilité auquel le condamnait la pirogue, saute à terre et commence par gambader. Les jeunes Indiens, émerveillés de ses gentillesses, se mettent de la partie, se roulent avec lui sur le sable, l'agacent, le poursuivent, l'entraînent dans une course folle à travers le dédale d'arbustes étagés sur le bord de la rivière. Or la pirogue prend le large avant que Périco, toujours si prudent, n'ait eu le temps de s'y réfugier. Il se prit à pleurer et à aboyer, me conjurant de le recevoir à bord ; mais la pirogue était encombrée : les Indiens et le Père lui-même me conseillèrent de le laisser à terre.

— Il nous suivra sans aucune difficulté ; tenez, voyez comme il se faufile adroitement à travers les fourrés !

Oui, il en fut ainsi tant que la rive fut plane. Mais il arriva ce que nous aurions dû prévoir : une roche escarpée se rencontra qui lui barra le passage. Périco, qui a horreur de l'eau et pour rien au monde ne consentirait à mouiller ses pattes blanches, Périco exécute un mouvement tournant. Je le vois s'enfoncer dans les bois, puis je ne vois plus rien... mais j'entendis un cri rauque, un son de voix étranglé !

— Stop ! criai-je aussitôt.

— Et pourquoi ?

— Mon chien est mort !

— Vous rêvez !

— Je vous dis qu'il est mort !

Nous attendons quelques minutes, Périco ne reparaît plus. Alors nous allons à sa recherche. Hélas ! à vingt mètres à peine du rivage, nous apercevons sur la vase l'empreinte profonde des pattes du tigre... et de larges gouttes de sang !

Infortuné Périco, il eût mieux valu pour toi mourir de faim dans le désert de Guamani, tu m'aurais épargné ce deuil, tu aurais évité cette mort affreuse !

Ce voyage s'acheva dans la tristesse ; j'avais sans cesse présent à l'esprit mon pauvre Périco, l'ami fidèle de mes jours d'angoisses, le compagnon inséparable de mes travaux et de mes épreuves. Lorsque j'étais fatigué, triste, abattu, il fallait le voir me lécher les mains, se frotter le museau de ses deux petites pattes mignonnes, sauter, gambader, pirouetter autour de moi, se mettre en quatre pour me distraire. Avec cela, si timide, si doux, si reconnaissant!

Il était nuit lorsque nous arrivâmes à Sarayacu.

— Inutile d'appeler les Indiens, dit Palate, qui est obligé de rengaîner sa harangue, tous sont renfermés dans leurs tambos; gravissons promptement la colline et imitons-les.

CHAPITRE XX

Nous voici sur la place. Là nous attendait une déception : le tambo du Père est en ruines, nous en apercevons
les débris épars sur le sol. Où nous réfugier à une heure
aussi avancée de la nuit?

— Père, dit le P. Pérez, en pareil cas, je demande l'hospitalité au bon Dieu ; allons à l'église, vous verrez qu'on y
est très bien !

L'église est comme celle d'Archidona, comme celles du
Curaray et de Canélos, comme toutes celles que le génie
architectural des Indiens a édifiées dans la forêt : c'est
une bicoque, une sorte de grand hangar fermé sur toutes
ses faces par une palissade de chonta : église et cimetière à
la fois; les vivants s'y réunissent pour prier, les morts y
dorment leur dernier sommeil.

Nous nous installons sur le marche-pied de l'autel et ne
tardons pas à nous endormir. Mais ce sommeil fut court.
Je me réveille en sursaut : oppressé, brûlant, haletant,
comme si j'eusse eu la fièvre; poussant des cris entre-
coupés, étendant les bras, me débattant comme pour échapper à l'étreinte d'un invisible ennemi :

— Père, Père! aidez-moi, à mon secours! Je n'en puis
plus, il m'étouffe, il m'assassine !

— Mais qui donc? répond le P. Pérez, qui est déjà près de moi ; il n'y a personne ici, vous rêvez !

— Ah ! c'est vous, Père, restez ici, je vous en prie, restez, j'ai peur ! Mon Dieu, quel cauchemar ! qu'est-ce qu'il y a donc dans cette église? j'éprouve une impression inouie, je n'ai jamais rien ressenti de semblable !

— Ni moi non plus, ajoute le P. Pérez, je n'ai pas eu de cauchemar comme vous, mais mon sommeil est interrompu à chaque instant, je respire avec peine, j'ai la tête brûlante; allons, levons-nous, allumons un flambeau et voyons !

Nous parcourons l'église un flambeau à la main. Dieu ! quelle horreur ! les cadavres étaient à fleur de terre, il se dégageait de cette corruption une odeur telle que nous faillimes tomber en syncope ! L'infortuné P. Pérez enfonce jusqu'aux genoux dans une tombe fraîchement remuée, marche dans cette pourriture !... Nous sûmes le lendemain qu'une épidémie de scorbut avait sévi et fait de nombreuses victimes, on les avait empilées l'une sur l'autre dans ce charnier humain et couvertes de quelques pelletées de terre !... Nous passâmes le reste de la nuit à prier et à converser ensemble, cachés derrière l'autel, le visage appliqué à la palissade de chonta, aspirant à pleins poumons l'air frais et pur qui nous venait du Bobonaza. De cette nuit d'angoisses et de dégoût, je gardai une impression qui ne s'effacera sans doute jamais.

— Mais enfin, nous dira-t-on, pourquoi ne pas réformer des abus aussi révoltants? Pourquoi ne pas obliger vos néophytes à plus de décence dans les sépultures ?

Lecteur, vous en parlez à votre aise. Pour réformer il faut du temps, or nous ne faisons que d'arriver. Et puis on ne réforme que par la force ou la persuasion. De réformer par la force nous n'y pouvons songer, la persuasion est donc l'unique moyen qui nous reste. Or, comment persuader les êtres les plus routiniers, les plus insouciants qu'il y ait sous le soleil. Il faudrait pour cela qu'ils sentissent, comme nous, toute l'horreur et le dégoût d'un pareil état de choses, que leurs sens fussent à l'unisson des nôtres. Et il n'en est rien, je l'ai déjà dit. Ce qui nous donne des nausées, ce qui nous glace d'horreur, nous fait dresser les cheveux sur la tête, les laisse parfaitement froids et indifférents. Ils passeront des heures assis sur ces cadavres à peine recouverts : la terre est humide, mais d'une humidité qui n'a rien de commun avec celle de l'atmosphère : elle s'est fendillée, elle s'est crevassée sous la pression des gaz intérieurs, des moisissures immondes s'y sont formées qui en tapissent la surface ; n'importe, cela ne leur dit rien, un chacal en serait asphyxié, leur odorat n'en est pas même affecté !

— Cela tient peut-être, dira-t-on, à ce qu'ils n'ont pas d'instrument de travail pour creuser une tombe.

Je le pensais ainsi moi-même. Je remplaçai donc la pelle de chonta, la seule qu'ils connussent jusqu'alors, par une pelle en fer : peine perdue, cela continua comme auparavant ; ils achevèrent plus vite leur besogne, voilà tout ! Alors je me transformai moi-même en fossoyeur, je donnai de la pioche dans cet amas de pourriture, et creusai plusieurs tombes. Il n'y a pas comme l'exemple pour persuader et entraîner ! Oui, eh bien ! voici ce qui se disait autour de moi pendant que je suais sang et eau, pendant que je passais par tous les degrés de l'horreur et du dégoût :

— Père, à quoi bon te donner tant de peine ! est-ce qu'un mort occupe autant de place ?

Et quelques-uns de ces cannibales rejetaient déjà dans la tombe une partie de la terre que j'en avais retirée !

Ah ! il faut de la patience avec ces êtres dégradés ! il faut une patience angélique ! Ceux qui s'imaginent que l'éducation du sauvage est affaire d'un jour ou d'une année, que ces ténèbres amoncelées pendant des siècles de barbarie se dissiperont instantanément devant la pure lumière de l'Évangile, ceux-là n'entendent rien au rude et délicat labeur du missionnaire. Au physique, comme au moral, le sauvage est un être à part, construit sur un plan différent du nôtre. S'il est homme par les éléments essentiels de sa nature, il cesse de l'être par les habitudes qui s'y superposent, par les tendances qui s'y accusent: son mode d'être, de penser, de sentir en fait une catégorie à part. S'il ne se rend pas du premier coup à vos raisonnements, si la civilisation que vous essayez de lui inculquer ne le séduit pas de prime-abord, ce n'est pas qu'il ne veuille pas, c'est qu'en réalité il ne peut pas! Il ne peut pas voir les choses autrement qu'il les voit; l'éducation l'a fait ainsi, une éducation séculaire; elle lui a mis un bandeau sur les yeux : organes, cerveau, âme elle-même, à la longue tout a été modifié et comme transformé. Or, je le répète, cette destruction quasi radicale de l'être humain, ces ruines séculaires, un seul jour ne suffit pas pour les réparer : qui veut aller trop vite risque de tout compromettre. Si on heurte maladroitement cet enfant terrible, il s'en va et on ne le revoit plus. Si vous le violentez, si vous le maltraitez, sournoisement ou franchement, en face ou par derrière, il se vengera de vos violences, vous paierez de votre vie peut-être une imprudence qui n'aura fait que creuser davantage l'abîme qui vous sépare. Les apôtres du sabre, les conquérants, ont voulu aller trop vite, et, comme les choses n'avançaient pas au gré de leurs désirs, ils décrétèrent que la conversion de ces peuples était impossible, et exterminèrent en masse ceux qu'avec le temps ils auraient pu civiliser et convertir. Les apôtres de Jésus-Christ s'y prennent autrement; leur Divin Maître leur a enseigné une tactique qui n'a rien de commun avec celle des Pizarre et des Almagro : s'abaisser volontairement au niveau des êtres que l'on veut relever, descendre dans les abîmes d'abjection où le péché les a précipités, ne point s'étonner de leurs misères, ne point s'irriter de leur obstination. Vivre comme l'un d'eux, moins le péché! Proportionner la lumière à leurs yeux affaiblis, et peu à peu, avec prudence et douceur, avec patience surtout, les élever au niveau moral et religieux qui constitue l'être civilisé et le chrétien.

Au point du jour, nous agitons la clochette suspendue à la porte de l'église, tout le monde se réunit pour la prière.

— Hommes et femmes, oserez-vous bien vous asseoir sur cet amas de pourriture? Vos morts se vengeront du peu de respect que vous avez pour leurs tombes ; les maladies qui les ont tués, ils vous les communiqueront ; vous succomberez tous à l'horrible fléau du scorbut! Allons, recou-vrez-moi cela de terre ; apportez vite, sinon ni le Père Pérez, ni moi, ne célébrerons ici la sainte Messe !

Et nous répandîmes une mince couche de terre sur ces tombes profanées.

La sainte Messe terminée, tout le monde se réunit sur la place; huit cents Indiens au moins nous entouraient. Alors Palate rayonnant et pimpant embouche la trompette épique.

— Ecoutez, vous autres, un grand combat..., etc.

Nos lecteurs savent par cœur le boniment. Lorsque les cris et les applaudissements ont cessé, je prends moi-même la parole.

— Ecoutez, vous autres, hommes vaillants de Saint-Vin-cent de Sarayacu, oui, le Père blanc vous aime et c'est pour cela qu'il est venu vous voir, bravant les périls et les fatigues d'un aussi long voyage ! Mais vous, l'aimez-vous, le Père blanc ?

— Oui, oui, nous t'aimons !

— Eh bien ! si vous l'aimez, comment se fait-il qu'il n'ait même pas un misérable tambo pour s'abriter et dormir ? Traiterez-vous donc le Père blanc avec plus de sans-façon que vos chiens et vos singes ? L'obligerez-vous à chercher un refuge au milieu des cadavres ? Si, aujourd'hui même avant le coucher du soleil, mon tambo n'est pas relevé de ses ruines, couvert de feuillage, prêt à nous recevoir, j'abandonne cette tribu ingrate, je retourne à Canélos, jamais plus vous ne reverrez mon visage ! Et maintenant, j'ai dit, que tout le monde se mette à l'œuvre !

Alors s'avancent le capitaine et l'un des alcades :

— Ecoute, il est vrai que tu n'as pas de tambo, mais à qui la faute ? Celui qui devait le reconstruire, le chef de la tribu, le cacique, n'est plus ici. Pire que les Jivaros infidèles, il a trahi sa tribu et, emmenant avec lui dix familles dévouées, il a descendu la grande rivière et s'est fixé près d'Andoas. Tu aurais donc tort de t'irriter contre nous, puisque personne ici n'est coupable. Mais, sois tranquille, aujourd'hui même ton tambo sera relevé de ses ruines et tu n'habiteras plus parmi les morts.

Là-dessus tous prennent leur élan et se dispersent dans le bois, les hommes d'un côté, les femmes de l'autre, celles-ci pour cueillir les feuilles de palmier, ceux-là pour couper et transporter les bambous. Ils y mettent une telle furie, qu'à trois heures de l'après-midi la maisonnette est complètement achevée. Nous en prîmes possession sans plus tarder.

Cette tribu de Sarayacu, quoique décimée récemment par le scorbut, compte environ neuf cents Indiens. C'est le poste le plus avancé et comme l'avant-garde de la mission de Canélos. Son territoire s'étend de Pacayacu au Rotunojatun, du rio Tigre ou Conambo au Bobonaza. En face, sur la rive droite du Bobonaza, vivent les Jivaros de Capahuari dont il a été parlé plus haut. En face encore, mais par delà de Pastazza, se trouve l'importante tribu des Jivaros de l'Uchual ou Achual. Au nord-est, sur les rives du rio Tigre, se trouvent disséminées de très nombreuses familles zaparos : ce sont les Zaparos du Conambo. Tout ce monde fusionne et vit dans la plus complète harmonie. Bon nombre de familles zaparos se sont déjà agrégées au noyau chrétien du Sarayacu, et j'eus la consolation d'en baptiser deux pendant ces quelques jours. Quant aux Jivaros de Capahuari et de l'Uchual ils y viennent apporter leurs produits, le goudron de Sandi et les sarbacanes qu'ils échangent contre les tambours de nos Canélos.

Le Zaparos, lui, ne produit rien; c'est l'être le plus oisif, le plus imprévoyant, et j'ajoute le plus inconstant qu'il y ait au monde. Ce sont des néophytes faciles à persuader, mais ils oublient leur baptême avec la même facilité qu'ils le reçoivent. Nomades et inconstants par nature, ils disparaissent tout à coup et l'on reste des années sans entendre parler d'eux. Doux de caractère, ils sont une proie facile pour les tribus belliqueuses du Pastazza; la moitié de la nation a déjà disparu dans ces razzias nocturnes, le reste aurait le même sort, si Canélos et ses alliés n'étaient là, l'arme au bras, pour barrer le passage à l'envahisseur.

Cette fusion permanente des Sarayacus avec les tribus infidèles n'est pas sans influence réciproque sur les destinées de ces différents peuples. Le fâcheux exemple donné par le Jivaros polygame a son retentissement parmi ces chrétiens ignorants et grossiers. Il n'est pas de tribu chrétienne où l'immoralité soit plus en honneur qu'à Sarayacu: elle s'y donne libre carrière, marche tête levée, s'étale sans la moindre vergogne. Par ailleurs, l'idée chrétienne, si obscure soit-elle dans le cerveau de ces ignorants, ne laisse pas de jeter quelques lueurs au sein de la gentilité. Chaque tribu ayant sa langue, ils se parlent par signes ou se servent d'interprètes ; mais ces interprètes eux-mêmes, bavards comme tous les peuples naïfs et enfants, racontent à leur tribu ce qu'ils ont vu et entendu. Si ce n'est pas assez pour instruire l'infidèle, c'est assez cependant pour éveiller l'instinct religieux qui sommeille au fond de son âme, pour le sortir du nihilisme absolu qui est son état normal, pour lui donner une sorte de pressentiment d'un Être suprême. Je pus m'en convaincre le lendemain même de notre arrivée à Sarayacu.

Le jeune Indien qui nous servait de sacristain vint m'avertir qu'une famille de Jivaros de l'Uchual venait d'arriver à Sarayacu.

— Dis-leur donc de venir nous voir.

— Père, ils ne voudront pas, parce qu'ils sont infidèles.

— Alors, j'irai moi-même vers eux, conduis-moi.

— Mais tu n'as pas peur? tu sais cependant que les Jivaros n'aiment pas les Pères.

— Je le sais, répondis-je, mais moi je les aime et cela me suffit. D'ailleurs celui-ci est votre allié, il n'osera me toucher au milieu de la tribu rassemblée.

Et nous partons. En arrivant à la porte du tambo, je rencontre les femmes et les enfants du Jivaros qui jouaient avec les oiseaux et les singes dont ils ne se séparent jamais : tout ce monde pousse un cri de frayeur et se cache dans les buissons. Mais c'est le père que je veux voir, amadouer par quelques présents. Lui est brave, il est audacieux, il ne fuira pas, entrons ! A peine le Jivaros m'a-t-il aperçu, qu'il recule de trois pas, laisse tomber à terre l'écuelle de chicha qu'il portait à ses lèvres, saisit sa lance et s'enfuit en criant :

— *Dios yaya, Dios yaya!* Le Père Éternel ! Le père Éternel !

Femmes et enfants, singes et perroquets, toute la famille le suit, criant et répétant en chœur l'exclamation du père :

— *Dios yaya, Dios yaya!*

Les Jivaros me prenant pour une apparition divine, pour le Père éternel en personne : c'était réussi ! A mon habit blanc, à ma longue barbe et peut-être au bonnet de peau de singe dont mon chef était orné, j'étais redevable de cet honneur. Lorsque je revins vers le Père Pérez :

— Que me disiez-vous donc, que les Jivaros sont les plus irréligieux des hommes ? Ils m'ont pris pour le Père Éternel, et n'était la peur qui leur met des ailes aux pieds, ils tombaient à genoux pour m'adorer.

Quoi qu'il en soit, la morale de cette histoire est celle-ci : puisque le Jivaros m'a pris pour le Père Éternel, c'est donc qu'il en avait l'idée. Et cela suffit pour montrer l'influence exercée par nos Indiens catholiques sur cette race barbare et athée.

Je dois dire, pour être sincère, que cette tribu de Sarayacu nous fit la plus triste impression ; nous la trouvâmes en plein désarroi : la désertion d'un cacique et d'une partie de la population, les pratiques monstrueuses dont nous apprîmes l'existence, l'ivrognerie et l'impudeur, qui, chaque jour, s'étalaient devant nos yeux, tout cela nous serrait le cœur, nous comblait de tristesse.

— Père, pour refaire cette chrétienté, il faudra du temps et des peines : nous n'y pourrons rien faire en si peu de jours. Partons donc ; bientôt nous y enverrons un missionnaire, il y fixera sa résidence et ne s'éloignera plus de ce troupeau contaminé.

Nous ne restâmes que quatre jours, après quoi nous appareillâmes pour Canélos.

Ce retour n'eut rien de gai : nos Indiens étaient sombres et rêveurs. Palate lui-même se taisait, le séjour de Sarayacu les avait démoralisés. De la nuit passée au milieu des cadavres, j'avais conservé plus qu'un souvenir : la fièvre s'était déclarée dès le lendemain et depuis lors ne m'avait plus quitté. Un accident dont je fus victime pendant cette traversée en redoubla la violence. Le Père Pérez connaissant mon attrait pour la chasse, et désirant me sortir de la torpeur où j'étais plongé, me montra du doigt un aigle pêcheur fièrement campé sur l'un des arbres qui bordaient la rivière.

— En voilà un qui ne mangera plus de poisson ! m'écriai-je joyeux.

Là-dessus, je me lève, le couche en joue et... je tombe à l'eau au beau milieu d'un rapide. Deux de mes Indiens barbottent avec moi dans les bouillons d'eau, s'éraflent le

ventre sur les récifs pour essayer de me repêcher, pendant
que Palate me tend une longue gaffe de bambou dont je
parviens à saisir l'extrémité. On me ramène dans la pirogue
plus mort que vif. Pâle et sans voix, le Père Pérez sort de
son sac un flacon d'alcool dont il me frictionne tous les
membres. Mais la fièvre redouble et m'accompagne jusqu'à Canélos.

CHAPITRE XXI

Canélos! j'avais hâte de le revoir. Tous ces sites merveilleux, qui m'avaient ému et charmé quelques jours auparavant, ne me disaient plus rien à l'âme! Je passais
près d'eux avec la plus parfaite indifférence, sans même
daigner y jeter un regard. C'est étrange comme nos impressions varient avec nous-mêmes et combien il y a de
subjectif dans nos sensations! Rien n'était changé autour
de moi, les eaux avaient la même transparence, les arbres
et les fleurs le même aspect enchanteur; mais en moi tout
était changé et ces merveilles restaient lettres mortes pour
mon esprit appesanti.

Le P. Pérez, visiblement inquiet de mon état, me soigna
comme une bonne mère, essaya, mais en vain, de ramener
l'appétit et la gaîté:

— Et que dirait-on si vous alliez mourir? Que diraient
les Pères de Quito? Que diraient surtout vos Indiens?

— Ils diraient que les Pères noirs, d'abord vaincus par
les Pères blancs, se sont cruellement vengés de cette
défaite et que vous m'avez noyé dans le Bobonaza! Quel
thème splendide pour l'éloquence guerrière de Palate:
« Ecoutez, vous autres, le grand crime qui s'est commis
sur la grande rivière. Le Père blanc était revenu au milieu
de ses fidèles Indiens, mais le Père blanc avait eu l'impru-

dence de se faire accompagner par le Père noir, etc. » Vous
devinez le reste !

Nous employâmes quatre jours et demi à remonter la
rivière jusqu'à Canélos. Tout heureux de rentrer au port
et de revoir leurs familles, nos Indiens poussent des cris
stridents, sifflent comme des locomotives chauffées à blanc.
Ces signaux étaient convenus, car tout le monde leur
répond du sommet de la colline. En même temps les clochettes de l'église s'ébranlent et carillonnent et toute la
tribu se précipite vers la rivière :

— Ecoutez, vous autres, ceux de Sarayacu sont des
chiens ! Au lieu d'attendre le Père blanc, le cacique s'est
enfui sur la grande rivière, en disant : « Au diable le Père,
« qu'ai-je besoin du Père pour vivre ! les Jivaros valent
« bien les chrétiens ! » Ecoutez, vous autres, ceux de
Sarayacu sont des chiens ! Ils ont laissé le Père blanc dormir au milieu des cadavres : le Père blanc n'a pas de tambo
à Sarayacu ! ni viande, ni poisson ! Ils l'ont laissé mourir
de faim et il revient malade à Canélos ! Ecoutez, vous autres,
ceux de Sarayacu sont des chiens ! Boire et s'enivrer, hur-
ler et se donner des coups, ils ne connaissent que cela.
Leurs jeunes gens ne savent plus manier la lance, ni faire
la guerre : ils ne savent plus que violer les jeunes filles et
frapper leurs mères ! C'est pourquoi le Père blanc ne re-
tournera plus à Sarayacu, il restera à Canélos, parce que
Canélos est la tribu du Père blanc. Et maintenant, j'ai dit ;
que tout le monde fasse son devoir !

Pendant que l'illustre capitaine pérorait à perdre haleine
et lançait ses malédictions contre Sarayacu, nous avions
sous les yeux un spectacle réjouissant. Bon nombre d'enfants, pour mieux voir, s'étaient hissés sur les arbres et
suspendus aux lianes. Les autres, se faufilant à travers les
jambes innombrables qui leur barraient le passage, arrivent au bord de l'eau, piquent une tête dans la rivière et
nagent en rond autour de nos pirogues. Il était environ

quatre heures, l'heure où l'ombre des grands arbres se projetant sur la rivière rafraichit les eaux brûlantes, l'heure du bain pour ces êtres amphibies. La tentation était trop forte, personne n'y résista ! Ils sautent tous dans la rivière et les évolutions commencent !

Laissant nos amphibies à leurs jeux aquatiques, nous gravissons, le P. Pérez et moi, tout doucement la colline. Impossible d'imaginer la surprise dont nous fûmes saisis, lorsqu'en arrivant à la porte du couvent nous entendimes une voix forte et connue qui m'appelait par mon nom.

— Vite, vite, Père Pierre, voilà vingt-quatre heures que je vous attends, je commence à perdre patience !

— Vingt-quatre heures seulement ? m'écriai-je transporté de joie, eh bien ! moi, voilà deux longs mois que je soupire après vous !

Et je tombe dans ses bras, et nous nous embrassons, comme seuls savent s'embrasser les quelques êtres civilisés qui ont le bonheur de se rencontrer au fond de ces déserts. C'était le T. R. P. Tobias, vicaire apostolique d'Archidona.

— Mais comment se fait-il que vous soyez ici ? Je vous ai laissé malade à Quito, malade à ne pouvoir marcher, et les médecins faisaient bonne garde autour de vous.

— Oui, mais on sait tromper la surveillance des médecins. Vous vous rappelez les adieux sur le chemin de Pito et de Guamani. Je brûlais du désir de vous suivre, de vous guider moi-même à travers la forêt ! Ce désir me fit faire une folie ; et cette folie, Dieu l'a visiblement bénie puisque je suis arrivé jusqu'à vous sans mourir ! Quinze jours s'étaient à peine écoulés depuis votre départ, que, sans rien dire à personne, je prends la clef des champs et m'enfonce dans la forêt. J'arrive à Archidona dans le plus piteux état.

— « Où est le Père ? »

— « Le Père est parti ! »

— « J'arrive au Curaray où quelques Indiens attardés se trouvaient encore au village.

— « Où est le Père ? »

— « Le Père est parti ! »

— Avouez, que pour un novice dans le métier, vous faites bien les choses, on ne vit jamais pareille célérité ! Je pars pour Canélos, mais cette fois je crus que j'allais mourir : la fièvre paludéenne, qui faillit m'emporter à Quito, me reprit en traversant le Curaray, fièvre accompagnée de douleurs terribles dans tous les membres : sans les Indiens, je restais dans la rivière. Enfin j'arrivai à Canélos.

— « Où est le Père ? »

— « Le Père est parti ; il voyage sur la grande rivière ! »

— « Eh bien, il voyagera jusqu'à l'Amazone, jusqu'à l'Atlantique, si cela lui fait plaisir. Pour moi, je n'en puis plus, je reste ici. »

Et pendant qu'il me raconte ses exploits, je regarde ses jambes et ses pieds, ses jambes meurtries, ensanglantées, ses pieds tuméfiés, labourés par les épines, les doigts privés d'ongles, mutilés, méconnaissables. Et je l'embrasse encore une fois pour lui témoigner mon attendrissement et ma reconnaissance.

— Mais je vous trouve bien défait, ajoute-t-il, seriez-vous donc malade ?

— Je crois bien que je suis malade, malade à ne pouvoir tenir debout. Andoas vous donna la fièvre paludéenne, les Sarayacu m'ont donné la fièvre du tombeau ! Quelle triste tribu ! On n'y respire que pourriture, au moral comme au physique !

— Pas de découragement ! nous en avons vu bien d'autres nous autres infortunés, n'est-ce pas, P. Pérez !...Votre fièvre ne sera rien, nous vous administrerons l'ipécacuana

et la quinine ; avant trois jours il n'en sera plus question.
Quant à Sarayacu, ce sera plus difficile à guérir. Vous y
parviendrez cependant avec la grâce de Dieu et le prestige
de votre habit dominicain sur ces tribus. Allons, vive Notre-
Dame du Rosaire de Canélos ! et en avant !

Alors nous gravîmes les marches de notre poulailler
rustique et nous passâmes deux ou trois heures en cause-
ries intimes et récits d'aventures. De la fièvre il n'était
plus question. Je mangeai d'un parfait appétit, ce qui ne
m'était pas arrivé depuis la fameuse nuit passée dans le
cimetière-église de Sarayacu.

— Cela reviendra demain, me dit le Père, la fièvre ne
capitule pas si facilement. Aussi, au lever du jour, l'ipécacuana et le lendemain la quinine. Et maintenant, quelles
sont vos intentions ? que pensez-vous faire ?

— Je pense rester ici une huitaine de jours encore,
célébrer avec vous la Fête-Dieu, puis retourner à Quito
par le Pastazza, Baños et Ambato.

— Et vous croyez que vos Indiens consentiront à vous
suivre par ces chemins affreux ? Songez que nous sommes
au cœur de l'hiver (1) et que le chemin de Canélos à Baños
est le plus impraticable de la forêt !

— Je songe que ce chemin est celui que suivaient jadis
nos Pères pour arriver ici : ce sera le nôtre bientôt. Si
c'est le plus impraticable, c'est le plus court et mon voyage
d'exploration serait incomplet si je rentrais à Quito sans le
connaitre.

— Enfin nous reparlerons de cela. Donc vous voulez
célébrer la Fête-Dieu à Canélos ?

— Je crois bien, et avec tout l'éclat possible. Je veux
frapper l'imagination de mes Indiens, leur laisser un sou-

____

(1) L'hiver, dans l'Équateur, comprend à peu près les mois qui
correspondent au printemps et à l'été en Europe.

venir ineffaçable. Il faut que nous fassions quelque chose d'extraordinaire !

— Mais avec qui ? avec quoi ? Nous n'avons ici que nos pauvres autels portatifs, rien de plus ; où dénicherez-vous les magnificences nécessaires à une pareille manifestation ?

— La forêt, plus splendide que vos tissus brodés, nous donnera ses feuillages et ses fleurs ; Palate nous prêtera ses guerriers, le P. Pérez son accordéon, et... vous verrez ! l'Europe nous enviera la fête de jeudi !

CHAPITRE XXII

Nous sommes au mercredi 8 juin. Tous les Indiens,
hommes, femmes et enfants, entraînés par Marcellin et
Palate ont pris la clef des champs : ils sont partis chercher
la verdure et les fleurs. Dans le village règne un silence
de mort. Quelques singes oubliés dans les tambos viennent
nous égayer de leurs gentillesses, croquer les bananes que
que nous avions suspendues aux poutres de bambou de la
cabane. Les chasser n'est pas chose facile, car il n'est pas
d'animal plus rusé, plus impertinent et plus obstiné que
le singe. Le ciel, qu'une brume épaisse enveloppe toute la
matinée, nous donne des inquiétudes pour le lendemain.
Pour les Indiens, plus encore que pour nous, il n'y a pas
de fête sans soleil. Cet être impressionnable subit toutes
les fluctuations atmosphériques : taciturne et apathique
lorsque le ciel est nuageux ; enjoué, folâtre, plein d'entrain
et d'initiative, lorsqu'un beau soleil vient illuminer sa
forêt. Nous étions donc perplexes; mais à midi, tout change :
la brise balaye cette vapeur incommode, le soleil essuye
ses yeux humides, ajuste sa chevelure d'or, dresse son front
ruisselant de lumière dans un azur sans nuage. Allons,
voilà qui va bien, la fête s'annonce magnifique !

Cependant les Indiens tardaient à revenir et le P. Tobias alarmé :

— Père, qui sait s'il viendront ? Vous ne connaissez pas encore ces êtres incompréhensibles ; il n'en est point de plus variables sous le soleil. Ce village absolument désert, ce départ de toute la tribu ne me dit rien qui vaille. Vous me trouverez singulièrement alarmiste, hélas ! je suis payé pour les connaître, ils m'ont joué plus d'un tour !

Mais les Indiens eux-mêmes se chargèrent d'infliger un démenti triomphant à cette prophétie de mauvais augure. Pendant qu'on médisait sur leur compte, tous étaient massés, dans le plus grand silence, aux alentours de la place : êtres singuliers qui ne sont jamais plus près que lorsque vous les croyez au loin !

Rranplan plan, rran plan plan, rran plan plan ! Soixante tambours et une dizaine de fifres débouchent sur la place : Palate, capitaine du Bobonaza, Salua, capitaine du Villano, dirigent la marche, tous deux en grand costume de guerre, la lance sur l'épaule, le bouclier au poing ; noirs comme Satan, à l'exception des yeux et de la lèvre supérieure que le rocou fait briller comme des flammes ; superbes comme Napoléon au retour d'Austerlitz. Après les tambours, le cacique, flanqué de ses alcades, puis les *priostes* portant les présents, puis Marcellin, syndic de l'église cathédrale de Canélos, puis la longue file des guerriers armés de la lance et couverts du bouclier. Les jeunes gens et les jeunes filles, les femmes et les enfants suivent par derrière : ceux-ci chargés de palmes, celles-là chargées de fleurs. Le coup d'œil est féerique !

Tout ce monde s'avance dans le plus grand silence : pas d'autre bruit que le sourd grondement des tambours, que la ritournelle aiguë et monotone des fifres. Ils se promènent ainsi autour de la place d'abord, puis autour de l'église, puis autour du couvent et finalement s'arrêtent devant nous, à la porte de notre habitation. Alors les tambours se taisent et le cacique prend la parole :

— Père, c'était la coutume à Canélos d'offrir au Père blanc des présents de fête, nos anciens me l'ont conté souvent et le vieux Marcellin pourra confirmer mes paroles. Puisque tu es le Père blanc, nous voulons faire comme nos Pères, car les antiques coutumes doivent être respectées. Et maintenant j'ai dit ; priostes, faites votre devoir.

Les deux priostes sortent des rangs et déposent à mes pieds : une poule, trois œufs, un fagot de bois pour la cuisine, des yuccas et des viandes boucanées. Alors tambours et fifres forment un cercle immense au centre duquel nous nous trouvons emprisonnés, et marchant l'un derrière l'autre, reprennent leurs rran plan plan et leurs tirilititi. Tout ce monde est grave comme s'il s'agissait d'une exécution capitale, comme si les pauvres diables emprisonnés dans ce cercle magique devaient subir le dernier supplice. Et vraiment, c'est un peu de cela qu'il s'agit ; car voici qu'une jeune fille, la plus grande et la mieux parée de toute l'assemblée, franchit la ligne des tambours et, se campant devant moi, m'invite gracieusement... à danser !

— Père, dit le cacique, il n'y a pas de fête sans danse, à toi de commencer !

— Cacique, mon ami, tu oublies que j'ai eu la fièvre et que depuis lors j'ai les jambes raides !...

Et alors m'adressant à la jeune fille :

— Quel est ton nom ?

— Je m'appelle Théodora Tanchima.

— Théodora, ma fille, je vais te présenter le plus bel homme de ta tribu !

Sur ce j'oblige le capitaine Salua, grand comme Goliath et farouche comme lui, à déposer lance et bouclier et à faire vis-à-vis à la jeune Indienne. — Alors le cercle se remplit de danseurs et de danseuses et le bal commence au son des tambours et des fifres.

Je m'attendais à une danse originale, caractéristique, quelle déception ! la danse la plus insignifiante, la plus triste, le plus stupide qu'on ait jamais vue ! les mouvements les plus gauches, la démarche la plus lourde, la physionomie la plus morte qu'il soit possible d'imaginer ! une suite de passes et de voltes, de balancez et de chassés-croisés, rien de plus ! Pendant que la jeune Théodora s'avance lentement, la tête baissée, les bras pendants, se balançant lourdement comme une femme ivre, le géant Salua, lui, recule avec la même grâce et la même légèreté qu'un hippopotame, se bouchant le nez et se couvrant le visage de la main droite ! Tous les couples reproduisent cette mimique imbécile, tous les cavaliers vont et viennent imitant le geste grotesque de Salua.

— Eh bien ! qu'est-ce que vous en dites ? murmura le Père Pérez qui jouit visiblement de ma déconfiture.

— Je dis que les grâces ne sont pas nées sur les rives du Bobonaza ! Je dis aussi que la danse est un mensonge, un pur mensonge, et que de vouloir juger du caractère d'un peuple par ces exercices de commande où tout est réglé d'avance jusque dans les plus intimes détails, c'est s'exposer à de graves bévues. Élégant, agile, d'une souplesse et d'une grâce infinie, impétueux et rapide comme la foudre, tel est l'Indien que nous connaissons, vous et moi; eh bien ! le reconnaissez-vous dans ces marionnettes empêtrées, dans cet air contraint et honteux, dans ces gestes faux et grotesques ? Non, non, n'en parlons plus, cela jure avec leur nature, c'est un mensonge, un pur mensonge !

Le bal ne dura pas longtemps ; ces natures si gaies, si expansives sont incapables d'une contrainte. Au signal donné par Palate, danseurs et danseuses s'échappent en criant et en cabriolant: tout le monde se précipite à l'église à la suite de Marcellin. Alors commencent les préparatifs pour la fête du lendemain. Ils s'y mettent avec entrain. Jeunes gens et jeunes filles s'emparent des palmes et des fleurs, il les fixent sur la palissade de chonta avec les tiges flexibles de certaines lianes, les répandent à profusion sur l'autel. Des arcs se dessinent, auxquels ils suspendent toutes les futilités dont ils aiment eux-mêmes à se parer. Assises par terre, les femmes pétrissent l'argile, exécutent de minuscules et informes chandeliers, puis elles y plantent des flambeaux d'une cire noire et odorante. Le plus difficile et le plus laborieux, les hommes se le sont réservé : armés du matchec, ils brisent et divisent les planches de leurs pirogues, transportent ces matériaux sur la place et construisent quatre reposoirs absolument informes. Tout cela est du plus mauvais goût, mais leur paraît magnifique. Au lieu de les diriger dans leur travail, de leur suggérer quelques motifs de décoration, nous préférons les abandonner à eux-mêmes : ils ne nous comprendraient pas et se retireraient mécontents.

Cependant tambours et fifres battent et sifflent comme des enragés, en pleine église, c'est le programme ; et quatre jeunes gens, armés de la lance, exécutent devant l'autel une danse guerrière. La lance en arrêt, comme s'ils allaient se transpercer, ils s'avancent l'un vers l'autre, reculent, s'avancent encore, exécutent un bond, puis une volte-face, puis un chassé-croisé et recommencent le même exercice. Cela au moins a du cachet, un cachet guerrier. Il est évident que l'église ne devrait pas servir de théâtre à de semblables divertissements ; mais n'oublions pas que nous sommes en pays sauvage, que chaque peuple traduit à sa manière l'idée religieuse et que, pour ces tribus guerrières, le suprême hommage est de venir briser une lance aux pieds de la Divinité.

A cinq heures les préparatifs étaient terminés : tout le pourtour de la place était encadré de palmes, orné de fleurs ; de distance en distance s'élevaient les reposoirs. Alors le cacique fait sonner le rappel et tout le monde le suit pour boire la chicha.

Un seul reste en arrière. Debout près du vieil autel, silencieux et recueilli, il attend que ce flot turbulent se soit écoulé, puis au moment où je me disposais moi-même à sortir, il m'appelle de sa douce voix de vieillard et me fait signe d'approcher :

— Père, notre Père, voici l'heure de te révéler mon secret. Personne ne nous voit, personne ne nous entend ; il n'y a plus ici que le Père blanc et son vieux Marcellin, je vais donc parler !

Tout ému par ce son de voix doux et grave, par le mystère dont s'enveloppe cet homme vénérable, je m'approche, et, après avoir constaté que nous étions bien seuls dans l'église :

— Parle, Marcellin, parle, je t'en supplie ! Quel est ce secret ? je brûle de le connaître.

Au lieu de me répondre, Marcellin saisit une pelle de chonta, celle-là même qui sert aux sépultures, puis il passe derrière l'autel, se dirige vers l'angle de gauche, et me montrant du doigt un monticule de planches brisées et vermoulues, de débris de toutes sortes :

— C'est ici ! dit-il.

Il commence alors par déblayer le terrain des ordures qu'on y avait accumulées, puis il donne de la pelle dans cette terre durcie et compacte. Le travail n'avançait guère et il me tardait d'arriver au résultat.

— Marcellin, donne-moi cette pelle, je suis jeune, moi, j'irai plus vite !

— Non, non, fit-il, c'est Marcellin qui a enfoui ce trésor, c'est Marcellin qui le rendra à la lumière ! Il est vrai que tu irais plus vite parce que tu es jeune, mais tu perdrais du temps à chercher ce que la main du vieux Marcellin rencontrera sans errer !

Et il continue avec son calme habituel. J'entends un bruit sourd, semblable à celui de la pelle du fossoyeur lorsqu'elle heurte les planches pourries d'un cercueil.

— Marcellin, est-ce donc une tombe, un cadavre que tu as mission de me montrer ?

— Non, non, ce n'est pas une tombe ! pourquoi veux-tu que ce soit une tombe ? Marcellin est-il donc le gardien des morts ? Tu es trop impatient, comme tous les jeunes gens ; tu as hâte de tout savoir, et tu dis : voici la lune, quand c'est le soleil qui se lève à l'horizon !

Et il creuse, il creuse toujours. Seulement il est facile de voir que le bon vieillard est ému.

— Ah ! oui, c'est bien elle, s'écrie-t-il en découvrant une caisse en bois d'environ cinquante centimètres carrés, oui, c'est elle ! mais comme le temps l'a pourrie et détériorée ! N'importe, n'importe, ce bois n'est rien : mon secret, c'est ce qu'il y a dedans !

Et il essaye de sortir de terre cette caisse vermoulue qui cède à ses efforts et tombe en poussière. Je veux l'aider.

— Non, non ! répète-t-il avec animation ; c'est Marcellin qui a enfoui ce trésor, c'est lui et lui seul qui le rendra à la lumière !

A peine sortie de terre, la boîte mystérieuse s'effrite et tombe en morceaux. Nous nous trouvons en présence de vieilles loques en soie, mais moisies, pourries, méconnaissables.

— C'est là tout ton trésor, Marcellin, mais il n'en reste plus rien !

— Regarde, s'il n'en reste plus rien.

Et de cet amas de guenilles noircies et informes, il sort un beau calice espagnol.

— C'était le calice du P. Fierro, celui qui lui servit pour sa dernière messe. Je t'ai déjà conté que c'est moi qui la lui servis. Lorsqu'il l'eut achevée, lorsqu'il fut parti, je pris ce calice en pleurant et je dis : tu es le calice du Père blanc, aucun autre que le Père blanc ne se servira de toi. Tu attendras le retour du Père blanc ! car le

P. Fierro l'a dit : « Le Père blanc reviendra, Marcellin, tu le verras un jour sur la grande rivière ! »

Je prends cette relique précieuse, je la baise avec amour, je l'examine en tous sens. Sur le pied se trouve une inscription espagnole : — *Soy de la Misión de Canelos de los Padres Dominicos. 1775.*

— Oh ! Marcellin, Dieu te bénisse d'avoir eu cette pieuse pensée. Si tu savais comme mon cœur bat dans ma poitrine, quelle émotion me cause ce souvenir des temps antiques !

— Ce n'est pas tout, tu n'as pas encore tout vu, tu ne connais pas encore tout mon secret.

Et il se reprend à fouiller dans les vieux débris qui remplissent la caisse.

— Tiens, dit-il avec enthousiasme, voici la vierge du Père blanc, la vierge de Canélos, la vierge victorieuse des Jivaros ! Ah ! depuis que je l'ai enfouie sous terre, nous avons eu bien du malheur dans la tribu ! la maladie nous a décimés plusieurs fois, les Jivaros nous ont livré de rudes assauts ! Les anciens de la tribu me disaient souvent : « Marcellin, tu sais où est la vierge du Père blanc ? Qu'as-tu fait de la vierge du Père blanc ? Nous mourons de ne plus la voir ! tu sais bien que c'est elle qui nous fit triompher des infidèles, elle qui nous sauva dans les épidémies ! » Mais Marcellin faisait la sourde oreille ; il faisait comme s'il n'eut pas compris, et il disait : « Non, Sainte Vierge, non, tu ne sortiras pas de là ! Pourquoi as-tu laissé partir le Père blanc ? Aussi longtemps que le Père blanc ne reviendra pas, tu resteras enfouie sous terre ; le jour où le Père blanc reparaîtra sur la grande rivière, ce jour-là je te rendrai à la lumière ! » Oui, c'est elle ! c'est bien elle, continua-t-il en la serrant dans ses bras ; je la reconnais : tu dois la reconnaître, toi aussi, puisque tu es le Père blanc ! Mais comme le temps l'a noircie ! Jadis son visage était rose comme celui des jeunes filles que je vis à Baños, sa robe était bleue comme le ciel, son manteau ruisselait d'or ;... comme le temps l'a changée !

C'était une pauvre vierge en bois qui n'avait rien d'artistique assurément ; les doigts étaient tombés en poussière, l'un des bras s'était détaché du tronc et le tronc lui-même était vermoulu : au cou elle portait encore un splendide rosaire de corail à chaîne d'or. Je la reçois des mains du bon vieillard ; je la serre, moi aussi, sur mon cœur. Cependant un doute cruel me traverse l'esprit.

— Dis-moi, Marcellin, la vierge du Père blanc ne serait-ce pas plutôt celle qui couronne cet autel ? On m'a dit que c'était elle.

— Celui qui t'a dit cela n'a jamais connu les Pères blancs, ni la vierge des Pères blancs. Et qui donc voudrait en apprendre au vieux Marcellin ? A-t-il assisté comme moi à la grande bataille, a-t-il vu ce que j'ai vu ? Ici, lorsque l'un de nos guerriers veut connaître la vierge du Père blanc, il vient à moi et il me dit : « Marcellin, puisque tu étais là, raconte-moi l'histoire de la vierge du Père blanc ! » et je lui raconte l'histoire, car c'est l'avantage des vieillards de savoir beaucoup de choses et de les dire avec autorité !

— Eh bien ! raconte-la moi cette histoire, Marcellin, parle, parle !

— Ah ! tu ne la connais pas encore ! eh bien ! je vais te la raconter. Tu verras si Marcellin la connaît la vierge du Père blanc !

Alors redressant la tête et élevant la voix :

— Ecoute ! écoute ! j'étais bien jeune alors, et la grande palme qui est là devant l'église était bien jeune aussi ! Je ne portais pas encore la lance, mais je chassais depuis longtemps déjà avec la pucuna (sarbacane). Le Père blanc était revenu de Sarayacu à Canélos pour y donner la mission, mais presque personne ne répondit à son appel : c'est à peine si deux cents guerriers étaient présents au village. Or voici ce qui arriva. Un jour que le Père blanc était à l'autel et célébrait la sainte messe, peu avant le lever du soleil, l'un des nôtres entre en courant dans l'église : « Hommes, s'écrie-t-il, je viens de voir les Chirapas dans le Tinguisa ! les Chirapas gravissent la colline, aux armes ! aux armes ! » Tout le monde se lève en criant ; les quelques hommes déjà rassemblés saisissent leurs lances, les femmes et les enfants se répandent dans le village pour donner l'alarme et s'armer de la pucuna (sarbacane). De son côté le vaillant capitaine Vicente, père de Palate, pousse des cris terribles et convoque tous ses hommes pour la bataille. Ah ! Père, tu n'as pas idée d'un pareil tumulte ! Au moment où nous revenons sur la place, car c'est toujours là que se livre la bataille, quelques Jivaros y débouchent aussi : c'était l'avant-garde. Le gros de la troupe arrivait à fond de train, le sol semblait trembler sous nos pieds.

« Vite les femmes et les enfants se renferment dans l'église avec le Père, nos guerriers se rangent sur trois lignes et garnissent tout le côté droit de la place, juste en face des Jivaros. Quant à moi, au lieu d'entrer dans l'église, comme les enfants de mon âge, j'étais resté sous le vestibule avec ma mère, car mon père et deux de mes frères étaient parmi nos guerriers et nous voulions être témoins du combat.

« Lorsque les Jivaros nous virent en si petit nombre, ils se mirent à danser et à rire et à nous insulter. Les nôtres, en les voyant si nombreux, aussi nombreux que les fourmis lorsqu'elles envahissent une chagra, sont pris d'épouvante et veulent prendre la fuite. Alors le capitaine Vicente entre en colère : « Ecoutez, vous autres, si quelqu'un « essaie de fuir, je déclare que je lui passe ma lance à tra- « vers le ventre ! Non, ces chiens d'infidèles n'auront pas « raison des chrétiens !.. Enfant, s'écrie-t-il en s'adressant « à moi, appelle vite le Père blanc ! dis au Père blanc de

« venir ici avec sa vierge. Si nos hommes ne voient la vierge
« à leurs côtés, nous sommes perdus ! »

« Alors vite je cours vers le Père : Père, sors vite avec
ta vierge, que nos hommes voient ta vierge, sinon ils
vont fuir sans combattre et Canélos est perdu ! Ainsi l'a
dit le capitaine Vicente.

« Le Père, qui était en prière, se lève aussitôt, prend la
vierge dans ses bras, puis il me dit : « Enfant, suis-moi,
allons à l'ennemi ! » Et nous arrivons sur la place. Ah ! Père,
c'était l'instant critique, le moment décisif ! les Jivaros qui
s'étaient divisés en trois bandes allaient nous envelopper et
nous égorger : l'une venait de front et garnissait la place
dans toute sa longueur ; c'était la plus nombreuse et la plus
terrible ; les deux autres se faufilant, l'une à droite, l'autre
à gauche, allaient nous prendre en flanc et par derrière et
rendre toute retraite impossible. Alors vite nos hommes se
replient sur l'église à laquelle ils se trouvent adossés ; les
femmes et les enfants se répandent autour de la palissade
de chonta, soufflent dans la pucuna, lancent une pluie
de flèches empoisonnées.

« Cependant le Père blanc paraît et tous nos guerriers
de s'écrier :

— « Ah ! voici le Père blanc, voici la vierge du Père
blanc ! courage, courage ! ces chiens d'infidèles ne nous
vaincront pas ! » Père, notre Père, quel miracle incompréhensible ! le Père n'eut pas plutôt élevé la vierge dans ses
bras et fait avec elle le signe de la croix, que les Jivaros,
saisis de terreur, jettent lances et boucliers, prennent la fuite
en poussant des cris horribles. « Enfants, s'écrie le Père,
la vierge vous les livre ! en avant ! en avant ! que pas un
seul ne passe la rivière ! » Alors tout le monde se précipite,
les hommes d'abord, puis les femmes et les enfants : nous
tuons avec la lance, nous tuons avec les flèches ; jamais
je ne vis pareil carnage.

« Nous arrivons au Bobonaza, une crue subite l'avait fait

déborder, ses eaux grondaient comme le tonnerre, elles emportaient arbres et rochers ! Alors le désespoir s'empare des Jivaros ; les uns tombent à genoux pour demander grâce, les autres se jettent à l'eau pour traverser la rivière : « Hommes, s'écrie le capitaine Vicente, pas de grâce ! pas de grâce ! la vierge nous les livre, pas un seul ne passera la rivière ! » Alors nous tuons, nous tuons, jusqu'à nous lasser et nous criblons de flèches ceux qui essaient de traverser la rivière.

« Ah ! ce fut une grande bataille et une grande victoire ! Nos anciens d'alors ne se rappelaient pas avoir jamais rien vu de semblable ; ni moi non plus je n'ai jamais rien vu de semblable ! De l'église au Bobonaza, le Père, qui savait compter, rencontra huit cents cadavres de Jivaros ; trois cents furent retrouvés dans le Bobonaza !

« Tous les boucliers que tu verras aux mains de nos guerriers et de nos jeunes gens ont été conquis dans cette grande bataille. Personne à Canélos ne se servait de bouclier avant la grande victoire de la vierge du Père blanc. Bien peu de Chirapas parvinrent à rejoindre leurs tambos ; ils nous laissèrent en paix pendant longtemps, aussi longtemps que leurs enfants ne furent pas assez robustes pour s'armer à leur tour et venger leurs pères.

« Quant à nous, nous ne perdîmes pas un seul homme ; le soir, lorsque les tambours sonnèrent le rappel, lorsque nous nous réunîmes dans les tambos pour nous réjouir et boire la chicha, il ne manquait pas un seul enfant au village. Et le Père était avec nous et lui aussi but la chicha.

« C'est là la grande victoire de la vierge du Père blanc. Et tu voudrais que je ne la connusse pas, la vierge du Père blanc ? Quelqu'un pourrait en apprendre au vieux Marcellin ? Le rosaire d'or lui fut passé au cou par le Père, en mémoire de ce grand événement : c'est nous, c'est la tribu tout entière qui fournit au Père la poussière d'or pour en faire la chaîne, pour en acheter les grains. Tout le monde sait cela dans la tribu, parce que les pères l'ont raconté à leurs enfants et à leurs petits-enfants ; mais de tous ceux qui assistèrent à cette grande bataille, il ne reste plus que le vieux Marcellin ! Dieu a voulu me conserver pour te conter ces choses ; car puisque tu es le Père blanc, il faut que tu connaisses la vierge du Père blanc !

« Pour moi, maintenant que j'ai revu le Père blanc sur la grande rivière, maintenant que je t'ai conté l'histoire des Pères blancs, je sens que je vais mourir, car il y a long-temps que les hommes de mon âge ne sont plus. Si j'ai vécu si longtemps, c'était pour te voir, pour te dire mon secret; maintenant que c'est fait, je sens que je vais mou-rir ! Mais, je te demande une grâce, ah ! Père, notre Père, ne me la refuse pas ! songe que je suis le vieux Marcellin des Pères blancs, que j'étais à la grande bataille près de la vierge du Rosaire !...

— Parle, Marcellin, parle ! Non, non, je ne te refuserai rien !

— Eh bien ! lorsque je serai pour mourir, lorsque mes enfants viendront te dire en pleurant : Père, notre Père, Marcellin, ton vieux serviteur, va mourir ! — Alors prends vite dans tes bras la vierge du Père blanc, accours à mon tambo, élève-la au-dessus de ma tête, comme au jour de la grande bataille et fais avec elle le signe de la croix ! Le *supai* (démon) se sauvera, comme firent jadis les Jivaros, et ton vieux Marcellin mourra tranquille !

— Est-ce là tout, Marcellin ? tu ne désires rien de plus ?

— Ah ! Père, notre Père, si, Marcellin a un autre désir, mais ce n'est point la coutume dans nos forêts. Je sais que les blancs mangent le pain des prêtres, le pain blanc qui leur sert pour la messe. A Baños, j'ai vu les jeunes gens et les jeunes filles s'approcher de l'autel et le recevoir sur leur langue, et je me disais : « Qu'ils sont heureux de man-ger le pain blanc des prêtres ! » Ici même, j'ai vu le Père

Fierro le donner à deux blancs qui se mouraient, et, en revenant à l'église, je disais : « Père, notre père, qu'ils sont heureux de manger le pain blanc des prêtres ! nous autres, hommes des bois (sacha runa), nous ne le mangeons pas ! » — Et le Père me répondit durement : — « Vous autres, vous ne songez qu'à boire la chicha. Ce pain, c'est le corps et le sang de Jésus-Christ ; vous le donner, ce serait le profaner ! » — Ah ! Père, notre Père, lorsque ton vieux Marcellin sera pour mourir, et que mes enfants s'écrieront en pleurant : notre père se meurt ! notre père se meurt ! viens vite, viens vite ! — Alors, en même temps que la vierge du Père blanc, apporte-moi ce pain blanc des prêtres ! Je ne boirai point de chicha, je resterai à jeun, je ne profanerai point le corps de Jésus-Christ ! »

— O Marcellin, lui dis-je en le prenant dans mes bras et en appuyant sa tête sur ma poitrine, ô âme angélique, si tous les blancs, si tous ceux qui le mangent ce pain blanc des prêtres, avaient ton cœur et ta foi, tous les communiants seraient des saints, cette terre d'exil serait un Paradis !...., oui, oui ! je te le promets, tu le mangeras le pain blanc des prêtres !

Alors il se prit à pleurer, et moi aussi je me mis à pleurer : lui, d'une joie pieuse et reconnaissante, et moi d'attendrissement !

— Maintenant, ajouta-t-il, je n'ai plus rien à te demander. Je vais rentrer dans mon tambo, car il est tard et je suis vieux, et Antonia, ma femme et ta servante, dirait : « Où donc est Marcellin ? Marcellin sera tombé quelque part dans les bois, le tigre l'aura dévoré ! » — Car c'est le caractère de la femme de toujours être inquiète et troublée !

Alors, il prit sa lance et disparut dans la forêt.

Et maintenant, lecteurs, que pensez-vous de cette victoire miraculeuse, de ce Lépante du pays indien ? Oui, de ce Lépante, car je l'ai déjà dit, le jour ou Canélos disparaîtra, le jour où le Jivaros emportera d'assaut cette citadelle jusqu'ici imprenable, ce turc de nos forêts ne laissera subsister aucun vestige de catholicisme au sein de nos tribus ; sa lance impitoyable immolera sans pitié tous ces troupeaux d'Indiens timides campés sur les rives du Curaray, du Napo et du Coca ; les têtes des guerriers seront suspendues aux poutres des tambos, les femmes et les jeunes filles deviendront la proie du vainqueur.

Cette victoire fut donc le salut de toutes ces chrétientés. Elle n'a pas été consignée dans les annales du Rosaire, c'est vrai ; mais, dans la forêt, tous les Indiens baptisés s'en racontent de père en fils les épisodes miraculeux. L'instrument authentique de cette merveille, le *labarum* de cette victoire immortelle, la pauvre vierge en bois existe encore ; un vieillard centenaire, qui fut enfant de chœur du Père blanc, qui fut acteur lui-même dans cette grande épopée, me la remit entre les mains, ma raconta son histoire. Aujourd'hui, elle couronne le pauvre autel de la mission ; l'*ex-voto* d'or et de corail, que la reconnaissance des humbles enfants de la forêt lui suspendit au cou, ne permettra pas de la confondre jamais avec une autre. C'est donc de tout cœur que nous lui disons après Marcellin, après tant d'autres : Notre-Dame de Canélos, priez pour nous !

Cette vierge, ce vieux calice démodé, c'était donc là tout le secret de Marcellin ? Oui, mais ce secret c'est toute la mission ! c'est son passé, c'est son avenir ! Dans ce calice s'est opéré et doit s'opérer encore la rédemption de cette tribu ! Nos Pères y ont bu ce sang de Jésus-Christ qui fit de tous des héros et de plusieurs des martyrs. Le dernier de tous, le Père Fierro, y avait une dernière fois trempé ses lèvres ! ce fut le calice des adieux, ce devait être celui de ma première messe, à mon retour à Canélos ! Cette pauvre vierge vermoulue, c'est la fondatrice de la mission : plus d'une fois elle en fut la libératrice, elle devait en être la restauratrice ! Un calice, une statuette de la vierge, n'est-ce pas là d'ailleurs tout le trésor du missionnaire, le secret de sa force, l'instrument de ses conquêtes ! Tous deux lui furent donnés par le Sauveur, sur le sommet du Calvaire, au moment solennel où se consomma la rédemption de l'humanité : l'un, lorsqu'il ouvrit son cœur d'où le sang et l'eau s'épanchèrent sur le monde ; l'autre, lorsqu'il remit sa mère à l'apôtre bien-aimé. Là, fut instituée cette chevalerie de l'apostolat chrétien qui, depuis lors, se répandit à travers le monde et atteignit jusqu'aux confins de la terre : elle descendit du Calvaire avec le cœur de son Maître dont le calice est le symbole, et avec la vierge Marie !

O Marcellin, âme sainte et candide, tu ne songeais pas à tout cela, lorsque tu me révélais les mystères du passé, lorsque tu fouillais la terre pour en exhumer ton trésor ! Comme les patriarches de l'ancienne loi auxquels tu ressembles par tant de côtés, tu prophétisais sans le savoir : toutes tes paroles avaient un sens mystérieux, c'étaient des paroles de vie et de résurrection !

Le lendemain le soleil se lève radieux : un vrai soleil de Fête-Dieu ! Les palmes qui décoraient la place se réveillent avec la brise matinale, secouent leurs folioles, frissonnent comme les plis des drapeaux et des oriflammes. Bien avant le lever du soleil, les Indiens, impatients de commencer la cérémonie, s'étaient massés à la porte de l'église : Palate, Salua, caciques et alcades, tout le grand état-major de la place des Canélos était sur pied. Nous les saluons, les félicitons de leur tenue martiale, de la richesse et du pittoresque de leurs uniformes, puis Marcellin agite les sonnettes et nous procédons à la cérémonie.

L'ordre du jour est des plus simples : La messe à six heures, célébrée par le P. Tobias, chantée par votre serviteur, accompagnée par le P. Pérez. Même dispositif pour la procession, sauf que le canon doit prendre part à la fête et saluer de ses salves retentissantes le passage du Saint-Sacrement.

L'église se trouvait trop petite pour contenir cette foule remuante, l'étroit vestibule qui la précède était lui-même envahi, les derniers arrivés durent rester sur la place.

Ah! ce ne fut pas chose facile de réduire au silence ces enfants mutins et espiègles !

— Allons, les messieurs à gauche, les dames à droite, les enfants en avant!

La séparation se fait sans difficulté.

— Maintenant commençons vite, Père, vous savez qu'il n'y a pas comme la musique pour dompter et captiver ces cœurs indociles.

Et le saint sacrifice commence dans le plus grand calme et s'achève de même. Alors nous expliquons en quelques mots le sens de la cérémonie qui doit avoir lieu.

— C'est cela, c'est cela, s'écrie Palate en se campant devant l'auditoire; ce que le Père porte dans ses mains, c'est Jésus-Christ ; et Jésus-Christ, c'est Dieu ; par conséquent n'allez pas vous tenir comme des chiens, mais comme des chrétiens ! Et maintenant, j'ai dit ! tambours, en avant! et vous, hommes, suivez-moi !

Et le défilé commence au son des fifres et des tambours, les guerriers frappent sur leurs boucliers pour témoigner leur allégresse, les femmes et les enfants qui nous précèdent immédiatement font tomber sur nos têtes une pluie de fleurs et de feuillages.

Nous attendons que la foule se soit écoulée sur la place et que chaque groupe ait pris la position respective que Palate lui avait assignée. Alors me tournant vers Marcellin.

— Marcellin, mon vieil enfant, viens ici, viens! à toi l'honneur de porter cette vierge que tu gardas pendant tant d'années ! Porte-la dans tes bras, porte-la sur ton cœur comme le Père blanc, le jour de la grande bataille !...

— Enfants, dis-je aux Indiens, voici la vierge du Père blanc, la vierge victorieuse des Jivaros ! Marcellin l'avait cachée, Marcellin va vous la rendre !

Alors c'est du délire. Des hourras frénétiques retentissent sur la place, les larges boucliers se déployent au-dessus des têtes, on les frappe en cadence avec la lance, on saute, on crie, on se précipite vers nous pour mieux voir : nous avons toutes les peines du monde à réprimer cet enthousiasme désordonné.

Quant à Marcellin, plus mort que vif, il s'est assis par terre en pleurant.

— Ah! Père, notre Père, tu veux donc me faire mourir de joie!.. Oui, oui, c'est moi qui l'ai cachée sous terre, c'est moi qui la rendrai à ma tribu. Mais donne-moi deux de mes enfants pour m'accompagner, car je suis vieux et je sens que je vais mourir de joie !

Alors il se lève, reçoit la vierge dans ses bras et prend place avec deux de ses enfants à la suite des femmes et des jeunes filles.

Après lui s'avance un jeune Indien portant la croix, une pauvre croix de bois que nous avions nous-mêmes fabriquée en reliant avec une liane deux branches d'arbre couvertes de leur écorce. Le dais lui-même n'est autre qu'un grand foulard de coton soutenu à chacun de ses angles par une tige de chonta : l'honneur de le porter et d'escorter le Saint-Sacrement était échu au cacique, aux alcades et aux priostes. Ils s'avancent derrière la croix. Le P. Pérez et moi formons l'arrière-garde et terminons le défilé : le P. Pérez avec son accordéon, et moi, un livre d'une main et de l'autre... mon fusil! Nous partons.

Lorsque paraît sur la place la vierge miraculeuse, lorsque Marcellin l'élève dans ses bras pour la montrer à toute sa tribu, les acclamations redoublent.

— C'est la nôtre ! c'est la vierge de Canélos ! Marcellin, tu la connais n'est-ce pas, puisque tu y étais ?

Alors femmes et jeunes filles jettent d'un seul coup toutes les fleurs qu'elles tenaient en réserve et, folles de joie, précèdent la vierge en dansant une sarabande qui n'avait rien de commun avec la pantomime ridicule de la veille.

Cet enthousiasme nous gagne nous-mêmes, nous chantons avec un entrain merveilleux tous les motets, toutes les hymnes de circonstance. Si l'accordéon du P. Pérez n'y perdit pas ses poumons ni moi mon larynx, ce ne fut ni sa faute ni la mienne. Jamais on ne fit tant de bruit avec si peu de moyens ! Nous dominions les tambours qui faisaient rage, et les fifres qui nous sifflaient dans les oreilles les notes les plus aiguës de la gamme.

Mais le clou de cette manifestation pittoresque, s'il m'est permis d'employer une expression si profane, ce fut mon fusil. Il eut tant de succès que je me reprochai bientôt de l'avoir exhibé. A chaque reposoir, après le verset et l'oraison d'usage, retentit une double salve que l'écho répercute à l'infini. Alors ce sont des cris, des applaudissements ! *Sumac ! sumac !* Que c'est beau ! que c'est beau ! A la dernière station, je décharge, coup sur coup, fusil et revolver. Ils n'y tiennent plus ! Palate s'élance vers moi à la tête de ses guerriers : il veut voir cette merveille, ce tonnerre (*illapa*) si petit qu'il tient dans ma poche, si terrible qu'il fait à lui seul plus de vacarme, exerce plus de ravages que les fusils les plus volumineux !

— Ah ! si j'avais cela, s'écrie-t-il en le prenant dans ses mains, avant un an j'aurais exterminé tous les Jivaros !

Je le lui abandonne provisoirement pour ne pas troubler l'ordre et satisfaire sa curiosité.

Nous rentrons à l'église. Après la dernière bénédiction je reçois la vierge des mains de Marcellin, et la plaçant au-dessus de l'autel :

— Enfants, dis-je aux Indiens, voici votre mère la Vierge de la grande bataille ; c'est ici qu'elle résidera désormais, vous pourrez la voir et la prier quand bon vous semblera. Elle ne vous quittera plus, ni les Pères blancs non plus ne vous quitteront plus !

— Oui, oui, qu'il en soit ainsi ! qu'il en soit ainsi.

Jamais je ne vis spectacle plus consolant, manifestation plus imposante, malgré sa simplicité, son cachet sauvage et désordonné ! Nous avions atteint le but que nous nous proposions : frapper fortement l'imagination de nos Indiens, leur laisser de ce court passage au milieu d'eux un souvenir qui leur fît désirer ardemment notre retour !

CHAPITRE XXIII

Il est écrit qu'il n'y a pas de fête sans lendemain, c'est-
à-dire pas de joie sans tristesse. Cela est vrai partout et
toujours, mais ici plus qu'ailleurs. Dans ces grands enfants
rien n'est stable, l'impression du moment est l'unique loi
qui les gouverne : la sensation ne se résout jamais en idée,
ni le mouvement spontané et généreux d'une heure d'enthousiasme en volonté efficace et persévérante. Plus on
les élève au-dessus d'eux-mêmes, au-dessus des habitudes brutales de leur nature sauvage, plus ils ont hâte de
revenir au bourbier d'où on les a sortis. Ils s'y jettent
à corps perdu, s'y vautrent avec délices, ils y restent des
jours et des nuits, ils y resteraient toujours, si la sa-
tiété n'amenait avec elle la lassitude, et la lassitude le désir
du repos. Là est leur élément, ils y sont nés, ils y ont grandi,
ils veulent y mourir.

— Nous autres, hommes des bois, nous sommes nés pour
boire, pour nous enivrer, pour vivre sans entraves : tu ne
changeras pas notre destinée !

Cette réflexion d'un matérialisme abject, que de fois je
la surpris sur les lèvres de ces infortunés ; elle résume
toutes leurs aspirations, c'est leur unique philosophie.

Pour eux, il n'y a d'autre joie que la jouissance, d'autre
plaisir que la volupté. Pour ceux qui sont catholiques, le

ciel c'est une jouissance sans fin ; si vous leur parliez des joies célestes qui naissent de la claire vision de l'Essence divine, d'abord ils ne vous comprendraient pas, et puis ils n'en voudraient pas. Le ciel, c'est une forêt splendide comme la leur, mais une forêt sans serpents, ni tigres, ni moustiques, ni rien de ce qui fait le tourment de la vie humaine. Dans cette forêt magique, il n'y a plus de guerre, parce qu'il ne s'y rencontre pas de Jivaros : tous les Jivaros sont damnés ! Toute la vie des bienheureux se passe donc à se divertir, à faire des parties de pirogue, à chasser en compagnie de Notre-Seigneur Jésus-Christ, le grand cacique du Paradis, de la Vierge sa mère, des anges et des saints. Toutes les pêches sont des pêches miraculeuses, toutes les chasses des hécatombes de sangliers et de tapirs. Tout cela se termine par des libations sans fin ; une chicha, plus douce encore et plus enivrante que celle de la chonta-ruru, coule par torrents dans les gosiers béatifiés et remplit les estomacs d'une sainte jubilation.

Eh bien ! dès le soir même de cette belle fête, ils préludèrent aux joies béatifiques. A peine sorti de l'église, le cacique, dont le tambo est plus grand que l'église elle-même, convoque tout son monde, et l'orgie commence, et avec l'orgie les cris, les disputes et les coups. Le village eût été mis à sac par les Jivaros, on eût éventré à coups de lance toutes ces outres vivantes qu'ils n'eussent pas fait plus de tapage, poussé des hurlements plus affreux. Les notes aiguës des voix de femmes dominent ce concert de cris rauques, de voix avinées. Car, comme toujours, ce sont les femmes, c'est-à-dire les faibles qui payent pour les forts et subissent les violences. Ici elles le méritent un peu, à cause de leur cynisme ; mais ce cynisme lui-même est le fruit d'une éducation dont la pudeur est bannie, la conséquence obligée des habitudes qu'on leur fit contracter dès l'enfance. Elles sont ainsi parce qu'on les veut ainsi ! Les sanglots de ces infortunées, leurs appels au secours arrivent jusqu'à nous, et nous brisent le cœur! Renfermés dans notre cabane, nous écoutons tout cela dans le silence de la tristesse et de l'impuissance. Ah ! sainte Vierge qui avez gagné la grande bataille, ne vaincrez-vous donc pas, un jour ou l'autre, ces appétits grossiers, ces cœurs inhumains !

Bon nombre de ces malheureuses nous arrivent dans l'après-midi et la matinée du lendemain : leurs larmes, leurs plaies, l'état pitoyable où nous les voyons réduites, nous arrachent le cœur :

— Ah! Père, pour Dieu, défends-moi ! mon fils, mon mari veulent me tuer, vois dans quel état ils m'ont mise!

— Infortunée, et pourquoi prends-tu part à ces divertissements brutaux, ne sais-tu donc pas que tu es toujours victime!

— Mais tu sais bien que j'y suis obligée. Ne suis-je pas née pour servir les hommes, pour leur donner à boire, pour leur obéir en tout? Si je n'y allais, ce serait pire encore!

Et cela est vrai, la résistance est impossible. La femme est née pour satisfaire tous les caprices du maître ; ainsi le le veut la coutume barbare, ainsi le veut le droit du fort sur le faible !

— Allons, pauvre enfant, va à l'église, là ton bourreau n'osera te poursuivre; et s'il l'ose, je te jure qu'il payera cher son audace !

Et elle s'en va essuyant ses larmes, comptant sur la protection du Père.

Mais le Père lui-même, que peut-il contre ces lions déchaînés? Ce qu'il peut? Il peut tout, s'il est courageux, s'il a conscience de la force surnaturelle, du prestige invincible qui lui vient de sa mission. Que de fois, depuis, nous en fîmes l'expérience!

— Comment se fait-il que tu nous fasses trembler, toi qui es seul et désarmé, quand nous sommes si nombreux?

— Non, je ne suis pas seul, Dieu est avec moi, et ce n'est pas le diable que tu as au corps qui me fera reculer !

Et des enfants que fait-on pendant ces longs jours et ces longues nuits passés dans l'ivresse et la débauche ? Sont-ils admis dans ces réunions malsaines ? Sont-ils témoins de ces spectacles démoralisants ?

Pour prendre part aux fêtes de la tribu, pour y prendre une part active, il faut avoir quatorze ans. Chez ces natures précoces, quatorze ans c'est l'âge de la virilité, l'enfant est homme : on lui met une lance sur l'épaule, on lui donne un tambour ; s'il y consent (ce qui est rare à Canélos), on le marie avec quelque enfant de son âge et il prend place parmi les hommes. Toutes les réunions, toutes les fêtes, toutes les parties lui sont accessibles : celui qui porte la lance, quel que soit son âge, va de pair avec les plus anciens, avec les plus vaillants de la tribu.

Tant qu'il n'a pas atteint cette majorité, l'enfant est tenu à l'écart ; l'accès du tambo où l'on boit, où l'on s'amuse, où l'on s'aplatit à coups de massue, lui est sévèrement interdit. Mais n'allez pas croire que le scandale en soit moins grand. Quelqu'un est là, près de la porte, qui lui dit : Tu ne passeras pas! Mais personne ne l'empêchera de voir, d'écouter, d'assister des yeux et du cœur à ces réjouissances dégradantes. Le visage collé contre la palissade du chonta, il voit tout, il entend tout, pas une parole ne lui échappe.

Ne sachant, pendant cette soirée de la Fête-Dieu, à quoi passer mon temps et voulant à tout prix me distraire du tapage infernal qui nous assourdissait et nous glaçait l'âme, je m'empare du registre où sont inscrits les noms et prénoms de nos Indiens et j'en commence la lecture avec le P. Pérez. Je m'arrête stupéfait. On ne saurait imaginer une collection de sobriquets plus grotesques que ceux dont chacun des noms inscrits sur le registre est accompagné.

— Ah ! ah ! ah ! s'écria le P. Pérez, vous n'aviez pas
encore vu cela ? Eh bien ! mon cher, étudiez vite ce répertoire ; car, comme nous tous, vous serez obligé d'en parler
bientôt le jargon.

— Moi ? jamais.

— Eh bien ! alors, résignez-vous à ne pas comprendre
et à n'être pas compris ; résignez-vous à vivre au milieu
de vos Indiens comme un étranger, sans savoir leurs noms
et sans pouvoir interpeller qui que ce soit.

— Mais leurs noms, les voici ! leurs noms et leurs prénoms ! qu'ai-je besoin de ces sobriquets ?

— Noms et prénoms ne signifient rien, absolument rien,
je vais vous le prouver. Parcourez cette liste, comptez les
noms différents qui s'y trouvent inscrits, vous verrez
qu'ils se ramènent à cinq ou six : tous sont des Santi, des
Gayas, des Immunda, des Tanchima, des Aranda ou des
Padilla. Eh bien ! comment vous y prendrez-vous maintenant pour distinguer entre eux ceux qui portent le même
nom, car ils sont nombreux sous chacun de ces titres, comment distinguerez-vous les Santi, par exemple ?

— Mais par leurs prénoms !

— Oui, c'est bien là ce que j'attendais. Eh bien ! donnez-
vous la peine de lire les prénons inscrits sous chacun des
noms précités, et vous verrez que vingt ou trente personnes portent le même appellatif. Tirez-vous d'affaire
maintenant, je vous en défie! Sans le sobriquet qui vous
fait horreur, vous voilà dans un cruel embarras. Allons !
armez-vous de courage et faites comme nous. Faites
comme nous qui, après tout, ne les avons pas inventés ces
surnoms qui vous répugnent! Oubliez Athènes et Paris,
tous vos classiques, voire même les romantiques, épelez
hardiment ces vocables barbares, essayez-vous à cette
littérature de cannibales ! C'est la littérature de l'avenir,
mon cher ; déjà vous en voyez poindre à Paris l'aube blan-
chissante et remplie de promesses ! D'ailleurs cette langue

carnavalesque, nous ne l'avons pas inventée, nous la parlons parce qu'il est absolument nécessaire de la parler, et
vous la parlerez vous-même, je vous en donne ma parole !
Quoi que vous disiez, quoi que vous fassiez, vous dévorerez
ces couleuvres, vous avalerez ces crapauds, sinon vous ne
reconnaîtrez jamais vos Indiens, vous vous exposerez à
des méprises regrettables !

Le Père avait raison, dès le lendemain j'en fis l'expérience. J'avais hâte de voir le cacique, d'abord pour lui
imputer les désordres de la nuit et aussi pour organiser le
départ de Canélos.

— Enfant, dis-je à un Indien qui traversait la place, va
dire à Firmin ('c'est le nom du cacique) que le Père blanc
désire lui parler.

— *Ima Fermin ?* (Quel Firmin ?) répond l'enfant.

— Firmin Padilla.

— *Ima Fermin Padilla ?* (Quel Firmin Padilla ?)

Mais, me dis-je à moi-même, il y a donc plusieurs Firmin Padilla ? ça devient embarrassant. Alors, vite, je con-
sulte le fameux répertoire.

— *Cuchi siqui !* m'écriai-je.

— *Ari, ari !* (oui, oui !) s'écria le jeune Indien en prenant
son vol vers le tambo de Firmin.

Or qu'on me permette de ne pas traduire en français le
mot *Cuchi siqui ;* mais décidément Zola a des émules dans
les forêts du Nouveau-Monde.

QUATRIÈME PARTIE

DE CANÉLOS A BAÑOS — RETOUR A QUITO

CHAPITRE XXIV

LE DÉPART — LA TRAHISON

Il fut convenu avec le cacique que je partirais le lundi
et que l'on me donnerait vingt Indiens robustes et dociles
pour m'accompagner jusqu'à Baños.

— Je les choisirai moi-même, avait dit Palate, et j'entends guider la marche ! Tout le pays que nous traverse-
rons, du Pindo au Pastazza, est inondé de Chirapas ; il
nous faudra voyager avec prudence, nombreux et bien
armés !

— Père, notre Père, avait ajouté le vieux Marcellin,
Palate a raison ; si vous n'y prenez garde, les Chirapas qui
vous flaireront à trois *samaï* (lieues), tomberont sur vous
à l'improviste. Il importe donc que vous soyez nombreux :
aux vingt guerriers choisis par Palate j'ajouterai cinq
de mes enfants. Si tu allais mourir, que deviendrions-
nous ? Plus aucun Père blanc ne mettrait le pied dans
la forêt ! Ceux de Quito diraient : « Les Canélos sont des
traîtres, les Canélos ont tué le Père blanc ! Les Pères
blancs n'iront plus jamais à Canélos ! » et je mourrais sans
t'avoir près de moi !

Le samedi matin, tous les Indiens désignés par Palate
devaient assister à la sainte messe. Nous voulions les voir,
leur adresser quelques mots, les encourager par quelques
cadeaux : pas un seul ne parut !

— Ils sont à boire, s'écrie Palate furieux; ces animaux-là ne s'arrêteront pas qu'ils n'en crèvent ! Demain je te les amènerai moi-même.

Le lendemain dimanche, même abstention. Alors Palate éclate en imprécations, il jette son parapluie, sans même se donner la peine de le fermer, saisit sa lance, sort de l'église, en jurant par toutes les âmes damnées des Chirapas qu'ils viendront vivants ou morts.

— Chiens, s'écrie-t-il en traversant les rangs pressés de ses Indiens, vous êtes tous des chiens ! Le jour où Palate mourra, vous serez pires que les Chirapas !

Un quart d'heure après il revient, poussant devant lui ses vingt-cinq Indiens ivres.

— Le premier qui bouge, je lui enfonce ma lance dans le ventre ! Asseyez-vous, chiens, puisque vous ne pouvez plus tenir debout !

Tous s'asseyent autour de l'autel. Palate prend place au milieu d'eux, dépose sa lance et déploie de nouveau son parapluie. Le saint sacrifice terminé, les cinq enfants de Marcellin, conduits par leur père, viennent me baiser la main en me demandant pardon de leur escapade.

— Père, notre Père, donne-leur le fouet, sinon tu n'en pourras rien faire. Ne crains rien, personne ne se révoltera, je suis ici avec Palate ! Ils craignent Palate parce qu'il est brave et que sa colère est comme la foudre ; quant à moi, ils me respectent parce que je suis vieux.... Malheureux, est-ce donc ainsi que vous traitez le Père blanc ! Les anciens de la tribu vous diront comment nous le traitions, nous autres, dans notre jeunesse : partout où le Père blanc nous envoyait, nous volions comme la flèche de la pucuna (sarbacane). Je suis allé dix fois à Baños, une fois à Quito; n'était mon grand âge, je partirais demain avec le Père; je veillerais nuit et jour à ses côtés pour le défendre des Chirapas !

— Frappe, frappe ! s'écrie Palate qui brûle de voir exécuter les coupables, frappe sur ces chiens ! Allons, chiens, à genoux ! et que personne ne se révolte, sinon !...

. Et brandissant sa lourde lance, il promène sur l'assistance un regard terrible.

Les vingt-cinq coupables se sont mis à genoux devant moi, attendant leur châtiment.

— Enfants, leur dis-je, je ne vous frapperai point comme le veulent Palate et Marcellin ; le Père blanc n'est pas venu à Canélos pour vous frapper, mais pour vous aimer et vous bénir. Quant à vous, si vous n'aimez pas le Père blanc, dites-le franchement, il s'en ira et il ne viendra plus. Nous vous laisserons sans prêtres, car je vois que vous n'aimez pas les prêtres ! Si au contraire vous aimez le Père blanc, d'où vient que vous ne lui obéissez pas ? Vous passez vos jours et vos nuits dans le désordre, comme les Jivaros infidèles, et lorsqu'il vous ordonne de l'accompagner, vous vous cachez comme des traîtres !

— Père, pardonne-nous, pardonne-nous ! Demain nous te suivrons tous, pas un seul ne t'abandonnera.

— Alors, levez-vous, baisez-moi la main et que tout soit oublié.

Le lendemain était le jour du départ, le jour des adieux : nous agitons les clochettes, tout le monde accourt... excepté les vingt-cinq délinquants de la veille ! Palate lui-même n'arrive que très tard, vers la fin de la messe ; sombre, farouche, silencieux, il prend place près de l'autel sans daigner nous adresser un seul mot. Des nuages sombres passent sur le front du P. Tobias et du P. Pérez ; de funestes pressentiments les agitent.

— Croyez-nous, ne vous risquez pas seul avec ces êtres farouches et inconstants ! Lorsque le démon de la félonie les tourmente, ils sont capables de tous les crimes. Rien ne les émeut, rien ne les attendrit : ils vous verraient mourir froidement, sèchement, en poussant des éclats de rire sataniques. Hier vous eûtes le tort très grave de par-

donner ; ces brutes ne comprennent rien aux grands sentiments du cœur humain ; pour eux la miséricorde est
faiblesse : il nous pardonne, donc il nous craint ! Quelques
coups de fouet bien administrés vous eussent donné plus
d'empire sur eux que toutes vos tirades éloquentes. Puisqu'il en est temps encore, changez de détermination, revenez sur vos pas, accompagnez-nous jusqu'à Archidona.
Regardez Palate, votre fidèle Palate ; voyez cette figure
sinistre, cet air faux et menaçant ! L'infortuné n'est plus
maître de lui, il a bu toute la nuit, c'est leur coutume à eux
avant d'entreprendre une expédition quelconque. Cela ne
vous effraye pas ?

—Non, Père, cela ne m'effraye pas ! J'irai à Baños,
coûte que coûte, advienne que pourra. Cette troisième
étape de mon voyage est trop importante pour qu'aucune
considération puisse m'en détourner. Dieu veillera sur moi
comme il l'a fait jusqu'ici ; la Vierge de Canélos adoucira
peu à peu l'humeur farouche de mes Indiens. Vous verrez
que tout ira bien et que j'arriverai sain et sauf à Baños.

— Allez donc, puisque vous le voulez absolument ! allez,
et que Dieu vous garde ! qu'il écarte le tigre et le Jivaros.... et la lance perfide de vos Indiens !

Il était huit heures ; il y avait deux heures que nous
attendions les vingt-cinq fugitifs. Ils paraissent enfin conduits par Marcellin, la tête basse, le regard faux, l'air
menaçant. Nous entrons à l'église, nous épanchons nos
cœurs, une dernière fois, aux pieds de la Vierge de la grande
bataille ; je lui confie ma personne, mes Indiens, cette mission infortunée dont elle est l'ange tutélaire.

— Et maintenant, Pères, adieu ! Adieu ! quoi qu'il arrive,
je n'oublierai jamais le dévouement plus que fraternel dont
vous avez fait preuve envers moi ! Sans vous, que serais-je
devenu dans ce désert ? Que vais-je devenir maintenant
que vous ne serez plus à mes côtés pour veiller sur moi ?

Et comme ils étaient pâles et qu'ils pleuraient :

— Allons, allons, du courage, dis-je en les embrassant, à la garde de Dieu ! Cette Vierge m'a conduit ici par la main, elle m'y ramènera; soyez-en sûrs! N'est-ce pas, Marcellin, qu'elle me ramènera ici, la Vierge du Père blanc ?

— Ah ! Père, notre Père ! que ce soit bientôt ! que ce soit bientôt ! Sainte Vierge, ramenez-nous le Père blanc ! que je ne meure pas sans revoir le Père blanc !

Le bon vieillard tombe à genoux, je le bénis, et le prenant dans mes bras :

— Enfants, dis-je aux Indiens, pourquoi ne ressemblez-vous pas tous au vieux Marcellin du Père blanc ? pourquoi vos cœurs sont-ils durs et farouches, quand le sien est si doux et si fidèle ?... Allons, à bientôt! à bientôt ! que Dieu et la Vierge de Canélos vous gardent jusqu'au retour du Père blanc !

— Oui, oui ! à bientôt, à bientôt !

Alors tout le monde sort ; les Indiens s'emparent de mon bagage, s'alignent devant Palate qui prend la tête de la colonne et nous partons !

Si le lecteur veut bien se donner la peine de jeter un coup d'œil sur la carte placée à la fin de ce volume, d'étudier, dans ses lignes générales, la topographie du pays que nous allons visiter, il nous suivra sans peine à travers le réseau serré des rivières, des collines et des montagnes qui nous barrent la route.

Nous allons, à l'ouest, vers le Tungurahua dont le cône neigeux et les tourbillons de cendre et de fumée s'aperçoivent à l'extrême horizon, par delà les trois cimes inégales de l'Abitahua. Devant nous se dressent d'innombrables collines, .cordillères infinitésimales qui se croisent et s'enchevêtrent dans toutes les directions. Il est manifeste, à première vue, que toutes ces collines sont un prolongement du Llanganate dont la masse imposante s'élève au nord-ouest.

Pour plus de clarté, nous les diviserons en deux groupes, en deux systèmes que séparent entre eux un rio sans importance, le Chirri-yacu. Au premier plan, les collines de Canélos, parmi lesquelles Chontoa occupe la première place ; puis, en arrière, et courant au nord-ouest, les sept collines du Penday. Les montagnettes du Penday viennent mourir sur les rives du Puyo et du Pindo-yacu, deux rivières importantes dont il sera bientôt parlé.

Alors commence la grande pampa du Pastazza, pampa sillonnée d'innombrables ruisseaux, couverte de fondrières où l'on enfonce jusqu'au ventre, hérissée d'une végétation épineuse si compacte, qu'il est comme impossible d'y faire un pas sans jouer du matchec. Elle s'étend sans interruption des rives du Pindo à l'Allpa-yacu. Là, le sol se redresse brusquement, puis reprend son allure calme et monotone jusqu'au Manga-yacu. Alors commence l'ascension laborieuse du Quilo, de l'Abitahua, du Cachi-urcu, de toutes les cordillères qui, descendues du Pillaro et du Llanganate, viennent donner de la tête contre le Pastazza qui les coupe à angle droit. Elles forment les réservoirs naturels des nombreux rios que l'on rencontre dans chaque vallée, elles les endiguent, elles en déterminent nettement les bassins minuscules.

Un torrent d'une célébrité terrible dans cette région, l'un des plus fougueux et des plus larges qu'il y ait sous le soleil, le Topo, marque une étape géographique trop importante pour que nous le passions sous silence.

La grande Cordillère dont les bras minuscules, dont les rameaux épars nous ont tant de fois arrêtés, se ramasse sur elle-même. Au delà du Topo, ce n'est plus qu'une masse compacte aux cimes crénelées, dentelées comme la mâchoire d'un géant. Le Pastazza la coupe en deux, se creuse des abîmes dans ses flancs déchirés ; mais au delà du grand fleuve, elle se redresse de toute sa hauteur, se déploie dans toute sa majesté, et, par une série de bonds

prodigieux, court rejoindre le Sangaï et l'Altar dont les
pics neigeux s'aperçoivent des sommets de l'Abitahua, et
mieux encore de la grande pampa du Pastazza.

De Canélos à la pampa c'est un labyrinthe inextricable ;
mes Indiens eux-mêmes s'y perdirent plusieurs fois. Déso-
rientés par les zigzags auxquels nous obligent à chaque
instant les arêtes vives des collines, les eaux profondes
de certaines rivières, nous reculions vers l'est ou descen-
dions au sud, quand nous pensions avancer vers l'ouest ou
le nord-ouest : sans ma boussole, nous nous serions infailliblement égarés. Mais à la grande pampa cette incertitude
cruelle disparaît : là, l'horizon s'élargit, des sommets
connus se dressent de chaque côté du fleuve et nous montrent la route aussi sûrement que les feux d'un phare au
marin perdu sur l'Océan ; le fleuve lui-même nous est un
guide plus fidèle et plus sûr encore que les montagnes : il
nous sert de fil conducteur, nous ne le quittons plus jusqu'à Baños, c'est-à-dire jusqu'aux frontières du monde
civilisé.

Au sortir de Canélos, deux chemins s'offrent au voyageur pour franchir les systèmes de collines dont nous
avons parlé. Le premier consiste à descendre dans la
vallée profonde et accidentée du Tinguisa, à gravir les
pentes abruptes de Chontoa ; puis obliquant au nord-ouest,
à rallier les collines du Penday dont la dernière et la plus
élevée, le Puyo, s'aperçoit très distinctement à l'horizon :
c'est le plus simple et le plus court ; si le temps est favo-
rable, si les rios sont guéables, quatre journées suffisent
pour atteindre le Puyo, dix pour atteindre Baños et le Tungurahua.

L'autre, un peu plus long et beaucoup plus périlleux,
consiste à remonter le courant et les rapides du Bobonaza.
Après deux jours de pirogue, on abandonne la rivière pour
pénétrer dans la forêt, et tirant au sud, on va rejoindre
le Sandali-yacu et le Puyo. Là les deux itinéraires se

confondent, le voyageur n'a plus qu'une voie possible pour aller au Pastazza et à Baños.

De ces deux chemins mes Indiens choisirent le pire, celui de la rivière ! La pirogue est pour eux un délassement, une partie de plaisir ; peu importe qu'ils se rompent bras et jambes en traversant les rapides, en donnant contre les récifs dont est semée la partie haute de la rivière, ces amphibies préféreront toujours l'eau à la terre ferme. Et puis, il y a, cachés sous bois, les chagras et tambos des frères et amis ; où qu'ils soient, leur flair de sauvages saura bien les dénicher : cela leur promet des vivres, un abri pour la nuit, quelques bonnes rasades de chicha ; allons donc, il n'y a pas à hésiter ! Et nous nous embarquâmes.

Ma pirogue, qui est celle de Palate, prend les devants ; quatre autres plus petites suivent par derrière, une vraie flotille ! Les premières heures ne furent signalées par aucun incident notable : tout le monde est sombre, surexcité, silencieux, mais travaille avec entrain. C'est le calme précurseur de l'orage, calme accablant, énervant, où s'amoncellent les nuages d'où sortira la foudre, où les machines électriques suspendues sur nos têtes se chargent de tous les fluides épars dans l'atmosphère, atteignent leur maximum de tension. Lorsque l'Indien se tait, c'est mauvais signe. En vain j'essaye de les faire parler. Muet comme un poisson, le plus bavard de tous, Palate, se tient à l'arrière : ses yeux rougis et hagards, ses lèvres convulsivement serrées ne me disent rien de bon. Le vaurien manœuvre si maladroitement la pagaie, qu'il m'inonde de la tête aux pieds. Il est manifeste que quelque mauvais diable le travaille et que cette journée ne s'achèvera pas sans aventures.

A midi, tout le monde saute à terre pour boire la chicha, c'est au moins ce que je m'imagine. Je fais quelques pas dans la forêt, une absence de trois minutes à peine. Lorsque je reviens au débarcadère, plus personne! ni Indiens, ni pirogues, ni bagages, ni rien, absolument rien que le désert, la solitude, cette rivière qui mugit à mes pieds! Ah! ce fut un moment cruel, un saisissement inénarrable! Je vais, je viens, furetant dans les broussailles, regardant entre les rochers, pâle, anxieux, haletant. Ce n'est pas possible! Non, non! ce n'est pas possible qu'ils m'aient ainsi trahi, abandonné! Ils seront là, tout près, tapis avec leurs pirogues dans quelque sinuosité de la rive! Ce sera quelque plaisanterie, une espièglerie d'enfants mutins et boudeurs: ils auront voulu m'effrayer, voilà tout; je vais appeler! J'appelle, je crie, je supplie, pas une voix, pas un mot et personne ne vient!

Alors je tombe sur le sable, anéanti, pleurant comme un enfant... Seigneur, est-ce donc là ce que je devais attendre de ces cœurs durs et ingrats?... Si cela commence ainsi, que sera-ce plus tard? Plus tard, lorsque nous serons obligés de faire la guerre à leurs vices brutaux, de châtier les crimes qui déshonorent cette tribu?... Ah! sainte Vierge du Père blanc, ayez pitié de moi, ne m'abandonnez pas à la fureur de mes ennemis!...

Ce premier tribut payé à la nature, je m'assieds sur le sable et commence à envisager froidement ma situation. Après tout, pensai-je, Canélos n'est pas loin, à une demi-journée, rien de plus! avec un matchec, ce serait bientôt fait, je m'ouvrirais un chemin à travers les broussailles, je suivrais tous les détours de la rivière, j'arriverais infailliblement au but... Oui, mais je n'ai pas de matchec!... Non, non, je ne suis pas perdu! Les Pères restés là-bas vont apprendre l'infâme trahison de mes Indiens; le vieux Marcellin, lui aussi, la saura ; ils viendront à mon secours : on ne me laissera pas mourir dans cette forêt!... Oui, mais quand l'apprendront-ils? Si cela tarde quarante-huit heures, plus d'espérance! La faim, les bêtes féroces, mille embûches cachées sous ces bois m'auront anéanti!... Oh!

s'ils m'avaient au moins laissé mon fusil ! Mon fusil, je ne leur demande que cela, rien que cela ! Alors je me lève de nouveau, je cours au bord de l'eau, je cherche entre les pierres, je cherche entre les branches, pas de fusil, pas de matchec, rien, absolument rien !

Cependant il se faisait tard. A cinq heures, la vallée profonde où j'étais enseveli vivant revêtait les teintes sombres de la nuit. Un brouillard épais s'abattait sur les eaux noires, circulait à travers les broussailles ; la nuit s'annonçait triste et pluvieuse, comme toutes les nuits d'hiver dans cette forêt. Une réaction se produit en moi qui me rend tout mon courage et ma fermeté. Allons, il faut vivre ! il faut vivre coûte que coûte ! il faut lutter jusqu'au dernier instant contre la destinée fatale qui s'attache à mes pas ! Sainte Vierge, vous ne m'abandonnerez pas ! non, non, quelque chose me dit que vous ne m'abandonnerez pas !

J'avais faim, grand faim, n'ayant rien pris depuis la guayusa du matin ! Midi, ce devait être l'heure du dîner pour moi comme pour les Indiens, mais les Indiens s'étaient enfuis avec le dîner !... Armé d'une tige de chonta, je soulève les pierres, je creuse le sable, je fouille parmi les plantes aquatiques, entre les racines des arbres : je sais qu'on y trouve des escargots d'eau, de nombreux mollusques... rien, absolument rien ! Les mollusques, comme **les** Indiens, s'étaient donné le mot pour déguerpir et me faire mourir de faim !

Cependant je finis par trouver mieux encore que les mollusques dont la chair crue et visqueuse m'eut donné des nausées ; j'avise un chou-palmiste parmi les nombreux palmiers pressés sur le talus, un chou-palmiste microscopique, mais enfin un chou-palmiste ! Je m'en empare, je le dépouille, je le dévore tout cru.... ce fut un régal !

Nous avons donc dîné, c'est déjà quelque chose, mais ce n'est pas tout ! Il s'agit de dormir maintenant, de se

construire un abri pour la nuit. Il pleuvra, c'est certain ;
le brouillard s'épaissit et se condense, tout à l'heure il se
résoudra en pluie ; il faut donc improviser un tambo, un
ranchu, comme disent les Indiens. Un *ranchu* sans mat-
chee, ce n'est pas chose facile ! Cependant j'ai un couteau,
et mon couteau est armé d'une scie minuscule ; allons, ne
perdons pas courage ! J'ai bientôt amassé les matériaux
nécessaires à ma maison de nuit : tout cela est fixé en
terre, puis recouvert d'une masse informe de feuillages.
Sur le sol humide j'étends toutes les feuilles de canacorus
et d'héliconias qui sont à ma portée. Il est évident que cet
assemblage monstrueux ne résistera pas deux secondes à
l'ouragan, s'il se déchaine ; que la première averse le tra-
versera de part en part. N'importe, je m'y installe avec joie,
cela me donne l'illusion d'une demeure, d'un chez moi ; je
ne suis plus sans abri au sein des ténèbres !

Toujours armé de mon couteau, j'aiguise une large tige
de chonta, je l'effile comme une aiguille. Ce bois dur et
tranchant me servira d'arme pour me défendre, si quelque
animal vient troubler mon sommeil !

Mais que parlai-je de sommeil ? Étendu sur les feuilles
humides qui me servent de couchette, je suis bientôt noyé
par les averses qui ruissellent à travers mon ranchu.
Allons, mieux vaut s'asseoir, se ramasser le plus possible
sur soi, attendre avec patience le retour de la lumière.
D'autant que la rivière monte, monte toujours, elle gronde
comme un torrent, une crue subite peut m'emporter !... Le
moindre bruit, la chute d'une branche, le froissement des
feuillages, le cliquetis des gouttières me font tressaillir ; le
chant nocturne de l'orfraie, du *huactalai* des Indiens, me
glace d'effroi ! Mon imagination s'exagère tout, comme si
la réalité n'était pas déjà plus que suffisante pour épouvanter les plus intrépides !

J'attends ainsi le lever du soleil. Ma montre s'est arrêtée,
les heures me paraissent des jours : cette nuit affreuse

n'aura-t-elle donc pas de terme ? J'ai froid, quoiqu'il ne fasse pas froid, la tête me brûle, le corps a des frissons glacials : la fièvre de Sarayacu se réveille, j'éprouve un malaise indéfinissable !

Le premier rayon de lumière qui descendit sur la rivière fut salué comme un libérateur, comme un ami ! Rien ne ressemble plus à la mort que les ténèbres, rien ne ressemble plus à la vie que la lumière qui vivifie tout en ce monde. Ce rayon sauveur ramène l'espérance dans mon cœur. Je me sens ému de reconnaissance et d'amour envers Dieu ; je le lui dis, à genoux, dans ce langage simple et touchant des infortunés que la terre abandonne :

« Mon Dieu, qui avez permis que je survécusse à cette nuit d'angoisses, soyez béni ! Soyez béni pour le jour d'hier, béni pour le jour d'aujourd'hui ! Si je dois mourir, soyez encore béni !.... Puisque je ne suis pas mort, Seigneur, puisque le tigre qui est partout dans cette forêt ne m'a pas rencontré, c'est donc que vous voulez me conserver!... Ils vont venir, ils vont venir ! n'est-ce pas, Vierge sainte, qu'ils vont venir ? »

Je me lève, je dépouille mes vêtements, je les tords vigoureusement pour en exprimer l'eau, et pendant qu'ils se sèchent sur les branches, je me livre à une nouvelle chasse aux mollusques. Plus heureux que la veille, j'en recueille une quinzaine : je les avale en fermant les yeux !

Il pouvait être neuf heures, lorsque des cris perçants retentirent sur la rivière, puis c'est une voix connue qui m'appelle.

— *Yaya Padre ! ñucanchic Padre ! mana huañungui, mana huañungui ! ñya shamunimi !* Père ! notre Père ! tu ne mourras pas, non, tu ne mourras pas ! voici que je viens !

Vite je reprends mon vêtement, je cours sur le rivage, je regarde : une pirogue ! une pirogue grande comme une

coquille de noix, et dans cette pirogue Vicente, le fils aîné
de Marcellin, l'homme le plus loyal de cette tribu infortunée, après son vieux père !... A quelques brasses par
derrière suit une autre embarcation : je reconnais Palate,
Palate humilié, honteux, laissant sa longue chevelure
flotter sur son visage de traître !

— Vicente, ah ! quel malheur, mon enfant, quel malheur ! Mais je savais que ni toi, ni ton vieux père ne m'aban-
donneriez à mon malheureux sort !

— Ah ! Père ! ah ! Père ! lorsque Marcellin, ton vieux
serviteur, apprit la trahison de ses enfants, il tomba par
terre poussant des cris de douleur, il s'arracha les cheveux comme un insensé : nous fûmes obligés de lui tenir
les mains pour l'empêcher de se détruire. Alors il dit :

« Maudit soit le jour où j'ai engendré ces cinq enfants !
Maudit soit le jour où la vieille Antonia leur a donné le
jour. Vicente, mon fils, mon fils Vicente, prends ta lance,
prends ta lance ! délivre-nous de ces infâmes ! Voici que
la malédiction du Père blanc va tomber sur Canélos et sur
ma maison : il n'y aura bientôt plus de Canélos, et je
mourrai, et nous mourrons tous, parce que le Père blanc
nous aura maudits ! »

Cependant Palate saute à terre ; en le voyant à mes côtés,
je ne puis m'empêcher de lui reprocher sa trahison :

— Traître ! qu'as-tu fait de ton Père ? Qu'as-tu fait du
Père blanc que Dieu t'avait donné pour l'accompagner et
le défendre ? Parle, parle ! ou plutôt, tais-toi, car tu ne
pourrais qu'ajouter un mensonge à ta lâche conduite ! Vas,
je préfère les Chirapas ! les Chirapas infidèles sont moins
traîtres que Palate !

Mais lui, redressant la tête :

— Tiens, dit-il en me présentant sa lance, prends cette
lance qui a égorgé tant de Chirapas ! tue Palate, puisque
Palate est pire que les Chirapas, mais ne m'insulte pas,
car Palate n'aime pas à être insulté ! C'est vrai que je t'ai

trahi ; mais nous sommes ainsi, nous autres hommes des bois, un jour bien, un jour mal. Lorsque le *supai* (démon nous tourmente, nous tuerions nos mères, nous égorgerions nos femmes !... Aussi, pourquoi t'obstiner à aller à Baños ? Baños vaut-il donc Canélos, ou aimerais-tu moins les Indiens que les *huira-cocha* (blancs) ? T'avons-nous trahi pendant que tu étais parmi nous ? Qui nous aime, nous l'aimons ! qui nous abandonne, nous l'abandonnons ! Cependant, oui, je t'ai trahi ! Châtie-moi donc comme il te plaira, frappe sur moi comme sur un chien ! mais ne m'insulte pas, car Palate n'aime pas à être insulté !

Vicente me remet alors un bout de papier qu'il avait soigneusement enveloppé dans une feuille de balisier pour le protéger contre la pluie : c'était un billet du Père Tobias :

« Imprudent, y était-il dit, que n'avez-vous suivi nos conseils ! Si vous êtes encore en vie, ce que j'espère de la bonté de Dieu, revenez, revenez vite, cette expérience est concluante ! Les plus doux de vos Indiens sont irrités contre vous : ils s'imaginent que ce départ est définitif, que vous ne reviendrez plus parmi eux, que les Pères blancs ne veulent plus de Canélos ! Ne vous exposez plus aux coups de tête de ces révoltés. Vous ne les connaissez pas encore ! moi qui les connais, je vous jure qu'ils se vengeront sur vous d'une façon terrible, d'un départ qui les offense, parce qu'ils n'en peuvent comprendre le motif. Allons, mieux vaut revenir à Quito par Archidona que périr dans la forêt. »

Sur le revers de la même feuille de papier, j'écrivis au crayon les lignes suivantes :

« Mon cher Père, tout ce que vous dites est parfaitement vrai, et cependant je poursuivrai ma marche en avant ! Rien, absolument rien ne m'en détournera ! Ma conviction intime est celle-ci : mes Indiens veulent m'obliger à rester parmi eux ; la désertion d'hier a pour but de me décourager, de m'obliger à capituler ! Si je cède, bientôt il nous faudra céder sur des points bien autrement graves ; si au contraire je reste inébranlable dans ma détermination, vous verrez qu'ils me seront fidèles à l'ave-nir : ils perdront en audace ce que j'aurai gagné en empire moral ! Ayons de la volonté pour ceux qui n'en ont pas, et sans provoquer les coups de tête, sachons ne pas trop les redouter. Non, non, je ne céderai pas ! Cette reculade m'entraînerait trop loin ! — Je vous embrasse, une dernière fois, vous et le P. Pérez, en vous remerciant avec effusion de votre amical dévouement. Adieu ! adieu ! »

Les fugitifs revinrent tous, une heure après : deux femmes les accompagnaient chargées de m'offrir de nouveaux vivres de la part des Pères. Je leur remets le billet des-tiné au P. Tobias, et remontant dans la pirogue de l'alate, où j'oblige Vicente à prendre place, nous nous embarquons une seconde fois !

CHAPITRE XXV

Mes prévisions se réalisèrent dès le jour même. Les Indiens voyant que j'étais inébranlable dans ma détermination, et qu'au lieu de m'intimider la lâche désertion de la veille m'avait rendu plus audacieux et impératif, les Indiens prirent gaîment leur parti, me promirent tous, dans leur enthousiasme enfantin, de me servir jusqu'à la mort !

— Sois tranquille, nous regagnerons le temps perdu. Vois comme nos pirogues volent sur la rivière ! en dix jours nous serons à Baños !

Hélas ! ni eux ni moi ne pensions aux nouvelles épreuves qui nous attendaient encore sur ces rives inhospitalières ! Ce voyage sur le Bobonaza ne fut qu'une succession d'alertes : après la trahison des Indiens, vint la révolte des éléments plus fougueux, plus traîtres encore que les Indiens ! La seconde nuit que je passai sur cette rivière peut compter parmi les plus terribles de ma vie. Nous avions établi le campement sur une plage élevée de la rive droite, à l'embouchure d'un rio sans importance, mais dont les eaux limpides nous promettaient une boisson plus saine que les eaux troubles de la rivière. Un grand feu pétillait au centre du campement, devant mon *ranchu*. Etendu sur mon lit de feuilles vertes, anéanti par les émotions, par les fatigues de la veille et de la nuit précédente, je jouissais, dans un demi-sommeil, du spectacle amusant donné par mes Indiens. Il ne restait plus rien de l'humeur sombre et terrible de la veille : les rires, les cris, les saillies les plus insensées avaient succédé au mutisme de mauvais augure qui m'avait si justement alarmé. La braise étalée sur le sable était couverte de bananes, de yuccas, de monstrueux *churus* (escargots) trouvés dans les bois. Aimables comme des enfants, ils m'apportent, l'un après l'autre, les prémices de leur festin ; il faut, bon gré malgré, que je goûte à tout ! La conversation dura longtemps, mais enfin, n'en pouvant plus de sommeil, je donnai le signal de la retraite : tout rentra dans le silence et la paix.

Hélas ! ce ne fut pas pour longtemps. Un orage épouvantable se déchaîna sur la forêt ! Réveillé en sursaut par le fracas du tonnerre, inondé, noyé, soulevé par les eaux, aplati par mon ranchu qui s'effondre et me couvre de ses débris, je me débats au milieu des ténèbres, j'appelle, je crie, je maudis mes Indiens que j'accuse à tort d'une nouvelle trahison. Le flot qui me couvre emporte mon ranchu, il m'eût emporté moi-même, si je n'eusse bondi sur mes pieds ! Impossible de décrire la scène que j'eus alors sous les yeux ! Mes Indiens, surpris comme moi en plein sommeil, s'étaient jetés sur leurs pirogues pour les sauver de la tourmente. Je les aperçois, par intervalle, à la lueur lugubre des éclairs ; leurs cris d'appel se mêlent aux sifflements de l'ouragan, aux roulements du tonnerre ; la voix stridente de Palate commandant la manœuvre, retentit comme un tocsin de mort au sein de ce cataclysme épouvantable ! J'essaye de les rejoindre : au premier pas sur ce terrain inégal, je tombe dans l'eau jusqu'aux aisselles.

— Au secours ! au secours ! Palate ! Vicente ! au secours ! je me noie !

Un cri retentit aussitôt :

— Sauvons le Père! sauvons le Père !

Et trois d'entre eux se dirigent vers moi. Ils me prennent dans leurs bras pour me transporter dans l'une des pirogues, seules planches de salut qui nous restent au sein de ce déluge :

— N'aie pas peur ! N'aie pas peur ! s'écrie Palate, tu ne périras pas, ou nous périrons tous avant toi !

Au même instant, toute la partie de la rive gauche située en face du campement s'écroule avec fracas ! Elle s'élevait à pic sur la rivière, mamelonnée de rochers, couverte d'arbres gigantesques. Chassé de son lit par cet amas de décombres, le Bobonaza bondit à une hauteur prodigieuse; un ressac formidable, tel que je n'en vis jamais sur l'Océan, lance nos pirogues à plus de vingt mètres sur le rivage! Tous les Indiens ont plongé pour éviter ce paquet d'eau qui les eût assommés, tous, excepté les trois infortunés qui me portaient dans leurs bras. L'un d'eux a le crâne fracturé, l'épaule profondément entaillée par le choc d'une pirogue ; l'autre, qui avait étendu la main pour se garantir, a le poignet brisé ! Nous tombons à la renverse, pêle-mêle, les uns sur les autres, roulés, éraflés par la vague maudite, moi me cramponnant à eux de toute la force du désespoir, eux dans l'impuissance absolue de se mouvoir et de se relever !

Cependant, après des efforts énergiques, celui de mes Indiens qui est sans blessure s'est remis sur pied. Il appelle et l'on vient à nous. On nous sort de l'eau, on nous transporte sur la partie la plus élevée du rivage, où nous attendions, cramponnés aux branches des arbustes, la fin de cette tourmente infernale ! L'Indien blessé à la tête est inanimé, trois d'entre eux le soutiennent à fleur d'eau; celui dont le poignet est brisé pousse des cris lamentables : le sang de ces infortunés rougit l'eau qui nous entoure, et il m'est impossible de les secourir !

Nous restons ainsi deux bonnes heures, entre la vie et la mort ; après quoi la tempête s'apaise, les deux rivières débordées rentrent dans leurs lits, la plage traîtresse émerge au-dessus des eaux. Nous nous dirigeons alors vers les pirogues, que nous trouvâmes échouées, comme je l'ai déjà dit, à plus de vingt mètres du rivage. Deux d'entre elles avaient été mises en pièces par le choc, toutes les autres avaient des avaries plus ou moins graves ; la seule qui n'eût pas trop souffert était celle de Palate. De nos vivres il ne restait rien ! tout avait disparu ! La moitié environ de mon bagage, emprisonné sous la pirogue de Palate, avait échappé à la débâcle générale : tout le reste, excepté mon fusil dont je m'étais emparé à la première alerte, avait disparu dans les flots.

Mais ce qui nous touche infiniment plus que ces désastres matériels, c'est l'état pitoyable de nos blessés ! Comment les secourir ? Ma pharmacie est partie à la dérive ! je rhabille le poignet brisé à l'aide de planchettes taillées au couteau, vigoureusement assujetties par une liane. Le crâne fracturé est bandé à l'aide d'une serviette : le blessé revient à lui pendant l'opération, mais sa faiblesse est telle qu'il ne peut marcher ni se tenir debout. Nous plaçons ces deux infortunés dans une pirogue ; deux Indiens sont chargés de les ramener à Canélos, où les Pères, s'ils sont encore là-bas, leur prodigueront les soins les plus dévoués.

— Enfants, dis-je aux Indiens, à genoux ! et remercions Dieu de nous avoir arrachés à cette mort affreuse ! Nous devions tous périr, c'est certain, ne soyons pas ingrats envers notre libérateur.

Tout le monde tombe à genoux et prie avec cœur ; ils répètent, mot pour mot, selon leur habitude, la prière que je récite dans leur langue.

A cinq heures, les quatre pirogues qui nous restaient encore étaient à peu près en état de nous recevoir. D'y monter tous, il n'y fallait pas songer ; il fut décidé que huit Indiens, détachés du gros de la troupe, s'ouvriraient un chemin avec le matchec et suivraient la rivière d'aussi près que possible. Vicente leur fut donné pour capitaine, c'était le seul en qui j'eusse une confiance absolue. Il me restait encore vingt-trois Indiens : quinze d'entre eux, commandés par Palate, prirent place à bord, et nous partîmes !

Comment les Indiens, toujours si prudents, si sages dans le choix du campement, s'étaient-ils trompés si grossièrement, c'est ce que je ne pus jamais expliquer ! Emprisonnés entre deux rios, il était clair comme le jour que le premier débordement devait nous emporter. Il était clair aussi que ce haut parapet de rochers, d'arbres et de buissons qui s'élevait à pic sur la rive gauche, s'écroulerait, un jour ou l'autre, sous l'effort tumultueux des courants et contre-courants : cela se voit tous les jours dans la forêt ; qui le sait mieux que les Indiens ? Par ailleurs, leur noble conduite tout le temps que dura la tourmente, les dangers auxquels ils s'exposèrent pour me sauver la vie, les blessures graves qui en furent la conséquence ne laissent aucune prise au soupçon de trahison : le péril était aussi grand pour eux que pour moi, nous n'échappâmes à la mort que par une espèce de miracle ! Un tambo s'était rencontré plus bas sur la rivière, nous pouvions y passer la nuit en toute sécurité, je leur en fis même l'observation : personne n'y consentit, tant ils avaient à cœur de réparer la faute de la veille et de regagner le temps perdu ! Ce zèle exagéré faillit nous perdre ! Au reste les aventures et les fatigues de la dernière nuit, l'abstinence cruelle à laquelle ils se voient obligés, ne refroidissent en rien leur ardeur, les équipages suent sang et eau pour pousser contre le courant rapide de la rivière leurs embarcations écloppées.

Cependant nous étions à jeun, sans vivres, sans espoir

de rencontrer une chagra ou un tambo pour nous ravitailler. Les Indiens, si décidés au départ, perdent bientôt leur premier entrain : épuisés par tant de travaux, par un jeûne aussi contraire à leurs habitudes, ils ne poussent plus les pirogues qu'avec une lenteur désespérante : tout en eux dénote l'abattement et la prostration ! En vain Palate, plus robuste, les anime-t-il de la voix et de l'exemple, ils répondent en appuyant tristement la main sur leurs ventres rétrécis par l'abstinence, en essuyant de leurs longues chevelures la sueur qui ruisselle sur leurs visages. Est-ce étonnant ? Il est neuf heures, voilà quatre heures qu'ils manœuvrent la pagaie sans s'accorder un instant de repos ; cela s'ajoutant aux horribles péripéties de la nuit dénote une rare vigueur chez ces hommes habitués à l'intempérance et à l'oisiveté.

Tout à coup, sur un signal de Palate, nous abandonnons la rivière, et, virant à gauche, nous nous engageons dans une passe étroite creusée par les eaux, entre deux hautes collines. Presque aussitôt nous débouchons dans une lagune aux eaux cristallines. Un ruisseau descendu des hauteurs voisines y tombait en cascade : sarcelles et canards, aigrettes et spatules prenaient leurs ébats sous cette douche rafraîchissante, se baignaient en secouant leurs plumes et battant des ailes. De grands martins-pêcheurs au dos d'azur, aux ailes blanches frangées de noir, glissaient sur les eaux avec la rapidité de l'hirondelle, happant leur proie, puis disparaissant sous les branches pour la dévorer.

Les pirogues défilent dans le plus grand silence, puis se rangent l'une à côté de l'autre le long du rivage, juste en face de la cascade : accroupis dans leurs embarcations, les Indiens sont à peine visibles ; la pagaie, manœuvrée par ces mains enchantées, travaille sans le moindre bruit. Tout le monde stoppe, dépose la pagaie et saisit la sarbacane : canards et sarcelles, pris de panique, s'élancent le cou dressé, les ailes retentissantes! Mais il était trop tard, une douzaine de volatiles percés de flèches empoisonnées tombent lourdement sur le lac !

— Voilà le déjeuner ! s'écrie Palate triomphant, et maintenant, enfants, il faut songer au dîner. Cette cocha (lac) regorge de poissons, c'est certain, sinon que faisaient ici ces nombreux canards? Allons, vite, au barbasco (1)! du barbasco, du barbasco ! Ah! si nous avons du barbasco, ce sera magnifique !

Six Indiens s'élancent aussitôt dans la forêt à la recherche du barbasco. Quant à nous, nous nous occupons à faire le feu, à préparer le festin. Les canards déplumés et vidés, puis enfilés dans une longue tige de chonta, recevaient le premier coup de feu, lorsque les Indiens paraissent portant trois lourdes charges de barbasco. Alors c'est du délire ! On se jette sur eux, on s'empare des racines magiques, on les broie, on les triture sur les larges pierres placées au bord de l'eau, il s'en échappe une liqueur blanche semblable au suc de la laitue et du laiteron.

Cela fait, tous montent en pirogue et se répandent sur la surface du lac. La racine broyée est d'abord étreinte, puis lavée, puis projetée dans tous les sens : les eaux prennent aussitôt une teinte blanchâtre, moussent comme l'eau savonneuse d'un lavoir. Alors il se passe quelque chose de prodigieux ! d'innombrables poissons montent à la surface de l'étang, alourdis, malades, roulant sur eux-mêmes comme s'ils étaient ivres, puis s'étalent le ventre en l'air, les ouies battantes, la bouche palpitante. Les Indiens recueillent tout ce qu'il est possible de recueillir : les plus grands sont harponnés avec la lance, les autres pêchés avec des paniers (ashanga); tout ce qui ne dépasse pas la longueur de la main est dédaigneusement abandonné aux loutres et aux canards.

(1) **Menispermum cocculus.**

Le retour des pirogues fut un triomphe! Si habitués que fussent les Indiens à cette pêche phénoménale, celle-ci dépassait leurs espérances, ils n'avaient jamais rien vu de semblable! Les poissons débarqués sur le rivage furent comptés par moi et distribués par groupes selon leur espèce : ce qui est à peine croyable, j'en comptai douze cent vingt-sept!

Telle est la pêche au barbasco, la grande pêche indienne! tous les Indiens de l'Amérique du Sud la pratiquent : dans la forêt, le barbasco est aussi célèbre que la chicha! Maintes fois déjà j'en avais entendu parler par les Indiens, maintes fois aussi j'avais exprimé le désir de la voir de mes yeux; mais l'Indien n'aime pas à livrer ses secrets, et il est probable que, sans l'extrême nécessité à laquelle ils se virent réduits, mon voyage se serait achevé sans ce spectacle instructif et réjouissant.

Nous restâmes sur les rives de ce lac enchanté jusqu'à deux heures de l'après-midi. Il fallut tout ce temps pour déjeuner d'abord, puis pour nettoyer et fumer l'immense quantité de poissons provenant de cette pêche miraculeuse.

Le soir, lorsque nous arrivâmes au campement de nuit, les huit Indiens partis, le matin, sous la conduite de Vicente, nous y attendaient déjà. Nous les trouvâmes installés autour d'un grand feu, en train de rôtir deux tatous capturés par eux dans un ruisseau. La réunion fut célébrée par une hécatombe de poissons fumés que nous assaisonnâmes de piments et de choux-palmistes.

Les Indiens festoyèrent longtemps, selon leur habitude ; quant à moi, littéralement broyé, moulu, je me réfugiai dans mon ranchu pour y dormir. Mais la malchance qui nous poursuivait depuis trois jours n'avait pas dit encore son dernier mot. A peine avais-je fermé les yeux que je me sentis réveillé par la rude étreinte et la voix de corsaire de Palate.

— Lève-toi, lève-toi vite! voici l'ennemi! *auca shamun!*

— Vous ne me laisserez donc pas reposer une seule nuit! m'écriai-je en sautant sur mes pieds. Hier, c'était la rivière, aujourd'hui ce sont les Jivaros ; où cela s'arrêtera-t-il ?

— *Auca shamun, auca shamun !* répéta Palate avec une insistance fiévreuse ; vite, vite, suis-moi, il n'y a pas de temps à perdre !

— Et comment sais-tu qu'ils viennent, est-ce que tu les as vus?

— Non, je ne les ai pas vus, mais nous les avons entendus, ce qui est la même chose. Prends ton fusil, prépare-toi au combat : si ce ne sont que des espions, nous n'avons rien à craindre, ils n'oseront attaquer ; si c'est une tribu, nous résistons le temps nécessaire pour préparer l'embarquement, puis nous glissons sur la rivière et nous rentrons à Canélos pour donner l'alarme !... Allons, huambras, aux pirogues !

Les pirogues, sorties de l'eau et tirées au loin sur le sable pour éviter le désastre de la veille, sont aussitôt mouillées, les vivres, mes bagages y sont transportés, tout est prêt pour l'embarquement.

Cela fait, Palate fait éteindre les feux.

— Eh quoi! lui dis-je, tu nous plonges dans l'obscurité ? Comment nous reconnaître au milieu des ténèbres ?

— Ne t'inquiète pas de cela, nous, nous saurons nous débrouiller. Ne vois-tu pas que ces flammes nous perdraient ? Elles ne nous montreraient pas les Chirapas tapis dans les buissons ; tandis qu'elles serviraient de point de mire à l'ennemi qui, du premier coup, verrait notre petit nombre, suivrait tous nos mouvements. Ne crains rien, Palate est capitaine, Palate sait son métier! Ah! Charupé! Charupé !.. D'ailleurs, tu as ton fusil! les Chirapas sont comme ceux de Napo, ils craignent le fusil comme le tonnerre.

Cependant un cri perçant et saccadé retentit dans la forêt.

— C'est le troisième, murmure Palate ; tout à l'heure, pendant ton sommeil, le même cri se fit entendre deux fois ; c'est le signal ordinaire des Jivaros, leur cri de ralliement lorsqu'ils voyagent la nuit dans les bois.

— Et qu'est-ce que tu en augures ?

— J'en augure qu'ils ignorent notre présence, car le Jivaros est rusé comme le supai; il tombe sur vous à l'improviste comme la vipère ; donc, s'il crie, c'est qu'il ne nous a pas vus !

Plusieurs Indiens se sont couchés à plat ventre autour du ranchu ; l'oreille collée contre terre, ils écoutent attentivement les bruits de la forêt, ils en comptent toutes les pulsations.

Peine perdue ! la seule voix qui parvient à leurs oreilles est celle du Bobonaza dont les flots tumultueux coulent à peu de distance. Alors Vicente, suivi de trois jeunes gens, entre résolûment dans la forêt, pour suivre dans le silence les mouvements de l'ennemi.

Nous étions campés sur la rive droite, tous nos ranchus regardaient la rivière et tournaient le dos à la forêt ; or, c'est du côté de la forêt, c'est-à-dire par derrière, que les cris se sont fait entendre. Tous les Indiens sont debout, la lance sur l'épaule, le carquois au côté, la longue sarbacane dans la main gauche. Pas un mot ne s'échappe de ces bouches rendues prudentes par la proximité du péril. Nous attendîmes un grand quart d'heure le retour de Vicente et de ses trois compagnons :

— *Ahsca ! Ahsca !* disent-ils à voix basse en rentrant dans le ranchu; il y en a beaucoup ! beaucoup !

A cette révélation désagréable, Palate répond par le claquement labial et lingual habituel aux Canélos lorsqu'une impression vive les travaille ; toute la troupe partage son émotion, l'exprime par le même tic bizarre.

— Une idée, Palate, si je déchargeais mon fusil, cela n'effrayerait-il pas les Chirapas ?

— Oui, oui ! c'est cela, c'est cela ; décharge ton fusil ! c'est l'unique ressource qui nous reste encore; si cela ne réussit pas à les épouvanter, nous partons.

Vite je prépare huit cartouches, je les brûle, coup sur coup, le plus vite possible.

Impossible de rendre l'effet produit par un coup de fusil, la nuit, dans la forêt, au milieu d'un défilé de collines comme celles qui nous emprisonnent! Chaque coup retentit comme une décharge d'artillerie, se répercute au loin sur la rivière. Ce réveil guerrier électrise mes Indiens; il n'y a rien comme l'odeur de la poudre, comme le bruit strident de la fusillade, pour secouer les nerfs, ranimer l'audace : cela souffle sur le courage endormi, comme une rafale sur la fournaise éteinte; l'incendie se rallume avec un surcroît d'énergie, se jette dévorant sur tout ce qui l'entoure.

Le silence est rompu sur toute la ligne : tout le monde parle, s'agite, se démène, profère des malédictions contre les Chirapas, discute avec animation sur les moyens à prendre pour repousser l'ennemi.

— A moins qu'ils n'aient le supai au corps, s'écrie Palato, les Chirapas ne paraîtront pas ! si c'est Charupé, Charupé ne viendra pas, car Charupé est un lâche! Si c'est Timaza, Timaza ne viendra pas, car Timaza est un traître ! Si c'est le *supai*, il viendra, car le *supai* a juré une haine mortelle à Palato !

Cependant tout redevient silencieux dans la forêt! Le Jivaros, averti par les détonations, ne hasarde plus un seul cri. Que fait-il? tout le monde se le demande avec anxiété. Le brave Vicente s'enfonce de nouveau dans les bois; l'obscurité est telle qu'il disparaît à nos yeux presque au sortir du ranchu. Longtemps nous attendons son retour, il ne paraît pas ! Les Indiens n'en manifestent aucun trouble, mais les pressentiments les plus terribles me traversent l'esprit.

— Qu'est-ce que cela veut dire, Palate ? Serait-il donc arrivé malheur à Vicente ? Il ne revient pas !

— Cela veut dire que les Jivaros ont battu en retraite, et que, pour suivre leurs mouvements, Vicente a été obligé d'aller beaucoup plus loin que la première fois. Ne crains rien, Vicente est un habile homme, lui ou les huambias qui l'accompagnent auraient crié s'il leur fût arrivé malheur !

Après une heure d'absence, les éclaireurs paraissent enfin :

— Eh bien ! Vicente ?

— Eh bien ! il n'y a plus de Chirapas ! Les Chirapas effrayés ont fui sur le Pindo ; demain nous les rencontrerons, s'ils osent nous attendre !

— Es-tu bien sûr, dit Palate, qu'ils n'ont pas descendu la rive gauche pour nous éviter et tomber à l'improviste sur Canélos ?

— Absolument sûr ! Le fusil les arrêta court à un demi-samaï de la rivière : tous rebroussèrent chemin, nous vîmes leurs pistes sur la vase.

— Et tu as entendu leur marche ?

— Non, ce qui prouve qu'ils ont fui comme le vent. Allons, Père, tu peux dormir, les Chirapas ne viendront pas. D'ailleurs nous veillerons, nous, car c'est notre habitude de ne pas dormir pendant le trajet du Bobonaza au Pastazza !

— Non, non, ils ne viendront pas ! s'écrie de nouveau Palate, Charupé ne viendra pas, parce que Charupé est un lâche ! Timaza ne viendra pas ! parce que Timaza est un traître ! mais le supai viendra, parce que le supai a juré une haine mortelle à Palate !

Sur ce, il poussa un éclat de rire formidable, et, plantant gaillardement sa lance dans le sable, se met à sauter et à bondir comme un insensé, au risque de se rompre les jambes sur ce terrain inégal, hérissé de broussailles, enveloppé de ténèbres. Tout le monde l'imite, et riant, criant, hurlant, exécute sur ces rives du Bobonaza une sarabande tellement excentrique qu'on l'eût prise pour un sabbat.

Alors on souffle sur les feux éteints : la flamme pétille de nouveau, éclaire les buissons de ses lueurs fantastiques, embrase la rivière de ses reflets brillants.

— Dors, dors, s'écrie Palate littéralement fou, dors ! quant à nous, nous allons manger et boire, car celui qui ne dort pas doit manger.

Tout ce qu'il y avait de poisson fumé dans les pirogues est aussitôt apporté. Ils se jettent sur ces vivres comme des cannibales, — je ne vis jamais pareille gloutonnerie ! Le spectacle présenté par ces Vitellius sauvages me réjouit médiocrement : voilà qui nous présage des jours de famine, pensai-je en moi-même, encore deux repas comme celui-là et nous sommes à sec : il nous faudra perdre un temps précieux à pêcher ou à chasser.

Le lendemain, au point du jour, les pirogues sorties de l'eau sont de nouveau transportées dans la forêt, cachées dans les broussailles. Elles doivent servir pour le retour ; si les Jivaros allaient les découvrir, ce serait une perte irrémédiable.

CHAPITRE XXVI

Trois jours de marche nous séparent encore du Pastazza : au dire des Indiens, ce sont les plus fatigants, les plus accablants du voyage : défense absolue est faite d'élever la voix ; tous les yeux sont fixés sur la vase pour en déchiffrer les empreintes, ou sur les fourrés environnants pour en sonder la profondeur mystérieuse et féconde en embuscades. Nous nous avançons sur une longue file dont il est interdit de s'écarter, Vicente a pris la tête de la colonne et guide la marche ; Palate, qui s'est placé derrière moi, termine le défilé et forme l'arrière-garde.

Nous ne tardâmes pas à rencontrer les pistes signalées par Vicente ; il y en avait une multitude ! Palate les examine avec attention :

— Cela suppose quarante hommes, dit-il, pas un de plus ! ils pouvaient venir, nous n'avions rien à craindre de ces chiens !

Vicente s'était donc trompé la veille, en affirmant qu'il y en avait beaucoup, beaucoup ! Mais cela s'explique facilement, car les Jivaros, se croyant seuls dans la forêt, marchaient à la débandade et faisaient beaucoup de bruit : ce fut ce tumulte qui égara l'instinct de Vicente.

— Et comment sais-tu que ce sont des pistes de Jivaros ? dis-je à Palate. Le Jivaros a-t-il donc un pied différent du vôtre ?

— Tu sauras que le Jivaros marche sans appuyer le talon, il s'avance sur la pointe des pieds, le cou dressé, l'oreille tendue, comme le taruga (cerf) lorsqu'il flaire le chasseur. Regarde maintenant et tu comprendras : tu vois bien que ce ne sont que des moitiés de pieds, donc c'est le pied du Jivaros. Au reste, soit qu'il marche sur la pointe des pieds, soit qu'il applique le talon, le Jivaros se reconnaît toujours à son pied tordu comme celui du supai.

Je considère attentivement ces pistes nombreuses : Palate avait raison, ce ne sont que des moitiés de pieds ; et même lorsque le pied est entier, il est encore facile de le reconnaître à la torsion violente que le Jivaros lui fait subir en marchant.

Nous marchâmes sur les brisées des Jivaros pendant un jour, jusqu'au Sandali-yacu, sur les rives duquel nous passâmes la nuit. Les deux chemins de Canélos se réunissent sur les bords de cette rivière. Les Indiens, toujours anxieux, examinant avec soin si les Jivaros repoussés de la rivière n'ont pas pris le sentier de la forêt, ou si quelque bande plus nombreuse, destinée à attaquer de front pendant que les quarante opéreraient une diversion sur la gauche, ne s'était pas engagée la veille dans les montagnes du Penday. Cette reconnaissance dura longtemps ; la moitié de la troupe y prit part, la forêt fut explorée, auscultée dans ses moindres replis : on ne découvrit aucun indice de la marche des Jivaros. L'opinion unanime fut donc qu'ils s'étaient repliés sur le Pindo et le Pastazza et que le lendemain encore nous rencontrerions leurs pistes.

Quel but pouvait bien poursuivre cette troupe de maraudeurs? quelle idée présidait à cette campagne de nuit sur les rives du Bobonaza? Évidemment, ils ne pouvaient songer à s'emparer de Canélos : en si petit nombre, ç'eût été folie ! et cette folie, le très prudent Chirapas ne l'a jamais commise, il arrive toujours en masse. De plus, le chemin du Bobonaza n'a jamais été celui de ces guerriers pré-

voyants. Ils savent qu'ils seraient dépistés, longtemps avant
d'arriver au but, par les Indiens attardés sur la rivière,
par les pêcheurs de nuit, par les yeux de lynx qui regardent,
même la nuit, à travers la palissade de chonta des tambos.
Je l'ai déjà dit, le Jivaros arrive toujours par les gorges du
Tinguisa.

— Enfants, dis-je aux Indiens, que cherchaient ces ban-
dits ? où allaient-ils ainsi au milieu de la nuit?

— Au tambo de Palate, Père ! Ce qu'ils voulaient, c'était
surprendre Palate au milieu de son sommeil, l'égorger avec
tous les siens. Tu as vu le tambo de Palate sur la rivière, à
Thali? Eh bien ! c'est là qu'ils allaient. En courant obli-
quement le long de la rivière, ils y seraient arrivés longtemps avant le chant du monditi (coq sauvage) (environ
vers une heure du matin). Au reste, Palate te racontera
lui-même tous les assauts nocturnes qu'il a déjà repoussés :
Charupé, Timaza, tous les capitaines Chirapas ont juré de
l'exterminer !

Les yeux de Palate flambaient comme ceux du tigre : au
sein des ténèbres, de profonds soupirs, soupirs de rage et
d'impuissance, s'échappaient par intervalles de sa large
poitrine : tels les grondements souterrains d'un volcan,
lorsque des flots de lave incandescente lui torturent les
entrailles : son cratère fume, sa gueule monstrueuse se
dilate et s'embrase, c'est l'éruption qui se prépare !

— Charupé ! Timaza ! s'écrie-t-il en brandissant sa lance,
que parlez-vous de Charupé et de Timaza ? Est-ce que vous
les avez vus, vous, huambras ? Eh bien! moi, je les ai vus,
mais jamais autour de mon tambo ! Je les ai vus au delà du
Pastazza, lorsque je tombai au milieu d'eux comme la
foudre, lorsque je massacrai leurs femmes et leurs enfants !
Alors Timaza le traître, Charupé le lâche bondirent comme
la panthère au milieu des bois, leurs pieds ne touchaient
pas la terre ; ils passèrent comme un tourbillon à travers
les buissons qui environnaient leurs maisons : Charupé!

Timaza ! allons donc, l'ombre seule de Palate les fait trembler ! jamais ces chiens n'affronteront Palate dans son tambo ! Ne dites donc plus : C'est Charupé, c'est Timaza ! Non, non ! ce n'est pas Charupé, ce n'est pas Timaza ! c'est le supai, ce sont les âmes damnées des Chirapas qui viennent troubler mon sommeil et remplissent la forêt de tumulte.

Au fond, Palate, comme tout le monde, était convaincu que cette patrouille de nuit, qui avait pour but de l'assassiner, était commandée par Charupé en personne, ou, tout au moins, par l'un de ses lieutenants préférés ; mais, selon sa vieille habitude, il rabaisse démesurément son rival pour se grandir ! De tous les êtres malfaisants que l'enfer a vomis sur la planète, il n'y a que le supai, c'est-à-dire le diable, qui soit assez grand, assez habile, assez audacieux pour se mesurer avec lui ! C'est entendu ! Cette rencontre de Palate et de Satan, le choc de ces deux colosses se heurtant la nuit, comme deux montagnes de bronze, sur les rives du Bobonoza, vomissant de leurs bouches transformées en cratère des torrents d'injures et de malédictions ; les coups d'estoc et de taille du paladin chrétien, et enfin la dégringolade de l'ange des ténèbres à travers les rochers et les précipices du Bobonaza, quel thème splendide pour l'imagination d'un Milton ou d'un Shakespeare ! quel poëme à sensation pour les amateurs d'épopée !

Le lendemain nous dîmes adieu au Sandali dont les eaux torrentueuses roulaient de nombreuses épaves, nous marchâmes sur le Pindo et le Puyo. Les averses de la nuit, en lavant les boues, avaient effacé en partie les pistes des Jivaros : ce ne sont plus que des formes vagues et indécises, inintelligibles à tout autre œil qu'à celui de l'Indien.

Nous restâmes, pendant une heure environ, sur les hauteurs du Puyo, là même où s'élevaient, il y a quatre ans, les tambos des Jivaros du Pindo : çà et là nous voyons encore des palissades de chonta carbonisées, des poutres noircies par les flammes, pourries par l'humidité, des buissons de rocou, des bouquets de bananier. Mais la forêt a déjà tout envahi ; avant deux ans, il ne restera plus aucune trace de ce village infortuné. Les Indiens paraissent sombres et rêveurs, ils se promènent sur ces ruines, se montrent du doigt l'emplacement des tambos de leurs amis :

— C'était ici le tambo de Ramon, dit Palate, Ramon était mon ami, Ramon était catholique ! Lorsque je passais par ici, c'était chez lui que je dormais, c'était chez lui que je buvais !... Ah ! Charupé ! Charupé !

Le dîner terminé, mille malédictions sont lancées contre Charupé et Timaza et nous descendons sur les rives du Puyo-yacu.

La rivière était pleine jusqu'aux bords, et comme elle est large, profonde et fougueuse, les Indiens discutèrent longtemps sur la possibilité d'une traversée. Il fut enfin décidé que l'on construirait un radeau sur lequel je m'installerais avec mon bagage ; quatre Indiens, choisis parmi les plus vigoureux, devaient s'y atteler et le traîner à la nage ; les autres nageant en rond autour de l'embarcation, devaient, en cas de besoin, nous prêter main-forte et nous empêcher d'aller à la dérive. Il n'y a que Palate pour avoir de ces idées sublimes !

Que l'on essaye de se représenter cette équipée mythologique !

Neptune majestueusement assis sur une machine tremblante et plongeant sous le poids de sa divinité ! Neptune dans l'eau jusqu'aux hanches, élevant en désespéré son trident, c'est-à-dire son fusil, maugréant contre les flots insoumis qui l'emportent à la dérive ! Neptune dans un char attelé de dauphins, escorté de monstres marins à forme humaine !

Tant que nous naviguâmes près du bord, les remous aidant, nous nous maintenons sans peine au niveau cherché par les Indiens ; mais aussitôt que nous arrivâmes dans le grand courant, adieu la ligne droite! nous partons à la dérive, nous courons au Pindo dont le Puyo est tributaire! Les Indiens auxiliaires se jettent en désespérés sur le radeau en détresse : les bras raidis comme des barres de fer, la tête dans l'eau, ils le poussent vers le rivage.

Malgré cet effort prodigieux, nous n'allâmes atterrir qu'à trois cents mètres environ de l'embouchure de la rivière : il était donc temps de s'arrêter! N'importe, je volai un caleçon de bain à Palate, en mémoire de ce grand événement qui faillit me faire boire un peu plus d'eau que je n'eusse voulu, mais qui me mit de pair avec les héros les plus fabuleux de l'antiquité païenne!

Deux heures après cette traversée mémorable, nous étions sur les rives du Pindo-yacu, belle rivière qui se jette dans le Pastazza à l'extrémité sud-est de la Grande-Pampa, à l'endroit même où s'élevait le premier Canélos, appelé alors Caninché. C'est dans cette rivière que se noya le père Rodriguez, l'un des derniers religieux dominicains qui évangélisèrent Canélos : il fut emporté par le courant avec une telle rapidité qu'il fut impossible aux Indiens de le ressaisir, il se perdit dans le Pastazza. J'aurais eu le même sort sans mes Indiens. Cette fois, le radeau fut abandonné ; mais ils firent mieux : ils m'attachèrent une écorce d'arbre autour des reins, et, moitié marchant, moitié nageant, presque toujours à fleur d'eau et barbottant, nous atteignîmes enfin l'autre rive. Cette traversée ne dura pas moins d'un quart d'heure ; car, pour éviter les bas-fonds, nous dûmes nous diriger en biais.

Nous passâmes la nuit au milieu des marécages de la Grande-Pampa, perdus dans la boue, asphyxiés par les miasmes, saignés à blanc par des millions de moustiques, et n'ayant pour tout potage que le poisson très faisandé, fumé trois jours auparavant. Mais nous touchions au terme de nos grandes épreuves : la Providence allait enfin nous prendre en pitié et dérouler à nos yeux des horizons plus vastes et des spectacles plus consolants. Le lendemain, après quatre heures de marche, nous tombons enfin sur une plage immense couverte de galets, sillonnée d'innombrables filets d'eau, semée çà et là d'épais bosquets de laurier-cire. Allons, marchons encore cinq minutes, courons dans la direction de la voix formidable qui nous appelle : nous voici devant un véritable bras de mer, sur les rives d'un des fleuves les plus fougueux, les plus larges, les plus magnifiques de l'Amérique du Sud : c'est le Pastazza !

CHAPITRE XXVII

LE PASTAZZA — L'ABITAHUA

Au milieu de la Grande-Pampa, le Pastazza n'a pas moins d'un kilomètre de large! Il se divise en plusieurs bras que sépare entre eux toute une chaîne d'îlots semés au milieu d'une rivière, de l'embouchure de l'Allpa-yacu à celle du Pindo-yacu : le coup d'œil est splendide!

Il semble que toutes les beautés de l'univers, que toutes les merveilles de la création, se soient donné rendez-vous sur ces rives enchantées! Au sud-ouest, à six ou sept lieues de distance à peine, le gigantesque Sangaï élève son front pyramidal : ses neiges éternelles flambent comme une fournaise au contact des flammes que, nuit et jour, il vomit de son cratère. On le dirait détaché de la Grande-Cordillère, tant il s'avance vers l'est, comme un cap, comme le phare de cet océan de verdure qui lui baigne les pieds, qui rafraîchit ses flancs embrasés par l'incendie intérieur. Un peu plus au nord et à l'ouest, c'est l'Altar qui lui tend la main et le rattache à la Grande-Cordillère, ce sont les sommets crénelés des Huamboyas, puis les montagnes de fer, puis la gorge sombre d'où s'élance le Pastazza pour déborder la Pampa! Les yeux vont du fleuve aux montagnes et des montagnes au fleuve, tour à tour charmés et ravis! Entre ces deux grands spectacles, le contraste est si frappant, que l'on éprouve une sorte de stu-

peur : cette éternelle immobilité des montagnes, cette séré-
nité imperturbable, ce silence, cette majesté, et, tout auprès,
cette tempête d'eau qui vous assourdit, cette course folle à
travers la forêt, cette rage insensée qui détruit pour
détruire, qui déracine les arbres, emporte les roches à la
dérive, qui bouleverse tout sur son passage : est-il rien de
plus saisissant ?

Pont d'Agoyan. (Voir page 286.)

Comme le Napo, son rival, le Pastazza descend des
neiges du Cotopaxi, avec cette différence toutefois que le
Napo prend sa source dans les glaciers situés à l'orient,
tandis que le Pastazza se forme sur le revers occidental de
la montagne. Le Napo court donc vers l'est, en ligne
droite, il tombe d'emblée dans la forêt; le Pastazza, au
contraire, se voit obligé à de longs détours avant de
rejoindre la forêt orientale. Du Cotopaxi à Latacunga, de

Latacunga à Ambato, d'Ambato à Baños, il s'avance constamment vers le sud, serrant de près la Cordillère, contre laquelle il vient enfin donner de la tête, à quelques kilomètres en aval de Baños.

Jusqu'ici, c'est un torrent fougueux, un ravageur de premier ordre, mais ce n'est pas encore un fleuve : on l'appelle le Pataté ! Mais voici qu'un renfort considérable lui arrive au pied même du Tungurahua. C'est le Chambo qui, descendu des lacs Colay-cocha et Mactallan, vient unir ses forces à celles de son rival : les deux réunis forment le Pastazza, et le Pastazza entre aussitôt en lice. Il s'agit de faire une brèche à la montagne, de se creuser un chenal dans cette Cordillère orientale, à laquelle la masse gigantesque du Tungurahua se trouve soudée par ses racines de granit. Ce que les deux torrents réunis vomissent d'écume, dépensent de forces, poussent de hurlements féroces, pour accomplir cette œuvre titanesque, ceux-là seuls le comprendront qui l'ont vu de leurs yeux.

Lorsque le voyageur arrive au bord de l'abîme où les deux travailleurs perforent le roc, lorsqu'il s'aventure sur le fragile et étroit pont de bois qui relie les deux bords du précipice, il se sent pris de vertige, il presse le pas de sa monture, il passe en fermant les yeux !

Sur l'autre rive, il s'arrête curieux, abrité derrière un parapet de rochers, il plonge des yeux dans ces profondeurs vertigineuses, il assiste stupéfait à la lutte monstrueuse qui se livre dans les entrailles fumantes de la montagne !

N'importe, la brèche est ouverte ! elle est ouverte sur une longueur d'environ trois kilomètres, du pied du Tungurahua à Agoyan : un chenal d'environ vingt mètres de largeur sur cinquante de profondeur endigue l'effrayante masse d'eau du Pastazza. Encore un effort et le fleuve victorieux de la montagne s'élancera dans la forêt orientale qui l'attire depuis sa source. Elle est là, cette forêt magique, à deux pas ; une vallée profonde, splendide, s'ouvre devant lui, au-dessous de lui, prête à le recevoir ; des rivières d'une poésie merveilleuse comme le rio Verdé, d'une force herculéenne comme le Topo et le Suña, n'attendent que son passage pour se donner à lui et courir de concert à l'Amazone : pas d'autre obstacle à renverser que la haute muraille de pierre d'Agoyan !

Le Pastazza y applique sa mâchoire écumante, y enfonce les vrilles de ses tourbillons : il la mord, il la broie, il la tenaille en tous sens. Le voilà sur le bord de l'abîme ! il s'y précipite d'une hauteur de trente-cinq mètres et forme l'une des cascades les plus imposantes qu'il soit possible de voir, la cascade d'Agoyan !

Le grand travail est accompli, le reste n'est que jeu d'enfants pour un fleuve comme le Pastazza. La vallée profonde où il se trouve encaissé mesure de soixante à cent mètres de large ; elle s'étend de la cascade d'Agoyan à l'Abitahua. Là, une nouvelle et importante transformation se produit dans la marche du fleuve indomptable. Jusqu'ici la Cordillère vaincue, mais non découragée, lui a disputé le terrain pied à pied, réduisant autant que possible l'expansion de ses eaux, l'obligeant à de longs détours, jetant devant lui ses blocs de granit, ses barrages de rochers. En face de l'Abitahua, tout cela change. Les montagnes noires qui courent sur la rive droite marquent le dernier effort de la chaîne gigantesque pour essayer d'endiguer et d'étouffer le monstre qui lui dévore les entrailles. Dès lors, elle s'avoue définitivement vaincue, et s'éloignant du fleuve, bat en retraite, à droite sur les hauteurs de Huamboyas, à gauche sur le Llanganaté et les monts du Penday. Cet écartement de la Cordillère forme un angle immense ayant pour sommet l'Abitahua, et le Sangaï pour limite extrême au sud-est. Cet angle à surface presque plane est occupé dans toute son étendue par la grande pampa.

Il s'en faut qu'au delà de la pampa le fleuve ait des proportions aussi colossales : il forme encore une nappe d'eau considérable, mais non de cette étendue. L'élan impétueux qui l'avait jeté débordant et écumant sur cette plage immense, cesse avec la pression violente qui l'a produit. Au sortir de la pampa, il se recueille, se modère, devient pacifique; il gagne en profondeur ce qu'il perd en surface : c'est un fleuve navigable. Le Copataza, le Pindo-yacu, le Bobonaza le constituent définitivement, il ne changera plus jusqu'à l'Amazone vers lequel il se dirige en ligne droite ou en ne faisant que très-peu de détours.

C'est le fleuve des Jivaros dont on aperçoit les chagras sur la rive droite ; les principales tribus de cette nation belliqueuse et féroce se trouvent échelonnées sur tout le parcours du fleuve, de la pampa à l'Amazone.

Mais si nous voulons voir mieux encore le Pastazza, si nous voulons embrasser d'un seul regard le cadre immense où la Providence l'a placé, quittons cette rive marécageuse, traversons les épais bosquets de laurier-cire, pressons le pas, passons à la nage et remorqué par les Indiens les eaux froides et limpides de l'Allpa-yacu, traversons en courant cette plaine de Barrancas où le P. Fierro, poursuivi par les Jivaros, assailli de nuit par ces cannibales, vit massacrer ses douze compagnons et n'échappa lui-même à la mort que par une espèce de miracle : nous voici au Manga-yacu, nous voici dans les gorges sauvages du Quilo! Allons, un dernier effort, gravissons les pentes abruptes de l'Abitahua, escaladons les douze cents mètres qui nous séparent encore de ses cimes couronnées de palmiers, et regardons, oui, regardons l'un des plus beaux spectacles que l'œil de l'homme puisse contempler sur cette terre!

Nous sommes au sommet de l'angle formé par l'écartement de la Cordillère. Sur la droite, nous en suivons le profil majestueux jusqu'au Sangaï ; à gauche, c'est le vol-

La cascade d'Agoyan. (Voir page 287.)

can éteint d'où s'élance le Topo, c'est le Pillaro, c'est le
Llanganaté, c'est le défilé des collines du Penday ; à gauche encore, mais plus au nord, c'est la Cordillère du Curaray, ligne de démarcation entre le bassin du Pastazza et
celui du Napo. Devant nous, c'est l'immensité sans limite,
c'est la forêt avec l'infinie variété de ses feuillages, les
panaches ondoyants de ses palmiers, les cimes fleuries de
ses grands arbres. Voilà le bassin merveilleux du Pastazza, son royaume, sa conquête ! Tout ce qui n'est pas
lui, est tributaire de lui ; toutes les gouttes d'eau que distille la forêt, toutes les ondées versées par les nuages, tous
les torrents vomis par les montagnes lui sont destinés ;
tout cela, il le cueille au passage avec la même indifférence que le monarque opulent l'humble tribut du pauvre !

On le voit s'enfoncer dans la forêt, ouvrir ses bras immenses pour embrasser une île, puis les refermer sur sa
conquête comme s'il craignait qu'elle lui échappât. Un
détour de la rivière, un cap avancé de la forêt le fait
perdre de vue, mais ce n'est pas pour longtemps. On l'en-
trevoit encore, à l'extrême horizon, courant vers le sud-est,
toujours ardent, impétueux, couvert d'écume !

Est-il inférieur au Napo? Non, certainement. Lui est-il
supérieur ? Peut-être. Ce que j'en ai vu, ce que les Indiens
qui le connaissent à fond m'en ont dit, me le laisserait
croire. Quoi qu'il en soit, il lui est supérieur en poésie, en
richesses végétales, en merveilles de toutes sortes. La plus
belle végétation de la forêt croît sur ses rives, à chaque pas
se rencontrent des essences précieuses : il y a de quoi
défrayer pendant un siècle la rapacité des tombeurs d'arbres ! Les seuls lauriers-cire poussés sur ses rives seraient
une mine d'incalculable richesse, si l'on daignait s'aventurer jusqu'ici pour cueillir la graine précieuse qui distille
la cire. La cire du laurier peut rivaliser avec celle des
abeilles ; n'était la coloration verdâtre qui lui vient de la
clorophyle, on ne la distinguerait pas aisément de cette

dernière. Au reste, cette coloration elle-même il serait facile de la faire disparaître par quelque réactif chimique : j'ai vu de la cire de laurier parfaitement blanche.

Dans cette partie de la forêt, les zones botaniques sont très nettement déterminées, tout au contraire de la région du Napo et du Curaray où nous les trouvâmes passablement enchevêtrées. La différence considérable d'altitude réunit dans la même zone et pour ainsi dire sur le même terrain des plantes de climats différents : le quina sur le sommet de la montagne et à sa base le cacao, la vanille, tous les produits de la zone extra-tropicale. De Canélos à l'Abitahua et au Topo, cette anomalie n'existe plus : les climats y sont distribués normalement et les plantes aussi. La zone du quina va du Topo au Sandali-yacu ; elle se confond avec celle du copal et du caoutchouc blanc. Celui-ci, fort rare sur le Topo, disparaît sur l'Abitahua, mais se trouve en abondance dans la Grande-Pampa et sur la rive du Pindo. A partir du Sandali, nous trouvons le caoutchouc noir, les différentes espèces de cacao. La vanille fait son apparition sur les rives du Bobonaza : la gousse en est plus longue, plus grosse que celle de Bourbon et de la Martinique, d'un parfum moins délicat, mais beaucoup plus pénétrant. La première découverte que nous en fîmes, ce fut sur la tête d'un Indien qui la portait en guise d'ornement, puis les Indiens eux-mêmes me la montrèrent, dans la forêt, escaladant le tronc des grands arbres, pour s'épanouir sur les branches supérieures : c'est une orchidée grimpante.

CHAPITRE XXVIII

Mais tournons le dos au merveilleux panorama qui s'étend à l'orient : si beau soit-il, il ne peut nous faire oublier que nous sommes à deux pas du monde civilisé, et nous avons faim et soif de civilisation ! Or, la civilisation, la voici : elle s'étend à l'ouest des mêmes cimes de l'Abitahua, vous en pouvez cueillir les prémices, en admirer la première floraison. Le même coup d'œil synthétique qui vous transportait dans les solitudes infinies de la forêt vierge, vous transportera, si vous le voulez, dans le monde du travail et de l'intelligence, dans le monde humain ! Tournez-vous donc à l'ouest et regardez ! Ah ! le spectacle ici est bien différent ! C'est encore la forêt, mais la forêt entamée, décimée par la hache, rayée de stries innombrables. Ce sont des champs de cannes à sucre d'où émergent les toits aigus des haciendas, des champs entiers de bananiers, des vergers remplis d'arbres fruitiers. Tout cela s'étage avec grâce sur la rive gauche du Pastazza dont vous suivez les méandres infinis, du Topo à Agoyan ! Les dernières étapes du voyage vous apparaissent clairement de distance en distance : les plaines fertiles de Mapoto, puis le Mirador, puis Machay.

Baños seul se cache à l'horizon, derrière les montagnes, et cependant c'est lui que nous cherchons de préférence, c'est lui que nous voulons, c'est après lui que nous soupirons. Le cruel! Eh bien! puisqu'il s'obstine à ne point paraître, cherchons-le, allons à lui de toute l'ardeur de nos désirs, de toute la force de nos jarrets! Aussi bien voilà deux jours que nous souffrons horriblement de la faim : plus rien que les choux-palmistes et les cayambas des Indiens, sorte de champignon blanc croissant dans les marécages de la forêt. Partons donc, partons! Traversons en courant, en glissant, en roulant, les ravins sombres et humides, les gorges granitiques du Cachi-urcu qui servent d'avant-postes à l'Abitahua; affrontons le courant impétueux du Suña fécond en naufrages; courons au Topo qui n'en est distant que d'une demi-heure.

Le Topo, c'est la barrière qui sépare le monde sauvage du monde civilisé, mais quelle barrière! vous en êtes épouvanté. Sur une largeur de cinquante à soixante mètres, ce n'est qu'une masse d'écume tourbillonnant et rejaillissant avec fracas. Les hauts récifs semés sur son parcours se meuvent sous les coups de bélier, les coups de foudre de ce torrent roulant et grondant comme un tonnerre. L'eau vole en poussière, et la poussière suspendue dans l'atmosphère enveloppe le torrent d'une buée lumineuse, diaprée de toutes les couleurs, de toutes les nuances de l'arc-en-ciel. Longtemps nous cherchâmes une issue, nous la trouvâmes enfin, à cinquante mètres environ de l'embouchure : là fut improvisée une passerelle qu'aucun ingénieur des ponts et chaussées ne voudra reconnaître pour sienne. Deux rochers énormes se dressaient au milieu de la rivière, à quelques dix mètres de distance l'un de l'autre. Voilà les piliers tout trouvés, et solides ceux-là! Il n'y a plus qu'à jeter un pont, et les Indiens connaissent la tactique! Trois longues tiges de bambous coupées par ces enragés vont du rivage à la première pierre : peu importe que le ressac vienne donner contre ces poutres arrondies et branlantes, tous mes amphibies y défilent avec la prudence et l'agilité d'un chat courant sur une gouttière. Un seul est resté par derrière pour surveiller mes mouvements, pour me repêcher, si tant est que l'on puisse sortir vivant d'un abîme comme celui qui s'ouvre sous nos pieds. Au premier pas sur ces tiges roulantes, le vertige me prend : témoins du péril, les Indiens improvisent aussitôt une sorte de rampe ou d'appuie-main. C'est une quatrième tige de bambou que deux· d'entre eux tiennent fixement à une hauteur d'un mètre environ au-dessus de la passerelle : je m'y cramponne d'une main et passe sans difficulté.

Nous voilà donc au milieu de la rivière ; le Topo, grondant et montant comme un liquide en ébullition, nous donnera-t-il le temps d'atteindre l'autre rive ? Vite les Indiens s'emparent des bambous : un second pont semblable au premier est établi entre les deux récifs, et tout le monde passe ! puis un troisième courant de la seconde pierre au rivage, et tout le monde passe encore ! Alors retentit une clameur formidable, ce sont les Indiens qui célèbrent, selon leur coutume, cette traversée mémorable ! Beaucoup d'Équatoriens visiteraient la forêt, graviraient les cimes de l'Abitahua pour jouir du spectacle unique qui s'y déroule, si le Topo n'était là pour leur barrer le chemin. Ce torrent terrifiant garde la porte du Paradis Oriental presque aussi sûrement que l'épée flamboyante placée par Dieu au seuil de l'Eden !

Du Topo à Baños il n'y a plus que deux jours de marche : ce fut une course au clocher ! Mes Indiens mourant de faim et se croyant encore dans leur forêt où tout est à tous, sautant par-dessus les barrières qui protègent les champs de cannes à sucre, taillant à droite et à gauche, abattant cent fois plus de cannes qu'ils n'en pourront manger, causent des dégâts considérables. Inquiets sur le sort de leurs plantations, quelques gardiens d'haciendas accourent pour les défendre. Mal leur en prit ; si je ne fusse intervenu, mes cannibales les auraient écharpés.

— Tout ce qui pousse est à nous! s'écrient-ils, sauve-toi, sauve-toi, sinon!

Et les cannes volent en l'air, font le moulinet au-dessus des têtes, s'abattent sur les épaules, s'aplatissent sur les jambes.

— Sauve-toi, blanc, sauve-toi! Si tu as de l'eau-de-vie, apporte-nous de l'eau-de-vie, car nous aimons l'eau-de-vie!

— Et moi je vous déclare que je ne l'aime pas du tout! Tous les champs de cannes à sucre que vous dévasterez, je les payerai aux haciendas, c'est entendu! Quant à l'eau-de-vie, je vous défends d'en boire une goutte, et malheur à qui vous en offrira!

Enfin nous arrivâmes à Baños! Il était environ quatre heures du soir, il y avait douze jours que nous avions quitté Canélos!

Cette entrée ne s'oubliera pas de sitôt dans l'humble village. Tout le monde est dans la rue pour jouir du coup d'œil pittoresque présenté par mes Indiens : on nous suit, on nous entoure, on nous acclame, on m'interroge sur les péripéties de cette lointaine expédition.

— Ah! pauvre Père, est-il possible que vous soyez ainsi vêtu? Combien vous avez dû souffrir! Mon Dieu, quel dévoûment! Asseyez-vous, asseyez-vous, nous allons vous donner des chaussures, nous allons vous donner à manger!

Alors on jette au ruisseau les écorces d'arbre que je portais en guise de chaussures, on les remplace par de solides espadrilles. Ces braves gens nous apportent du pain, des fruits, de l'eau-de-vie, tout ce que leur pauvreté leur permet de nous offrir!

En se voyant ainsi choyés, mes Indiens perdent toute retenue. Les impertinents se répandent au milieu de la foule, arrachent les mantilles pour mieux voir les minois, examinent attentivement la forme des vêtements, la nature des tissus. Quelques-uns plus audacieux s'empa-

L'église paroissiale de Baños et l'école des garçons.

rent des *ponchos* qu'ils se passent autour du cou : on ne vit jamais pareil carnaval !

Notre première visite fut à la Vierge miraculeuse de Agua-Santa, Patronne de Baños et célèbre dans tout l'Équateur (1). Nous y allâmes pieds nus, comme les marins bretons au retour de leurs lointains voyages. Ah ! le nôtre aussi avait été fécond en naufrages ! Sans cette main maternelle de la Vierge, que serais-je devenu seul dans cette immensité ténébreuse du monde sauvage ? dans ce désert où le rugissement de la bête fauve alterne jour et nuit avec les cris féroces, les hurlements affreux des tribus sauvages ! Sans vivres, presque sans vêtements, sans autre refuge dans ma détresse que la bonne foi douteuse de l'Indien !... N'importe, Sainte Vierge ! n'importe ! Nous y retournerons : et bientôt, et pour toujours ! Daignez agréer cette promesse en guise d'ex-voto ; c'est le seul que ma pauvreté puisse vous offrir, c'est aussi le seul que vous désirez de votre enfant !

Baños est le Papaillacta, c'est-à-dire la clef du Pastazza, de même que Papaillacta est, au nord, la clef du Coca ! Mais c'est un Papaillacta sans neige ni frimas, sans figures rébarbatives d'Indiens pillards et insolents. Il s'élève sur la rive droite du Pastazza, au pied même du Tungurahua, dont il n'est séparé que par un étroit et profond ravin servant d'écoulement aux laves ardentes ou aux torrents d'eau vomis par le géant. Comment ce village n'a-t-il pas été dévoré mille fois par le monstre qui mugit à ses côtés ? emporté par les trombes d'eau, enseveli sous les cendres et les roches calcinées ? C'est un secret connu de la Vierge de Baños !

De la croix du village, le coup d'œil est ravissant ! Au nord, presque à nos pieds et nous écrasant de sa masse, c'est le monstrueux Tungurahua : les neiges qui couron-

(1) Voir l'Appendice à la fin du volume

nent ses cimes ; ses nasaux toujours fumants ; cette colonne d'eau qui jaillit par intervalle de son énorme gueule, qui s'épanouit en gerbes, qui retombe avec fracas sur ses flancs déchirés ; ces amas de laves et de cendres, rien, absolument rien ne nous échappe !

Au sud, la Cordillère sortie du Tungurahua décrit une courbe pour aller rejoindre le Pastazza ; elle forme un arc de cercle au fond duquel se trouve adossé l'aimable village dont nous essayons d'esquisser la physionomie : on dirait le bras d'un Hercule ceignant le front gracieux d'un enfant ! Une cascade s'aperçoit au fond de l'amphithéâtre, qui se précipite d'une hauteur d'environ trois cents mètres ! C'est la chorrera de Baños, celle de Gavarnie peut à peine lui être comparée ! Au pied même de la chorrera, et des entrailles de la même montagne, s'échappe, à gros bouillons, toute une rivière d'eau chaude. Ces eaux bien-faisantes sont connues dans tout l'Equateur, on y vient de Quito, on y vient de Guayaquil, de Riobamba, de partout ; on y viendrait bien davantage, si l'on daignait y organiser un établissement quelconque pour recevoir les baigneurs, si les malades n'étaient obligés de se baigner en plein air, dans des trous infects dont il est impossible de purifier les parois. Baños serait le Cauterets de l'Equateur, si l'Equateur savait exploiter les richesses enfouies dans son sol, un Cauterets ayant pour gave le Pastazza, les cimes nei-geuses du Tungurahua pour glaciers, pour ceinture des montagnes où la canne à sucre rivalise de hauteur avec les bananiers, où l'oranger croit à côté du palmier !

Rien d'aimable, de doux, d'hospitalier comme ses habi-tants ! Il y a fort peu d'Indiens parmi eux, la plupart sont blancs et très blancs. Leur principale industrie est la fabri-cation de l'eau-de-vie de canne, mais s'ils en fabriquent beaucoup, on dit qu'ils en boivent peu et cela leur fait hon-neur ! Dans leurs rêves, ils voient se déployant à l'horizon le chemin de Canélos et les mules revenant chargées des

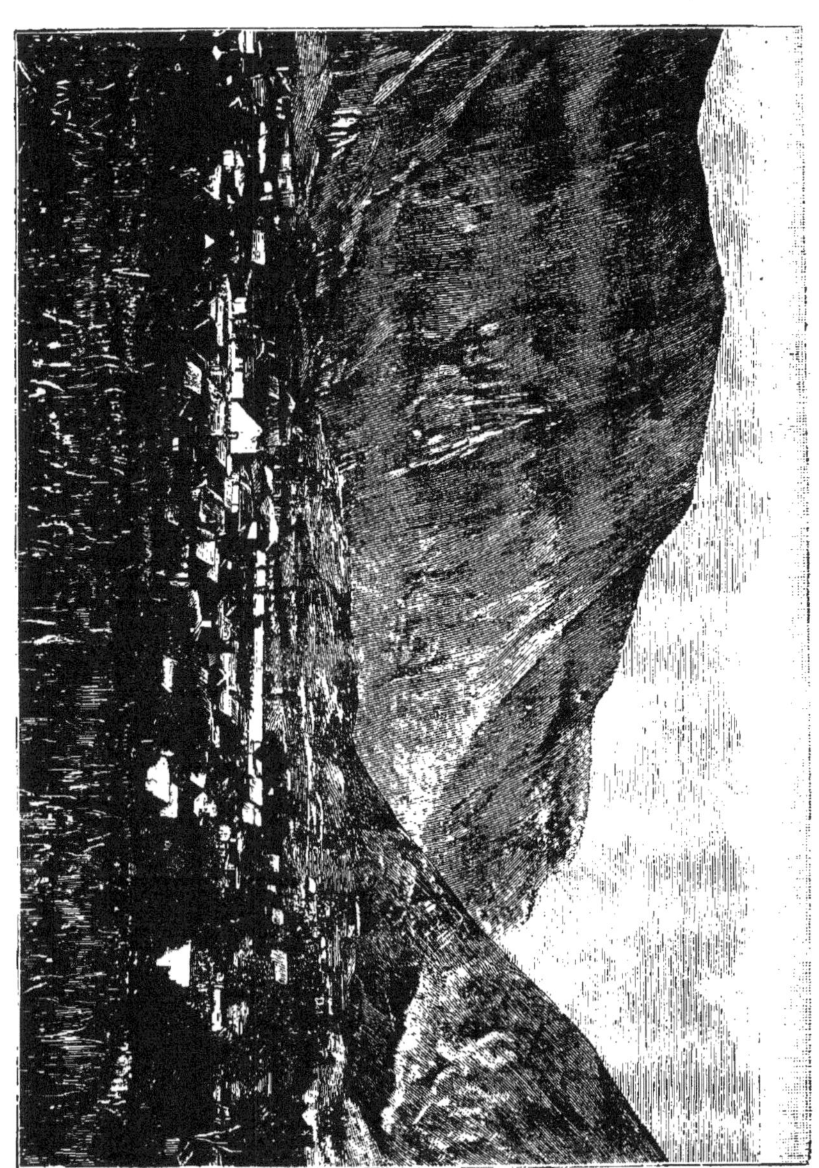

Vue générale de Baños.

riches produits de la forêt ; ils voient l'humble et gracieux Baños devenu tout à coup l'entrepôt de la forêt, l'une des villes les plus commerçantes de la République ! Ce rêve se réalisera-t-il jamais ? Demandez-le au gouvernement, lui seul a qualité pour répondre ; mais il ne répondra pas !

Allons, en route pour Ambato où nous attendent de futurs compagnons d'apostolat. En route pour Quito où l'on désespère de me revoir jamais, où l'on me croit mort et enseveli dans l'estomac du tigre ou du Jivaros ! Allons préparer une nouvelle campagne, ou plutôt le retour définitif des fils de saint Dominique au sein de la tribu fidèle de Canélos.

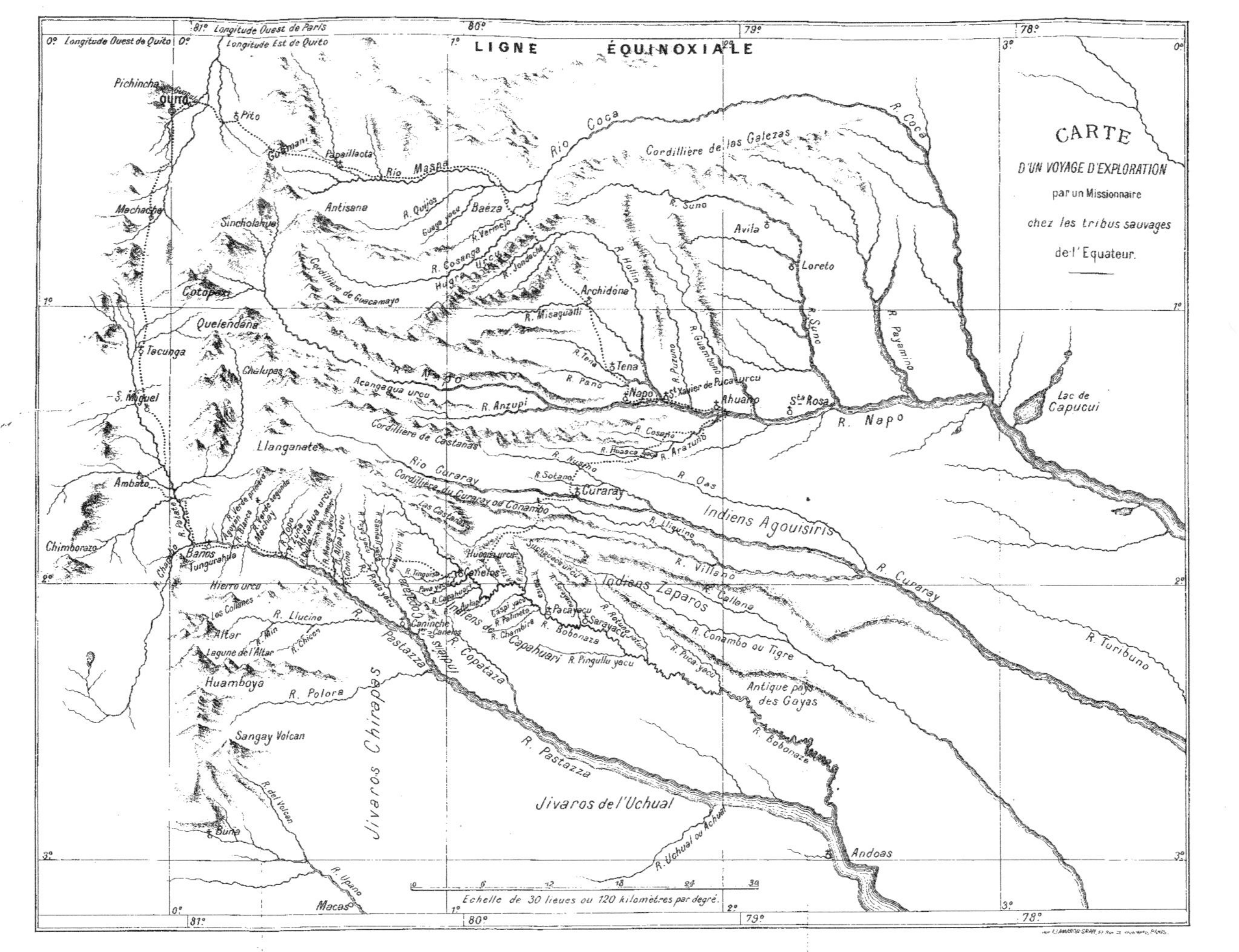

CARTE
D'UN VOYAGE D'EXPLORATION
par un Missionnaire
chez les tribus sauvages
de l'Equateur.

LIGNE ÉQUINOXIALE

0° Longitude Ouest de Quito
0° Longitude Est de Quito
81° Longitude Ouest de Paris

Echelle de 30 lieues ou 120 kilomètres par degré.

Jivaros Chirapas
Jivaros de l'Uchual
Indiens Zaparos
Indiens Agouisiris
Indiens de los Canelos
Antique pays des Gayas

Pichincha
Quito
Pito
Guaman
Papaillacta
Rio Masar
Antisana
Baeza
R. Quitos
Guega yacu
R. Vermejo
R. Cosanga
Cordillière de Guacamayo
Cordillière de las Galezas
Rio Coca
R. Coca
R. Suno
Avila
Loreto
R. Suno
R. Payamino
Lac de Capucui
Machache
Sincholahua
Cotopaxi
Quelendaña
Tacunga
Chalupas
S. Miguel
Llanganate
Ambato
Chimborazo
Baños
Tungurahua
Hierro urcu
Los Collanes
Altar
Min
R. Llucino
R. Chico
Laguna del Altar
Huamboya
R. Polora
Sangay Volcan
R. del Volcan
Buna
R. Upano
Macas
Hugra Urcu
R. Jondachi
Archidona
R. Misaguaiti
Hollin
R. Tena
Tena
R. Pano
R. Napo
Napo
St. Xavier de Puca urcu
Ahuano
Sta Rosa
R. Napo
Acangagua urcu
R. Anzupi
Cordillière de Castanas
R. Cosaño
R. Arazuño
R. Huasca
R. Nushño
R. Oas
Rio Curaray
Cordillière du Curaray ou Conambo
Las Castañas
R. Sotano
Curaray
R. Llyuino
R. Villano
R. Cupuray
R. Turibuno
R. Callana
R. Conambo ou Tigre
R. Puca yacu
R. Sarayacu
R. Bobonaza
R. Pingullu yacu
R. Chambira
Pacayacu
Canelos
Caninche
R. Copataza
R. Pastazza
R. Bobonaza
Pastazza Chirapas
Andoas
R. Uchual ou Achual
R. Pastazza

ÉPILOGUE

ÉPILOGUE

Les promesses faites à la Vierge de Aqua Santa de Baños
et à Notre-Dame du Rosaire de Canélos ont été tenues. La
prise de possession de Canélos est un fait accompli, comme
on peut le voir par les lettres suivantes de l'intrépide explorateur :

» Canélos, 15 janvier 1888.

« Enfin nous voici à Canélos, trois Pères et un Frère
convers. Nous sommes ici depuis le 5 décembre, et le voyage
a été rude.

« Notre départ de Baños ne s'oubliera pas de sitôt. La
population de Baños, en nous voyant dans le piteux accoutrement de missionnaire voyageur, fut prise d'enthousiasme et nous suivit pendant plusieurs heures. Rien de
pittoresque comme notre caravane ! Douze brebis ouvraient
la marche, puis venaient les poules portées dans une cage.
Tout le monde traitait cela de folie et protestait que pas
une seule ne verrait Canélos. Et cependant les brebis gam-
badent aujourd'hui sur la place de Canélos, et nos poules
nous ont déjà donné des poussins. Pendant le voyage, ce
fut un martyre. Nous dûmes les sauver du courant des
rivières, porter les brebis dans les endroits périlleux ; deux
se tuèrent, quelques autres s'estropièrent. N'importe, la

partie est gagnée ; elles y sont avec nous ; avant six mois, ni le lait ni la viande ne nous manqueront. Les œufs de nos poules ont plus d'une fois réjoui nos estomacs affamés.

« L'œuvre principale, qui nous occupe et nous préoccupe jour et nuit, est celle de notre installation, œuvre toute matérielle en apparence, et de laquelle cependant dépend l'avenir de la mission. Nos travaux de construction sont fort avancés ; malgré les pluies incessantes du mois dernier, nous avons fait rassembler presque tous les matériaux nécessaires ; avant trois mois, si le bon Dieu continue de nous bénir, nous aurons une maison spacieuse, solide, bien aménagée, pouvant abriter sept ou huit religieux au moins. Ce sera la ruche qui servira de centre aux futurs apótres des Japaros, des Jivaros et des basses régions du Pastazza.

« Ce sera spacieux, solide, on y jouira de tout le confortable compatible avec la rude existence du missionnaire.

« Devant la future maison et sur les pentes qui descendent au Bobonaza, nous avons fait défricher un terrain d'au moins trois hectares, planter des yuccas, des bananiers, des ananas, semer du maïs, des haricots, du riz, etc., etc. Avant huit mois, nous aurons des vivres en abondance, des fruits exquis ; avant un an, nous aurons dix hectares cultivés. Ce que tout cela nous a coûté de peines, Dieu le sait. Nos Indiens paresseux, superbes, inconstants se sont révoltés plus d'une fois ; nous nous sommes vus sans vivres, abandonnés de tous, et des nuages bien sombres passaient sur le front de mes compagnons. Notre-Dame du Rosaire et saint Joseph, patrons de cette mission, n'ont pas permis que ces sinistres pressentiments eussent leur réalisation ; les cœurs de nos sauvages se sont subitement métamorphosés. Un jour, Palate, qui nous était resté fidèle malgré tout, se leva dans l'église en brandissant son sabre et en menaçant les Indiens récalcitrants ; il apostropha le cacique et les alcades, et réprima l'insolence des révoltés. Le démon se sert de tout contre nous, et comme toujours, les blancs sont ses instruments préférés. Ceux de Sarayam se sont empressés d'accourir à Canélos et de semer la défiance dans l'esprit de nos Indiens. La Providence ne nous a éprouvés que pour mieux affermir et consolider notre œuvre ; le mal qu'on nous voulait nous a servi à tel point que nos Indiens nous sont aujourd'hui plus soumis et plus fidèles que jamais. Ils se sont prêtés à des travaux si durs et si en dehors de leurs habitudes, que Dieu seul peut expliquer un concours si inespéré. Les commerçants de Sarayam ont dû battre en retraite, la tête basse et le désespoir dans l'âme.

« Pendant ce temps l'œuvre spirituelle s'accomplit. Canélos, où le mariage n'existait plus, a déjà vu onze mariages ; j'espère qu'avant deux mois nous en aurons une vingtaine. Bénissons Dieu, qui encourage si visiblement nos débuts et permet que nous moissonnions avant même d'avoir semé. Sa grâce seule explique des succès si inespérés. Il veut nous consoler des épreuves par lesquelles nous avons passé.

« Notre installation provisoire est des plus lamentables : nous sommes entassés les uns sur les autres, entourés de monticules de caisses, de vivres, de vêtements, dans une cabane qui nous tombera quelque jour sur le dos. Malgré cette gêne dont vous n'avez pas idée, nous suivons autant que possible notre règle : à quatre heures et demie, lever et oraison, puis les messes ; à deux heures le Rosaire et quelques minutes de réflexion ; le soir, à huit heures, un quart d'heure d'oraison.

« Dans un an, s'il ne survient aucun incident, notre installation sera complète.

« L'avenir de la mission est dans l'éducation des enfants. Tous les Pères sont unanimes dans ce sentiment. Avec les adultes, nous ferons peu, très peu ; avec les enfants, tout est possible. Je ne sais rien d'aimable, de gra-

cieux, de docile et d'intelligent comme le jeune Indien !
Notre plan d'évangélisation est très simple et très pratique.
Nous recueillerons le plus d'enfants possible dans nos
écoles ; nous achèterons même aux infidèles tous ceux
qu'ils voudront nous vendre, tous ceux qu'ils épargneront
dans leurs sanglantes expéditions ; car ces barbares n'épar-
gnent rien : femmes et enfants, ils immolent tout sans
pitié. Admettons qu'ils aient en moyenne sept à huit ans ;
cinq à six ans après, nous les marions, les garçons à quatorze ans, les filles à douze ans, et les établissons autour
de nous. C'est déjà le village chrétien. Les quelques essais
qui ont été faits dans ce genre ont admirablement réussi.
L'Indien a de merveilleuses aptitudes pour l'état social ;
pris jeune, avant l'âge des passions, il ne retourne plus à
l'état sauvage. En cela, il diffère essentiellement des jeunes
Arabes, qui ont joué tant de mauvais tours aux missionnaires africains. Nous appellerons, si cela est possible,
des sœurs à notre secours. Elle voyageront dans la forêt,
portées par de fidèles Indiens, escortées par les Pères et
quelques blancs. Une fois arrivées à Canélos, elles auront
leur petit couvent, un grand parc entouré de buissons
épineux impénétrables, même au tigre. Elles auront aussi
leur clôture, et ne sortiront que pour aller à l'église, qui
ne sera pas distante de plus de quinze à vingt mètres. »

« Canélos, 10 mars 1888.

« Nous voici en plein hiver, sans pouvoir ni recevoir ni
envoyer de lettres, sans communication avec le monde
civilisé : pendant cette saison, qui dure du mois de mars
jusqu'au mois d'août, les pluies sont continuelles, les tor-

rents débordés, et tout voyage à travers les forêts impraticable.

« Les épreuves ne manquent pas à notre mission naissante. L'installation laissait encore à désirer quand sont survenues les pluies. Nos Indiens, si dévoués qu'ils soient à l'Ordre de Saint-Dominique, sont avant tout des sauvages, c'est-à-dire des natures grossières dans lesquelles, à de nobles sentiments s'allient trop souvent les instincts les plus durs et les plus égoïstes. Dès le mois de février, ces bruyants néophytes ont pris leur vol dans toutes les directions, sans même se demander comment vivront les Pères en leur absence. Et comme les champs déjà cultivés autour de la résidence des missionnaires ne peuvent encore suffire à leurs besoins, il me faut courir à la recherche des fugitifs, afin de trouver des vivres en quantité suffisante pour la mauvaise saison.

« Je prends mon accordéon et me transforme encore une fois en mendiant : cela m'a si bien réussi l'an dernier. Je descends les rives du Bobonaza à la recherche de mes fugitifs. Partout où se rencontre un tambo, je saute à terre, entonne ma chanson et tire de mon instrument quelques accords gais ou tristes suivant l'impression du moment. Mes grands enfants s'attendrissent, écoutent respectueusement mes doléances et s'empressent de porter dans ma pirogue quelques corbeilles de yuccas, quelques régimes de bananes.

« Je courus ainsi la forêt pendant cinq jours et rentrai avec trois pirogues chargées de vivres. Nous voilà riches pour quinze jours, mais après ?... Après, Dieu avisera.

« L'un de nous, le Père Sosa, a failli être dévoré : en traçant un chemin dans la forêt à l'aide de son matchec, il se fit une blessure à la main ; le sang coula en abondance. Attiré par l'odeur de ce sang, un tigre allait se jeter sur lui, quand arrivèrent les Indiens qui mirent en fuite la bête féroce.

« Depuis notre arrivée, le cacique du Curaray est mort, et le brave Palate s'est fait une grave blessure dans une partie de chasse ; je désespère presque de le sauver. »

————

« Canélos, 2 mai 1888.

« Nous venons de subir une chaude alerte. Le capitaine Salua, qui commande au Villano, profitant d'une absence de Palate, retenu loin de la Mission par sa blessure, nous a attaqués à main armée avec cinq cents de ses Indiens, et cela en pleine église, à l'issue de la messe du dimanche. Ce fut une mêlée épouvantable. Des cris de bêtes fauves retentissent ; la palissade de chonta qui ferme l'église est arrachée. Les mutins se précipitent sur nous ; en un instant nous sommes culbutés, renversés. Mon fusil tombe aux mains des assaillants qui, fort heureusement, ne savent pas s'en servir contre nous. Il me reste mon revolver dont je me sers comme d'un coup de poing américain et dont la seule apparition oblige mes adversaires à reculer.

« Cependant des cris de détresse retentissent, c'est le P. Sosa, que les femmes, toujours plus cruelles que les hommes, traînent violemment sur le sol. Je le dégage à coups de revolver, pendant que mes charpentiers, revenus d'un premier moment d'effroi, tombent à leur tour sur les assaillants, déchargent coup sur coup leurs remington et jettent la terreur parmi les Indiens. Je les supplie de tirer en l'air et d'épargner la vie de ces infortunés. Quel malheur, si nous allions verser une seule goutte de sang, nous, ministres de l'Évangile ! Les assaillants, que le bruit de la mousqueterie avait dispersés, regardent et s'aperçoivent qu'aucun d'eux n'a été blessé. Alors ce sont des cris de joie et des gestes de mépris. Ils reviennent à la charge la lance au poing, enveloppant les charpentiers qui, cette fois, pris eux-mêmes d'une rage facile à comprendre, dirigent contre eux le canon de leurs fusils. Que serait-il advenu si la Providence ne nous avait pris en pitié et sauvés d'une situation qui, quoi qu'il advînt, vainqueurs ou vaincus, ne pouvait qu'amener notre ruine ! Une balle morte tombe sur la tête d'une femme qui roule à terre étourdie par le coup. C'est le signal de la déroute.

« Les premières, les femmes prennent la fuite emportant dans leurs bras la prétendue morte qui ne tarde pas à revenir de sa syncope. Les Indiens les suivent, formant l'arrière-garde, mais une arrière-garde débandée, découragée, à la merci de nos coups. Nous tombons sur elle avec toute l'audace et l'entrain que donne la victoire : mon fusil est reconquis et l'Indien qui en était porteur capturé. Cependant le capitaine Salua semble encore nous braver, il pousse des cris formidables, brandit son bâton de commandant et parvient à rallier quelques-uns des plus vaillants, presque tous de sa parenté. Nous l'enveloppons, nous le saisissons par sa longue chevelure, nous le jetons à terre. Son bâton de capitaine, dont il avait profané l'usage en s'en servant contre nous, est appréhendé. Enfin nous restons maîtres du terrain et revenons à notre tambo avec sept prisonniers de guerre, les plus mutins et les plus forcenés des assaillants. Nous dûmes passer sous les armes les nuits qui suivirent pour éviter un assaut qui nous eût ravi nos prisonniers et livrés à la vengeance de nos ennemis. Les Indiens rôdaient aux alentours, nous apercevions leurs silhouettes à la lueur des torches de copal dont ils éclairaient leurs opérations. Quelques-uns, plus audacieux, s'avançaient en rampant dans les grandes herbes qui entourent notre tambo. Ils eussent pu tromper notre vigilance, mais nos chiens étaient là qui veillaient pour nous, leur flair ne permit aucune surprise.

« Cette journée restera fameuse dans la chronique de notre chère mission ; nous n'en oublierons jamais les péripéties. Comme toutes ses semblables, au lieu d'anéantir notre œuvre, elle la consolida en augmentant notre prestige sur les Indiens, en les laissant plus humbles et plus soumis. Salua, reconnaissant des bons traitements qui suivirent sa capture, s'attendrit au point de pleurer comme un enfant, et de me jurer une éternelle fidélité. Chaque fois que je passais près de lui, il me prenait les mains qu'il baisait avec respect, puis, à genoux, il me conjurait de le faire prier.

« Quand tu es en colère, me disait-il quelquefois, tes
« yeux brillent comme ceux de la vipère, ta barbe s'agite
« comme la chevelure des palmiers ! On voit bien que Dieu
« est avec toi, puisque ton visage seul épouvante les plus
« braves ! »

« Je riais de sa naïveté : ce colosse, l'homme le plus grand, le plus fort, le plus exercé aux armes de sa tribu, avait peur d'un moribond ! Car j'étais mourant d'une terrible dysenterie. Dieu permit que ce jour - là j'eusse le pressentiment d'un grand malheur. Je m'étais fait porter dans la pauvre église par nos charpentiers, et j'assistais, couché par terre, au saint sacrifice célébré par le P. Sosa. Je ne sais quelle réaction se fit en moi lorsque retentit le signal de la révolte. Je me sentis une vigueur que je ne m'étais jamais connue, une adresse, une présence d'esprit peu en rapport avec ma nature et ma constitution. Cela dura trois jours, le temps nécessaire et prévu par Dieu pour dompter la rébellion. Après quoi je retombai plus malade que jamais et restai aux prises avec la mort pendant deux longs mois. Palate, que sa blessure retenait depuis longtemps loin de nous, n'eut pas plutôt appris ce grave événement qu'il accourut comme la foudre; et, sans notre intervention, il eût pourfendu tous nos prisonniers.

« Vois-tu, me disait-il, ceux du Villano sont des traîtres,

« une malédiction pèse sur eux. J'ai entendu le Père les
« maudire et secouer à leur figure la poussière de ses sou-
« liers. Il faut t'en défier comme du serpent. Ah! ceux du
« Bobonaza ne sont pas ainsi! (Palate commande les Indiens
« du Bobonaza). »

Puis se tournant vers Salua captif :

« Chien pourri, si tu avais eu du cœur, tu aurais attendu,
« pour attaquer les Pères, que Palate fût présent; mais
« comme les chiens, tu aboies de loin et tu mords par
« derrière. Ah! ce n'est pas ainsi que faisaient nos anciens,
« ton père, le vaillant capitaine Domingo, et mon père à
« moi, le capitaine Vicente! Lorsque la fièvre des combats
« les tourmentait, ils appelaient les hommes aux armes et
« couraient sus aux infidèles!... »

Puis, poussant des éclats de rire formidables :

« Ah! ah! ah! Voilà que tu es pris par la patte comme
« un charlicress! (sorte de perroquet que les Indiens ont
« généralement dans leurs tambos). Allons, allons! vous
« autres, apportez des palettes et de la terre rouge (argile).
« Salua est assis comme une femme, Salua veut tourner
« des poteries (occupation exclusivement réservée aux
« femmes). » Salua se mord les lèvres de colère et ramène
sur son visage les longues boucles de sa chevelure pour
cacher sa honte et éviter les regards tour à tour terribles
et moqueurs de Palate.

« Enfin, les esprits revenus au calme, Salua et ses compagnons furent rendus à la liberté. Ils ne s'attaqueront
plus de sitôt aux missionnaires. »

La dysenterie dont parle le Père Pierre faillit l'enlever
à la mission. Sans remèdes ni médecin, il dut à dos d'In-

dien se faire transporter à Baños. Voici dans quels termes
le R. P. Halflants, Dominicain belge et curé de Baños,
raconte l'arrivée du malade :

« Baños, 6 juillet 1888.

« Le dimanche 17 juin, arrivèrent ici deux Indiens de
Canélos, porteurs d'une lettre du P. Sosa du 12, nous
annonçant le départ du R. P. Pierre de Canélos, tellement
épuisé par une dysenterie de six longues semaines qu'il
ne pouvait plus se tenir debout : il s'était mis en route,
accompagné de vingt Indiens qui le portaient à dos.

« Si le Père, était-il dit dans cette lettre, ne meurt
pas en route, il mourra en arrivant à Baños. Au bas
de la lettre, il y avait un post-scriptum, écrit au
crayon, de la main du malade. *De los Cierros :* « Envoyez-
« nous du secours, des vivres (mes Indiens meurent de
« faim), trois robustes chargeurs pour passer l'Abitahua.
« Je vous embrasse mille fois, peut-être pour la dernière.
« Priez le bon Dieu pour moi. »

« Le lendemain 18, le curé de Baños était en route
pour le Topo, avec trois robustes cargueros, muni de provisions, et, disons-le, des Saintes Huiles. Le voyage au
Topo est de deux jours. Nous le passâmes en canot le
troisième ; nous ne pûmes passer à gué le Zuña distant
de vingt mètres du premier, tant ses eaux s'étaient
accrues par les pluies continuelles. Ce fut un retard d'un
jour ; le quatrième on franchit le Zuña, de bon matin, avec
de l'eau jusqu'à la ceinture ; ravivés par ce bain d'eau
froide, nous marchions résolus et silencieux depuis près
de six heures, dans ces sentiers infernaux des forêts de
l'Orient, voyant déjà, de temps à autre, par une éclaircie,
la masse sombre de l'Abitahua se dresser devant nous,
lorsque retentit un coup de feu : c'était le signal convenu

avec le carguero qui marchait en éclaireur au-devant de
nous. Les Canélos y répondirent par des cris de joie. Que
vous dirai-je de notre entrevue ? Le Père n'avait pu
nous voir venir, il avait le dos tourné ; il ignorait combien nous étions. Je fis signe aux trois cargueros de
passer les premiers. Ils lui baisèrent respectueusement la
main. Lorsqu'il me vit, ses grands yeux s'illuminèrent.
« Ah ! vous êtes un homme ! » et nous nous embrassâmes.
Sa première pensée fut pour ses pauvres Indiens : « Avez-
vous des vivres ? mes Indiens meurent de faim ! » On
leur en donna et, au lieu de l'eau claire du chemin, une
bonne goutte de aguardiente de Baños retrempa leur courage passablement affaibli, car trois des leurs avaient
déjà rebroussé chemin, et le reste de la caravane, sauf deux
blancs, désespérait de voir arriver les vivres de Baños.
Pour l'Indien : *ante todo el estomago.*

« Nous aurions pu être de retour à Baños en trois ou
quatre jours, nous ne le fûmes qu'en cinq. Nous dûmes
passer deux nuits dans la forêt sous une pluie continuelle
qui inonda jusqu'au pauvre matelas du Père et aggrava
sa dysenterie. Le second jour, le peu de viande salée
apportée de Baños n'allait procurer qu'un maigre bouillon
au malade, lorsque la Providence y pourvut en nous
envoyant un gros singe de vingt-cinq livres au moins, qui
reçut de bonne grâce le coup de feu d'un des nôtres et
dont la chair succulente servit au bouillon et à d'autres
préparations culinaires inconnues en France et en Bel-
gique. Le troisième, qui était le 30, nous passâmes le
Topo, et, après une marche forcée sous des averses sans
fin, arrivâmes à sept heures du soir à la hacienda de
Machay. Le lendemain, dimanche, impossible de passer
outre, il plut à torrents toute la journée. Enfin le lundi, à
trois heures du soir, nous entrions à Baños, mais en quel
état !

« Il est évident pour moi que cela a été un miracle de la

Vierge du Rosaire de Baños que d'avoir conduit en vie ici le Père. Vingt fois, dans l'état où il se trouvait, humainement parlant, il devait succomber, car voyager dans cette saison des pluies dans la région orientale, c'est bien dangereux, même pour celui qui est en bonne santé. On est dans l'eau et la boue du matin au soir, on gravit et on descend des montagnes sans fin couvertes de forêts d'arbres, entrecoupées de torrents impétueux qu'il faut passer sur un tronc d'arbre ou avec de l'eau jusqu'à la ceinture ; le soir, un misérable gîte fabriqué à la hâte où l'humidité vous pénètre les os et où, si la besace n'est pas bien fournie, il est rare qu'un gros singe s'offre à vous pour être mis à la broche. Le T. R. P. Provincial, averti à temps, nous arriva la même semaine, à Baños, avec un docteur de Quito. A l'heure présente, grâce à un traitement énergique, à une alimentation autre que celle de Canélos, et surtout grâce à la bonne Vierge de Baños, le malade est en pleine convalescence, quoique obligé encore de garder le lit.

« L'éloignement momentané du R. P. Pierre de Canélos, où il a laissé un jeune Père équatorien avec un Frère convers et sept ou huit charpentiers de Quito, est une épreuve pour la mission naissante. Prions Dieu d'assister ceux qui restent au poste, car la besogne est rude et les paroissiens peu aimables. Voici un échantillon de la délicatesse des messieurs de Canélos durant notre voyage : chaque matin, ils s'approchaient très respectueusement du lit du Père et lui disaient : « N'est-tu pas mort encore ? » C'est la formule d'usage chez eux en visitant un malade. »

Cependant le malade est guéri et il a rejoint son compagnon. Voici les quelques lignes qu'il écrivait au moment de prendre pour la troisième fois le chemin de Canélos :

« Baños, 1er janvier 1889.

« Ces jours-ci, je retourne à Canélos.

« Notre maison est complètement achevée : elle est spacieuse et belle. Au point de vue matériel tout va fort bien. Les plantations sont en plein rapport, de telle sorte que les vivres ne nous manqueront plus. Les Indiens se montrent plus dociles. Cette seconde année de la mission s'annonce bien... »

D'autre part voici des documents officiels qui nous disent mieux que tout le reste où en est l'organisation de ces missions des Indiens :

A S. S. LE PAPE LÉON XIII,

Antoine Florès,
Président de la République de l'Équateur.

Très Saint-Père,

Un des principaux soucis qui ont toujours préoccupé le gouvernement de l'Équateur a été de s'inquiéter de l'évangélisation et de la civilisation des nombreuses tribus sauvages qui habitent les lointaines et vastes forêts du territoire de l'Amazone, partie malheureusement encore inculte de la République. Dans ce but, aussi utile que chrétien, notre modique trésor public n'a pas épargné la dépense pour l'établissement des RR. PP. Dominicains et Jésuites et des Sœurs du Bon-Pasteur en cette région. Les fruits d'aussi salutaires efforts ont été les florissantes missions du Napo, de Canélos et de Macas, où, grâce à la constante prédication des ouvriers du Christ et aux écoles d'enfants des deux sexes, la civilisation évangélique va se développant, alors que jusqu'ici l'ignorance et la barbarie y avaient régné.

L'administration actuelle désire, pour sa part, contribuer de toutes ses forces et de la manière la plus efficace à la prompte et universelle diffusion de notre sainte foi catholique dans ces lointaines solitudes. A cet effet, elle recourt à la bienveillance du Saint-Siège pour qu'il répande une portion de ses richesses apostoliques sur ces fils déshérités de l'Amérique, qui deviendront promptement, nous l'espérons, de dociles sujets de la Croix.

Je prie donc Votre Sainteté de daigner m'accorder, conformément à la loi ci-annexée votée par le dernier Congrès de notre République, les grâces suivantes :

1° Que tout le territoire oriental de l'Équateur soit distribué entre les quatre vicariats apostoliques suivants : du Napo, — de Canélos et Macas, — de Mendez et Gualaquisa, — de Zamora.

2° Que les deux premiers continuant d'être attribués aux RR. PP. Jésuites et Dominicains, comme ils le sont déjà, le troisième vicariat, de Mendez et Gualaquira, soit confié aux Pères de la pieuse Société salésienne de D. Bosco, d'heureuse mémoire, et celui de Zamora aux religieux Franciscains, dernièrement établis dans la ville de Loja.

3° Que, à l'exception du Napo, dont la Compagnie de Jésus a la charge, les trois autres vicariats restent sous la dépendance immédiate de la S. Congrégation de la Propagande et soumis en tout aux salutaires et sages lois ecclésiastiques qui régissent les missions placées sous ce haut patronage.

4° Enfin, que la charge de Vicaire apostolique de ces pays soit toujours donnée à des missionnaires revêtus du caractère épiscopal, qui, sans nul doute, à cause de la plénitude des grâces sacerdotales dont il jouit, communique à l'apostolat un pouvoir et un ascendant irrésistibles.

J'espère fermement que Votre Sainteté daignera concéder dans toute leur ampleur les grâces demandées, parce que certainement le Siège Apostolique ne se refusera pas à étendre à l'Équateur cette inépuisable charité avec laquelle, dans tous les temps, et plus particulièrement dans les nôtres, il embrasse tous les peuples pour les faire entrer tous dans les splendeurs de la foi et de la civilisation.

En cette occasion, j'ai la satisfaction et l'honneur de présenter à Votre Sainteté le respectueux hommage de ma vénération et de mes sentiments personnels, et l'assurance que, comme Magistrat catholique d'un peuple sincèrement catholique, je ne négligerai aucun moyen de témoigner ma filiale adhésion à la sainte Église catholique et le dévouement avec lequel, Très-Saint Père, j'ai l'honneur et le bonheur d'être, de Votre Sainteté,

Le fils très obéissant,
Signé : A. FLORÈS.

François S. SALAZOR.
Palais du gouverneur, à Quito, le 6 octobre 1888.

A cette lettre était annexé le décret du Congrès de la République de l'Équateur, invitant le chef du pouvoir exécutif à adresser au Saint-Père les demandes qui sont formulées dans la lettre présidentielle.

Ce décret assigne pour la dotation de chacun des trois premiers vicariats la somme annuelle de six mille *sucres* (trente mille francs), et pour la dotation du quatrième, trois mille *sucres*, également annuels.

Voici maintenant la traduction, faite sur le texte latin,

de la réponse du Souverain Pontife au président de la République de l'Équateur :

Cher Fils, noble et illustre Président,
salut et bénédiction apostolique.

Votre exquise piété et le zèle dont vous brûlez pour que la salutaire influence de la religion s'étende de plus en plus parmi les habitants du pays à la tête duquel vous êtes placé brillaient d'un grand éclat dans la lettre que vous Nous avez adressée la veille des nones d'octobre. Cette lettre Nous a merveilleusement réjoui, et d'autant plus qu'elle Nous montrait que les sentiments et les désirs qui y étaient exprimés n'étaient pas seulement les vôtres, mais encore ceux des membres des deux Chambres. Il n'était donc pas douteux pour Nous qu'elle contenait l'expression des sentiments de la volonté et des vœux de toute la nation.

Ce commun souci que, par le moyen de vicariats apostoliques établis dans les régions de l'Amazone, le règne de Jésus-Christ fût agrandi sur la terre, n'est pas moins consolant pour Nous que méritoire et glorieux pour vous. Il témoigne, en effet, clairement de la vivacité de la foi qui anime le peuple et prouve que, chez vous et chez vos auxiliaires dans le gouvernement, existe une piété unie à la sagesse, égale à la gravité de votre charge et au degré d'honneur où vous êtes élevés.

Assurément, rien n'est plus digne de chrétiens et de chefs d'Etat vraiment sages, rien également n'est plus utile à la chose publique que de consacrer vos efforts à ce que les multitudes d'hommes qui habitent dans le voisinage de vos villes et de vos places, ayant secoué les ténèbres de l'ignorance et dépouillé la rudesse sauvage de leurs mœurs, soient éclairés par la lumière de la doctrine évangélique et initiés aux coutumes de la civilisation.

C'est pourquoi vous ne devez pas douter, cher Fils, noble et illustre Président, que, conformément à Notre devoir, Nous n'ayons tenu le plus grand compte de votre désir et que les demandes contenues dans votre lettre n'aient été l'objet de Notre grande sollicitude. Déjà, en effet, Nous avons chargé des hommes prudents et choisis, dont Nous employons les lumières et le concours dans les affaires de ce genre, d'étudier celle-ci et de chercher le meilleur moyen de la conduire facilement et selon les formes voulues à bonne fin. Aussi Nous avons l'heureux espoir et que vos désirs seront réalisés, et que leur réalisation sera féconde en fruits abondants de salut.

Bien plus, Nous croyons que la récompense du bien accompli ne fera défaut ni à vous, ni au peuple dont vous êtes le chef. Ces tribus sauvages et leur postérité, qui auront dépouillé, grâce à vous, leur ancienne barbarie et, avec la religion, auront reçu tous les arts de la civilisation ne pourront manquer de vous en avoir une reconnaissance éternelle, et elles solliciteront et obtiendront de Dieu, le souverain dispensateur des biens, que vous soyez récompensés du don si excellent que vous leur aurez fait.

En attendant, cher Fils, noble et illustre Président, Nous vous félicitons du fond du cœur d'être entré, par le zèle que vous montrez pour la religion, dans la voie qui conduit à la vraie et solide gloire, et Nous avons l'assurance que vous ne vous démentirez jamais et que vous vous montrerez en tous temps le fils aussi soumis de l'Eglise que son auxiliaire dévoué. Enfin, comme témoignage de Notre paternelle tendresse, Nous accordons affectueusement à vous, aux deux Chambres et à tout le peuple dont vous êtes le président, la bénédiction apostolique.

Donné à Rome, près Saint-Pierre, le 30 janvier 1889, la onzième année de Notre Pontificat.

LEON XIII, PAPE.

APPENDICE

APPENDICE

***

LA MADONE DU SAINT-ROSAIRE DE BAÑOS

Lettre du T. R. P. Magalli
au R. P. Directeur de l'*Année Dominicaine.*

Baños, localité jadis sans importance, est maintenant un gros bourg de quinze cents habitants. Placé à l'entrée même de la forêt vierge, il est comme le poste avancé de la civilisation et l'une des portes qui donnent accès aux immenses territoires habités par les tribus sauvages. Depuis sa fondation jusqu'en 1866, Baños ne cessa d'avoir des Dominicains pour curés. Le dernier curé régulier fut le P. Viteri. En 1866, lorsque les Dominicains abandonnèrent la mission de Canélos, ils remirent à l'archevêque de Quito la paroisse, dont depuis si longtemps ils avaient eu la charge. Le nouvel état de choses dura jusqu'au chapitre tenu en 1887 à Quito. Les Pères définiteurs, ayant déclaré vouloir reprendre la mission des Indiens, adressèrent une pétition à l'archevêque pour redemander la cure de Baños. Leur prière fut exaucée et, à l'heure présente, Baños a comme curé le P. Halflants, dominicain belge.

A l'ombre des grandes montagnes qui le dominent de tous côtés, au pied du formidable volcan de Tungurahua, Baños doit sa célébrité, non pas tant à sa position géographique qu'à la statue miraculeuse de Notre-Dame du Rosaire de Agua-Santa que possède son église paroissiale. Cette image est l'objet d'un culte séculaire ; on la vient vénérer de tous les points de l'Équateur et jusque du Pérou.

Voici son histoire :

Au siècle dernier, alors que la bourgade venait d'être fondée par les Dominicains, il se trouvait, dans la chapelle qui servait d'église, une toute petite image de la Vierge en grande vénération dans le pays. Une nuit, le sacristain vit la sainte image quitter le lieu qu'elle occupait, sortir de la chapelle, accompagnée de deux jeunes gens tout pareils à des anges et aller se placer près d'une cascade, à l'endroit même où fut construite depuis l'église paroissiale. Ce fait merveilleux s'étant renouvelé plusieurs fois, le curé et les habitants se rendirent ensemble à la chapelle, suppliant la Vierge de manifester clairement ses volontés.

Or, pendant la nuit, Notre-Dame apparut au Père et lui déclara qu'elle désirait qu'une église fût bâtie en son honneur à côté de la chute d'eau, et que les lépreux qui se baigneraient avec une foi vive dans cette eau seraient guéris.

Tout se fit comme le voulait l'auguste Vierge. Mais, quand on se rendit à l'ancienne chapelle pour transférer dans le nouveau temple l'image miraculeuse, cette image avait disparu. Tout le pays était dans la désolation, quand, un jour, apparut, sur la place même où l'église venait d'être construite, une mule portant une caisse. Personne ne sachant à qui appartenait cette mule, on la mena au Père qui desservait la paroisse. Celui-ci, pendant deux mois, fit toutes les recherches possibles pour découvrir le maître de la mule. N'y pouvant arriver, il se décida à ouvrir, en présence de toute la population, la caisse mystérieuse. Alors

La Madone du Saint-Rosaire de Baños.

apparut à tous les regards, non pas l'ancienne image de
la chapelle, mais une autre madone plus grande, celle-là
même qui depuis plus d'un siècle est vénérée dans l'église
paroissiale, et qui est restée absolument dans le même état
de conservation qu'au premier jour.

Une autre merveille de Baños est la cascade dont nous
venons de parler. L'eau tombe d'une hauteur de plus de
soixante mètres. Cette eau est très froide, tandis que, par
une étrange anomalie, une source qui jaillit du sol, à l'endroit même où tombe le torrent, est si chaude, qu'il est
impossible d'y tenir la main plongée pendant quelques
instants. Cette source porte le nom de source de laVierge,
et l'image miraculeuse est appelée communément Notre-
Dame du Rosaire de Agua-Santa. La statue a un mètre de
haut. Le visage de la Vierge est empreint de tant de douceur et de grâce que sa seule vue inspire la dévotion.

Différentes fois, les villes de la République, sous le
coup de grandes calamités, ont réclamé l'honneur de pos-
séder dans leurs murs la sainte image dont la seule présence
pouvait mettre un terme aux maux qui les affligeaient.
Souvent cette faveur a été accordée et innombrables sont
les bienfaits dont ces peuples se sentent redevables à Notre-
Dame du Rosaire de Agua-Santa.

Voici, entre autres, un fait arrivé à l'un des curés dominicains de Baños. Ce Père était si dévot envers la madone,
que jamais il n'omit d'aller le soir dire son rosaire entier
devant la Vierge miraculeuse. Un jour, il fut appelé près
d'un malade ; il lui fallut passer le Pastazza sur un pont
qui n'était autre qu'un tronc d'arbre. La mule qui le portait, ne pouvant s'aventurer sur un pont si fragile, traversa
la rivière à la nage.

Jusque-là rien de mieux ; mais la confession fut longue
et le soir quand on revint au Pastazza, il était huit
heures et il faisait nuit. Pendant ce temps le peuple était
à l'église et attendait le Père pour la récitation du Rosaire,

quand, tout à coup, le Père et sa monture se trouvèrent transportés sur la place du village. La mule avait traversé le pont, on ne sait comment, ou plutôt personne ne s'y trompa et d'une voix unanime le peuple de Baños fit honneur à la Vierge d'un fait naturellement inexplicable. Combien d'autres traits pareils l'on pourrait citer, à la gloire de la madone du Rosaire de Agua-Santa, dont la garde est de nouveau confiée à l'Ordre que Marie n'a cessé de couvrir de sa protection et de combler de ses bienfaits.

TABLE DES MATIÈRES

TROISIÈME PARTIE

SÉJOUR A CANÉLOS. — EXCURSIONS A PACAYACU ET A SARAYACU

QUATRIÈME PARTIE

DE CANÉLOS A BAÑOS — RETOUR A QUITO

TABLE DES GRAVURES

PARIS. — IMP. V. GOUPY ET JOURDAN, RUE DE RENNES, 71